21世纪高等学校系列教材

DIANGONGXUE

电工学（少学时）

主　编　房　晔　徐　健

编　写　王晓华　康　涛　马丽萍

　　　　吴　园　杨幸芳　袁洪琳

主　审　李守成

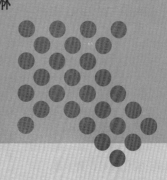

中国电力出版社
CHINA ELECTRIC POWER PRESS

内 容 提 要

　　全书共分为 9 章，主要内容包括直流电路、正弦交流电路、变压器、三相电动机、半导体二极管及其应用电路、双极型晶体管与基本放大电路、集成运算放大器及其应用、门电路和组合逻辑电路、触发器及时序逻辑电路。每章后有相关习题，且书后附有 TTL 门电路、触发器和计数器的部分品种型号等参考材料。

　　本书可作为高等院校非电专业电工学少学时课程的本科教材，也可作为高职高专相关专业和函授教材，同时可供工程技术人员自学或参考使用。

图书在版编目（CIP）数据

电工学：少学时/房晔，徐健主编 . —北京：中国电力出版社，2009.7（2022.1 重印）
21 世纪高等学校规划教材
ISBN 978 - 7 - 5083 - 8970 - 7

Ⅰ. 电…　Ⅱ.①房…②徐…　Ⅲ. 电工学－高等学校－教材Ⅳ. TM1

中国版本图书馆 CIP 数据核字（2009）第 097805 号

出版发行：中国电力出版社
地　　　址：北京市东城区北京站西街 19 号（邮政编码 100005）
网　　　址：http://www.cepp.sgcc.com.cn
责任编辑：雷　锦（010－63412542）
责任校对：黄　蓓
装帧设计：赵姗姗
责任印制：吴　迪

印　　刷：北京雁林吉兆印刷有限公司
版　　次：2009 年 7 月第一版
印　　次：2022 年 1 月北京第六次印刷
开　　本：787 毫米×1092 毫米　16 开本
印　　张：12.5
字　　数：299 千字
定　　价：49.00 元

前　言

　　本书是根据教育部颁发的"电工电子技术"教学基本要求而编写的，可作为高等工科院校及高等职业技术院校非电类专业电工电子技术课程的教材。

　　鉴于非电类专业数量剧增，尽管适合各类专业的《电工电子技术》教材层出不穷，但适用短学时教学的，尤其是内容深入浅出，语言通俗易懂、简明扼要的教材却较少。为此，编写了这本教材。在内容安排上，本书照顾到非电类专业（针对短学时）的特点，又考虑到学生今后在电工电子技术方面的进一步需求，遵照承上启下、循序渐进的原则，系统地介绍了电路的基本概念、基本理论及基本分析方法，电动机的基本原理、电机控制电路及安全用电的基本知识，半导体及半导体器件，各种放大电路的构成、负反馈放大器及其电路的基本分析方法，数字电路中的中规模集成器件的构成及原理分析等内容。

　　本书在内容体系上，具有自身的完整性和系统性；在叙述方法上，力求物理概念准确、分析过程简明，深入浅出，便于学生理解和记忆；在语言文字上，通俗易懂、简明扼要。本书采用最新国家标准规定的电气图用图形符号。

　　本书由房晔、徐健和王晓华负责统稿及定稿，参加编写工作的人员有房晔、徐健、王晓华、康涛、马丽萍、吴园、杨幸芳和袁洪琳。本书由北京交通大学李守成老师担任主审，提出了许多宝贵的意见，在此表示衷心的感谢。

　　由于编者水平和经验所限，教材中难免存在缺点和不足，希望使用本教材的教师、学生以及广大读者提出批评和建议，以便今后不断完善。

编　者

2009.5.15

目　录

第 1 章 直 流 电 路

本章是电工电子技术课程的重要理论基础，着重讨论电路的基本知识、基本定律以及电路的分析和计算方法。这些知识对直流电路和交流电路、电机电路和电子电路都具有实用意义。

1.1 电 路 的 组 成

电路是电流流通的路径。它是由一些电气设备和元器件按一定方式连接而成的。复杂的电路呈网状，又称网络。电路和网络是两个通用的术语。电路的组成方式不同，功能也不同，它的一种作用是实现能量的输送和转换。

常见的各种照明电路和动力电路就是用来输送和转换能量的。例如在图 1 - 1 所示的简单照明电路中，电池把化学能转换成电能供给照明灯，照明灯再把电能转换成光能作照明之用。对于这一类电路来说，一般要求它具有较小的能量损耗和较高的效率。

电路的另一种作用是传递和处理信号。常见的例子如收音机和电视机电路。收音机和电视机中的调谐电路是用来选择所需要的信号。由于收到的信号很弱，需要放大电路对信号进行放大。调谐电路和放大电路的作用就是完成对信号的处理。

图 1 - 1 简单照明电路

组成电路的元器件及其连接方式虽然多种多样，但都包含有电源、负载和连接导线等三个基本组成部分。电源是将非电形态的能量转换为电能的供电设备。例如蓄电池、发电机和信号源等。其中蓄电池将化学能转换成电能，发电机将机械能转换成电能，而信号源则将非电量转换成电信号。负载是将电能转换成非电形态能量的用电设备，例如电动机、照明灯和电炉等。其中电动机将电能转换成机械能，照明灯将电能转换成光能，而电炉则将电能转换成热能。导线起着沟通电路和输送电能的作用。

实际的电路除以上三个基本部分以外，还常常根据实际工作的需要增添一些辅助设备。例如接通和断开电路用的控制电器（如刀开关）和保障安全用电的保护装置（如熔断器）等。

从电源来看，电源本身的电流通路称为内电路，电源以外的电流通路称为外电路。当电路中的电流是不随时间变化的直流电流时，这种电路称为直流电路，简称 DC。当电路中的电流是随时间按正弦规律变化的交流电流时，这种电路称为交流电路，简称 AC。我国国家标准规定不随时间变化的物理量用大写字母表示，随时间变化的物理量用小写字母表示，因此在本书中用 I、U、E 表示直流电路物理量（电流、电压、电动势），用 i、u、e 表示交流电路物理量。

1.2　电流、电压的参考方向

在进行电路的分析和计算时，需要知道电压和电流的方向。在简单直流电路中，可以根据电源的极性判别出电压和电流的实际方向；但在复杂的直流电路中，电压和电流的实际方向往往是无法预知的，而且可能是待求的。在交流电路中，电压和电流的实际方向是随时间不断变化的。因此，在这些情况下，只能给它们假定一个方向作为电路分析和计算时的参考。这些假定的方向称为参考方向或正方向。如果根据假定的参考方向解得的电压或电流为正值，则说明假定的参考方向与其实际方向一致；如果解得的电压或电流为负值，则说明所假定的参考方向与实际方向相反。因而在选定的参考方向下，电压和电流都是代数量。今后在电路图中所画的电压和电流的方向都是参考方向。

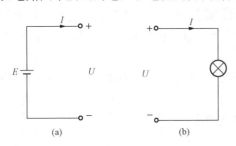

图 1-2　关联参考方向
(a) 电流参考方向；(b) 电压参考方向

原则上参考方向是可以任意选择的，但是在分析某一个电路元件的电压与电流的关系时，需要将它们联系起来选择，这样设定的参考方向称为关联参考方向。今后在单独分析电源或负载的电压与电流的关系时选用如图 1-2 所示的关联参考方向。其中电源电流的参考方向是由电压参考方向所假定的低电位经电源流向高电位；负载电流的参考方向是由电压参考方向所假定的高电位经负载流向低电位。符合这种规定的参考方向称为参考方向一致。

电路分析中的许多公式都是在规定的参考方向下得到的，例如大家熟悉的欧姆定律，在 U 与 I 的参考方向一致时，有

$$R = \frac{U}{I} \tag{1-1}$$

当 U 与 I 的参考方向非关联时，为了使所得结果与实际符合，式（1-1）应改写为

$$R = -\frac{U}{I} \tag{1-2}$$

1.3　理 想 电 路 元 件

由实际电路元件组成的电路称为电路实体。由于电路实体的形式和种类多种多样、不胜枚举，为了找出电路实体分析和计算的共同规律，研究具体电路建立分析和计算的方法，把电路实体中各个实际的电路元件都用表征其物理性质的理想电路元件来代替。这种用理想电路元件组成的电路称为电路实体的电路模型。电路理论就是以电路模型而不是以电路实体为研究对象的。

实际电路元件的物理性质，从能量转换的角度来看，有电能的产生、电能的消耗以及电场能量和磁场能量的储存。理想电路元件就是用来表征上述这些单一物理性质的元件，它有以下两类。

1.3.1　理想无源元件

理想无源元件包括电阻元件、电容元件和电感元件三种。表征上述三种元件电压与电流关系的物理量为电阻、电容和电感，它们又称为元件的参数。一提起这三个名词，人们往往

会立即联想起实际电路元件，如电阻器、电容器和电感器。它们都是人们为得到一定数值的
电阻、电容或电感而特意制成的元件。严格地说这些实际电路元件都不是理想的，但在大多
数情况下，可将它们近似看成理想电路元件。正是这个缘故，人们习惯上也以这三种参数的
名字来称呼它们。这样，电阻、电容和电感这三个名词既代表了三种理想电路元件，又是表
征它们量值大小的参数。

1. 电阻

电阻是表征电路中消耗电能的理想元件；电容是表征电路中储存电场能的理想元件；电
感是表征电路中储存磁场能的理想元件。电阻又称耗能元件，电容和电感又称储能元件。

欧姆定律是用来说明电阻中电压与电流关系的基本定律。电流流过电阻时要消耗电能，
所以电阻是一种耗能元件。若电路的某一部分只存在电能的消耗而没有电场能和磁场能的储
存，这一部分电路便可用图 1-3 所示的电阻元件来代替。图 1-3 中电压和电流都用小写字
母表示，以示它们可以是任意波形的电压和电流。电压 u 与电流 i 的比值 R 为

$$R = \frac{u}{i} \tag{1-3}$$

式（1-3）中 R 称为电阻，单位是 Ω（欧姆）。在图 1-3 所示的关联参考方向下，若 R
为一大于零的常数，这种电阻称为线性电阻。（虽然大于零，但不是常数，则这种电阻称为
非线性电阻）本章主要讨论由线性电阻和理想有源元件组成的线性电路。

在直流电路中，电阻的电压与电流的关系可用式（1-3）表示，它们的乘积即为电阻上
消耗的功率，即

$$P = UI = I^2R = \frac{U^2}{I} \tag{1-4}$$

2. 电感

电感是用来表征电路中磁场能存储这一物理性质的理想元件。如图 1-4（a）所示为用
导线绕制的实际电感线圈，通入电流 i 会产生磁通 Φ，若磁通 Φ 与线圈 N 匝相交链，则磁
通链 $\psi = N\Phi$。根据法拉第电磁感应定律，电感元件两端电压和通过电感元件的电流为关联
参考方向时，有

$$u = N\frac{\mathrm{d}\Phi}{\mathrm{d}t} = \frac{\mathrm{d}\Psi}{\mathrm{d}t} \tag{1-5}$$

$$L = \frac{\Psi}{i} \tag{1-6}$$

$$u = L\frac{\mathrm{d}i}{\mathrm{d}t} \tag{1-7}$$

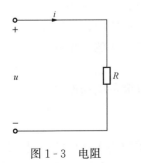

图 1-3　电阻

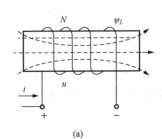

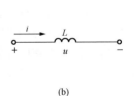

（a）　　　　　　　　　　　（b）

图 1-4　电感
（a）电感器；（b）理想电感元件

式（1-5）～式（1-7）中，当电压单位为 V、电流单位为 A，磁通链单位为 Wb，时间单位为 s（秒）时，电感的单位为 H（亨利）。

式（1-7）表明：对 L 值一定的线性电感线圈而言，任意时刻元件两端产生的自感电压与通过该元件的电流变化率成正比。电感线圈上的这种微分（或积分）的伏安关系说明，当通入电感元件中的电流是稳恒值电流时，由于电流变化率为零，电感元件两端的自感电压 u_L 也为零，即直流下电感元件相当于短路；当电感电压 u_L 为有限值时，通入元件的电流的变化率也为有限值，此时电感中的电流不能跃变，只能连续变化，即电流变化时伴随着自感电压的存在，因此又把电感线圈称为动态元件。

本书只讨论线性电感元件。线性电感元件的理想化电路模型符号如图 1-4（b）所示，当电感元件不消耗电能时，可认为它是电路中存储磁场能器件的理想化电路元件，储存的磁场能为

$$W_L = \frac{1}{2}LI^2 \tag{1-8}$$

式（1-8）中，当电感单位为 H（亨利），电流单位为 A（安培）时，磁场能的单位为 J（焦耳）。式（1-8）说明：电感中所存储的能量与电感中流过的电流平方成正比。

3. 电容

电容是用来表征电路中电场能储存这一物理性质的理想元件。图 1-5 所示为电容元件的图形符号，电容元件的参数用电容量 C 表示。当电容元件两端的电压与电容充、放电电流为关联参考方向时，则电容器极板上的电荷与电容器两端的电压关系为

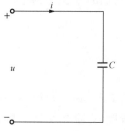

图 1-5 电容元件的
图形符号

$$C = \frac{q}{u} \tag{1-9}$$

式（1-9）中电容 C 的大小反映了电容元件储存电场能的能力，同电感元件 L 相似。当电压的单位为 V（伏）、电量的单位为 C（库仑）时，电容的单位为 F（法拉）。当电容元件两端电压和其支路电流参考方向关联时，有

$$i = C\frac{\mathrm{d}u}{\mathrm{d}t} \tag{1-10}$$

式（1-10）表明：对一定容量 C 的电容元件而言，任意时刻，元件中通过的电流与该时刻电压变化率成正比。电容也是动态元件。

由式（1-10）可知，只要电容元件电流不为零，它一定是在充电（或放电）状态下，充电时极间电压随充电过程逐渐增加；放电时极间电压随放电过程不断减小。当电容元件极间电压不变化时即电压变化率为零时，电容支路电流也为零，因此直流稳态情况下电容元件相当于开路。只要通过电容元件的电流为有限值，电容元件两端电压的变化率也必定为有限值，这说明电容元件的极间电压不能发生跃变，只能连续变化。

电容元件是电路中存储电场能器件的理想化模型，元件上存储的电场能量为

$$W_c = \frac{1}{2}CU^2 \tag{1-11}$$

式（1-11）中，当电容 C 的单位为 F（法拉），电压 U 的单位为 V（伏特）时，磁场能的单位为 J（焦耳）。式（1-11）说明：电容中所存储的能量与电容两端的电压平方成正比。

1.3.2 理想有源元件

理想有源元件是从实际电源元件中抽象出来的。当实际电源本身的功率损耗可以忽略不计，而只起产生电能的作用，这种电源便可以用一个理想有源元件来表示。理想有源元件分为电压源和电流源两种。

1. 电压源

电压源又称恒压源，符号如图1-6（a）所示。

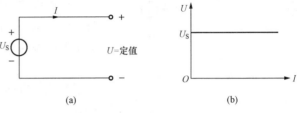

图1-6 理想电压源
(a) 图形符号；(b) 伏安特性

它的输出电压与输出电流之间的关系称为伏安特性，如图1-6（b）所示。电压源的特点是：输出电压U是由它本身所确定的定值，与输出电流和外电路的情况无关，而输出电流I不是定值，与输出电压和外电路的情况有关。例如空载时，输出电流$I=0$；短路时，$I \to \infty$；输出端接有电阻R时，$I = \dfrac{U}{R}$，而电压U却始终不变。因此，凡是与电压源并联的元件（包括下面即将叙述的电流源在内），其两端的电压都等于电压源的电压。

实际的电源，例如大家熟悉的干电池和蓄电池，在其内部功率损耗可以忽略不计时，即电池的内电阻可以忽略不计时，便可以用电压源来代替，其输出电压U就等于电池的电动势E。

2. 电流源

电流源又称恒流源，符号如图1-7（a）所示。图1-7（b）是它的伏安特性。电流源的特点是：输出电流I是由它本身所确定的定值，与输出电压和外电路的情况无关，而输出电压U不是定值，而与外电路的情况有关。例如短路时，输出电压$U=0$；空载时，$U \to \infty$；输出端接有电阻R时，$U=IR$，而电流I却始终保持不变。因此，凡是与电流源串联的元件（包括电压源在内），其电流都等于电流源的电流。

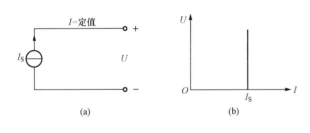

图1-7 理想电流源
(a) 图形符号；(b) 伏安特性

实际的电流源，例如光电池在一定的光线照射下，能产生一定的电流。在其内部的功率损耗可以忽略不计时，便可以用电流源来代替，其输出电流就等于光电池产生的电流。实际电源元件，例如蓄电池，它既可以用作电源，将化学能转换成电能供给负载；而充电时，它又可看作负载，将电能转换为化学能。

1.3.3 电源与负载的判别

理想有源元件也有两种工作状态，电源状态和负载状态。可根据U、I的实际方向判别电源的工作状态，当它们的电压和电流的实际方向与图1-2（a）中规定的电源关联参考方向相同，即电流从"+"端流出时，电源发出功率；当它们的电压和电流的实际方向与图1-2（b）中规定的负载关联参考方向相同，即电流从"−"端流出时，电源吸收功率。

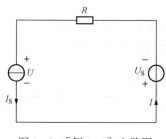

图 1-8　[例 1-1] 电路图

【例 1-1】　在图 1-8 所示直流电路中，已知电压源的电压 $U_S=6V$，电流源的电流 $I_S=6A$，电阻 $R=2\Omega$。求：

（1）电压源的电流和电流源的电压；

（2）讨论电路的功率平衡关系。

解　（1）电压源的电流和电流源的电压：

由于电压源与电流源串联，故

$$I=I_S=6(A)$$

根据电流的方向可知

$$U=U_S+RI_S=6+2\times6=18(V)$$

（2）电路中的功率平衡关系：

由电压和电流的方向可知，电压源处于负载状态，它取用的电功率为

$$P_L=U_S\times I=6\times6=36(W)$$

电流源处于电源状态，它输出的电功率为

$$P_O=UI_S=18\times6=108(W)$$

电阻 R 消耗的电功率为

$$P_R=RI_S^2=2\times6^2=72(W)$$

可见，$P_O=P_L+P_R$，电路中的功率是平衡的。

1.4　实际电源两种模型的等效变换

实际电压源模型可以由电压源 U_S 和内阻 R_S 串联组成，如图 1-9 所示，其端口伏安特性可表示为

$$U=U_S-R_SI \tag{1-12}$$

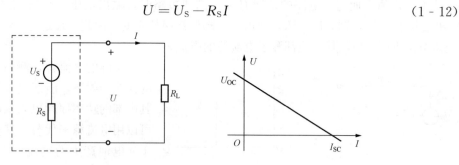

图 1-9　实际电压源及其外特性

若 $R_S=0$，即为理想电压源，U_{OC} 称为开路电压，I_{SC} 称为短路电流。这里

$$U_{OC}=U_S$$

$$I_{SC}=\frac{U_S}{R_S}$$

实际电流源模型可以由电流 I_S 和内阻 R_S 并联组成，如图 1-10 所示，其端口伏安特性可表示为

$$I=I_S-\frac{U}{R_S} \tag{1-13}$$

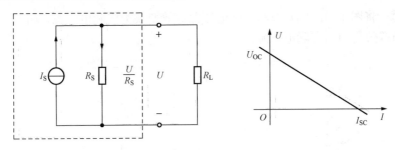

图 1 - 10 实际电流源及其外特性

若 $R_S = \infty$，则为理想电流源，其开路电压和短路电流分别为

$$U_{OC} = R_S I_S$$

$$I_{SC} = I_S$$

实际电压源模型与实际电流源的等效变换如图 1 - 11 所示。

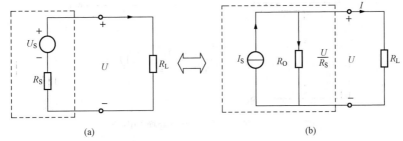

图 1 - 11 实际电压源模型与实际电流源模型的等效变换

（a）电压源；（b）电流源

由图 1 - 11（a）得

$$U = U_S - R_S I$$

由图 1 - 11（b）得

$$U = I_S R_O - I R_O$$

可见，等效变换条件为

$$\begin{cases} U_S = R_O I_S \\ R_O = R_S \end{cases} \qquad (1 - 14)$$

在进行电源等效变换时，要注意以下几点。

（1）实际电压源模型和实际电流源模型的等效关系只对外电路而言，对电源内部则是不等效的。例如当 $R_L = \infty$ 时，电压源模型内阻 R_S 中不损耗功率，而电流源模型的内阻 R_O 中则损耗功率。

（2）等效变换时，两电源的参考方向要一一对应，如图 1 - 12 所示。

（3）理想电压源与理想电流源之间不能等效互换。

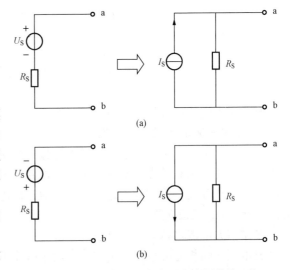

图 1 - 12 实际电压源与实际电流源等效互换

【例1-2】 将图1-13（a）所示实际电压源等效变换为实际电流源，将图1-13（b）所示实际电流源等效变换为实际电压源。

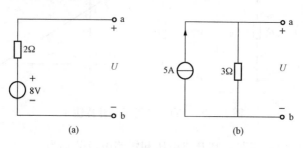

图1-13　［例1-2］电路图
（a）原电路；（b）变换成电压源电路

解　转换过程如图1-14和图1-15所示。

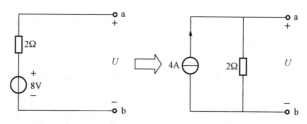

图1-14　将所给电压源等效变换为电流源

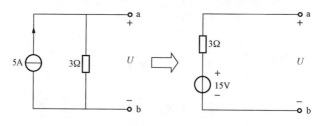

图1-15　将所给电流源等效变换为电压源

1.5　基尔霍夫定律

基尔霍夫定律是分析与计算电路的基本定律，又分为电流定律和电压定律。

1.5.1　基尔霍夫电流定律（KCL）

电路中3个或3个以上电路元件的连接点称为结点。例如在图1-16所示的电路中有 a 和 b 两个结点。具有结点的电路称为分支电路，不具有结点的电路称为无分支电路。两结点之间的每一条分支电路称为支路。支路中通过的电流是同一电流。在图1-16所示电路中有 acb、adb、aeb 三条支路。

基尔霍夫电流定律（Kirchhoff's Current Law，KCL），是说明电路中任何一个结点上各部分电流之间相互关系的基本定律。由于电流的连续性，流入任何结点的电流之和必定等于流出该结点的电流之和。例如对图1-16所示电路的结点 a 来说，有

$$I_1 + I_2 = I_3 \tag{1-15}$$

或写成

$$I_1 + I_2 - I_3 = 0$$

这就是说，如果流入结点的电流前面取正号，流出结点的电流前面取负号，那么结点 a 上电流的代数和就等于零。这一结论不仅适用于结点 a，显然也适用于任何电路的任何结点，而且不仅适用于直流电流，对任意波形的电流来说，上述结论在任一瞬间也是适用的。因此基尔霍夫电流定律可表述为：在电路的任何一个结点上，同一瞬间电流的代数和等于零。用公式表示，即

$$\sum i = 0 \tag{1-16}$$

在直流电路中为

$$\sum I = 0 \tag{1-17}$$

基尔霍夫电流定律不仅适用于电路中任何结点，而且还可以推广应用于电路中任何一个假定的闭合面。例如对于图 1-17 所示的闭合面来说，电流的代数和应等于零，即

$$I_1 - I_3 - I_6 - I_7 = 0 \tag{1-18}$$

由于闭合面具有与结点相同的性质，因此称为广义结点。

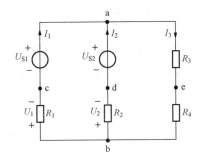

图 1-16 基尔霍夫定律

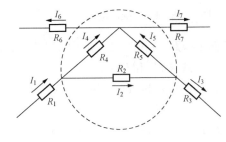

图 1-17 广义结点

【例 1-3】 如图 1-17 所示，已知 $I_1 = 3\text{A}$，$I_3 = -2\text{A}$，$I_6 = 7\text{A}$，求 I_7。

解 根据图中标出的电流参考方向，应用基尔霍夫电流定律，分别由结点对图中假想一封闭面（如图 1-17 中虚线所示），列出电流方程（称为结点电流方程）

$$I_1 - I_3 - I_6 - I_7 = 0$$
$$I_7 = I_1 - I_3 - I_6 = 3 + 2 - 7 = -2(\text{A})$$

I_7 为负值，说明实际方向与规定正方向相反。

1.5.2 基尔霍夫电压定律（KVL）

由电路元件组成的闭合路径称为回路。在图 1-16 所示电路中有 adbca、adbea、aebca 3 个未被其他支路分割的单孔回路，称为网孔。

基尔霍夫电压定律（KVL），简称 KVL，是说明电路中任何一个回路中各部分电压之间相互关系的基本定律。例如对图 1-16 所示电路中的回路 adbca 来说，由于电位的单值性，若从 a 点出发，沿回路环行一周又回到 a 点，电位的变化应等于零。因而在该回路中与回路环行方向一致的电压（电位降）之和，必定等于与回路环行方向相反的电压（电位升）之和，即

$$U_{S2} + U_1 = U_{S1} + U_2$$

或改写成

$$U_{S2} + U_1 - U_{S1} - U_2 = 0 \qquad (1-19)$$

这就是说，如果与回路环行方向一致的电压前面取正号，与回路环行方向相反的电压前面取负号，那么该回路中电压的代数和应等于零。这一结论不仅适用于回路 adbca，显然也适用于任何电路的任一回路。而且不仅适用于直流电压，对任意波形的电压来说，上述结论在任一瞬间也是适用的。因此基尔霍夫电压定律可表述为：在电路的任何一个回路中，沿同一方向循行，同一瞬间电压的代数和等于零。用公式表示，即

$$\sum u = 0 \qquad (1-20)$$

在直流电路中为

$$\sum U = 0 \qquad (1-21)$$

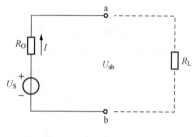

图 1-18 KVL 推广电路

基尔霍夫电压定律不仅适用于电路中任一闭合的回路，而且还可以推广应用于任何假想闭合的一段电路，例如在图 1-18 所示电路中，只要将 a、b 两点间的电压作为电阻电压降一样考虑进去，按照图中选取的回路方向，由式（1-21）可列出

$$U_S - IR_O + U_{ab} = 0$$

则

$$U_{ab} = U_S - IR_O$$

【例1-4】 在图 1-19 所示的回路中，已知 $U_{S1}=20$V，$U_{S2}=10$V，$U_{ab}=4$V，$U_{cd}=6$V，$U_{ef}=5$V，试求 U_{ed} 和 U_{ad}。

解 由回路 abcdefa，根据 KVL 可列出

$$U_{ab} + U_{cd} - U_{ed} + U_{ef} = U_{S1} - U_{S2}$$

$$U_{ed} = U_{ab} + U_{cd} + U_{ef} - U_{S1} + U_{S2}$$

$$= 4 + (-6) + 5 - 20 + 10 = -7(\text{V})$$

由假想的回路 abcda，根据 KVL 可列出

$$U_{ab} + U_{cd} - U_{ad} = -U_{S2}$$

求得

$$U_{ad} = U_{ab} + U_{cd} + U_{S2} = 4 + (-6) + 10 = 8(\text{V})$$

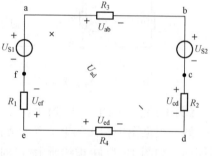

图 1-19 ［例 1-4］电路图

1.6 支 路 电 流 法

支路电流法是求解复杂电路最基本的方法，它是以支路电流为求解对象，直接应用基尔霍夫定律，分别对结点和回路列出所需的方程组，然后解出各支路电流。现以图 1-20 所示电路为例，解题的一般步骤如下：

（1）确定支路数，选择各支路电流的参考方向。图 1-20 所示电路有 3 条支路，即有 3 个待求支路电流。解题时，需列出 3 个独立的方程式。选择各支路电流的参考方向如图 1-20 所示。

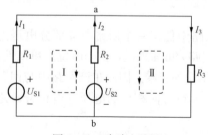

图 1-20 支路电流法

（2）确定结点数，列出独立的结点电流方程式。在图 1 - 20 所示电路中，有两个结点 a、b，利用 KCL 列出的结点方程式如下：

对结点 a

$$I_1 + I_2 = I_3$$

对结点 b

$$I_3 = I_1 + I_2$$

这是两个相同的方程，所以对于两个结点只能有 1 个方程是独立的。一般来说，如果电路有 n 个结点，那么它只能列出 $n-1$ 个独立的结点方程式，解题时可在 n 个结点中任选其中 $n-1$ 个结点列出方程式。

（3）确定余下所需的方程式数，列出独立的回路电压方程式。如前所述，本题共有 3 条支路，只能列出 1 个独立的结点方程式，剩下的两个方程式可利用 KVL 列出。

对图 1 - 20 所示电路，选择网孔的回路方向如图中虚线所示，列出回路方程式如下：

回路 I

$$-U_{S1} + R_1 I_1 - R_2 I_2 + U_{S2} = 0 \qquad\qquad ①$$

回路 II

$$U_{S2} - R_3 I_3 - R_2 I_2 = 0 \qquad\qquad ②$$

回路 III

$$-U_{S1} + R_1 I + R_3 I_3 = 0 \qquad\qquad ③$$

然而式①、式②、式③不独立，即式②加式③等于式①。

为了得到独立的 KVL 方程，应该使每次所选的回路至少包含 1 条前面未曾用过的新支路，通常选用网孔列出的回路方程式一定是独立的。一般来说，电路所列出的独立回路方程式数加上独立的结点方程式数正好等于支路数。

（4）联立方程式，求出各支路电流的数值。

【例 1 - 5】 在图 1 - 21 所示电路中，已知 $U_{S1} = 12V$，$U_{S2} = 12V$，$R_1 = 1\Omega$，$R_2 = 2\Omega$，$R_3 = 2\Omega$，$R_4 = 4\Omega$。求各支路电流。

解　（1）设各电流的参考方向和回路方向如图 1 - 21 所示。对结点 a 列电流方程

$$I_1 + I_2 - I_3 - I_4 = 0$$

（2）选网孔回路为顺时针方向，列写回路电压方程：

网孔 I

$$-R_1 I_1 - R_3 I_3 + U_{S1} = 0$$

网孔 II

$$R_1 I_1 - R_2 I_2 - U_{S1} + U_{S2} = 0$$

网孔 III

$$R_2 I_2 + R_4 I_4 - U_{S2} = 0$$

（3）将已知数据代入方程式，整理后得

$$I_1 + I_2 - I_3 - I_4 = 0$$
$$-I_1 - 2I_3 + 12 = 0$$
$$I_1 - 2I_2 - 12 + 12 = 0$$
$$2I_2 + 4I_4 - 12 = 0$$

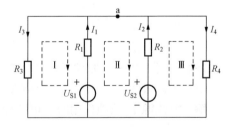

图 1 - 21　［例 1 - 5］电路图

最后解得

$$I_1 = 4\text{A}, \quad I_2 = 2\text{A}, \quad I_3 = 4\text{A}, \quad I_4 = 2\text{A}$$

1.7　叠　加　定　理

在有多个电源作用的线性电路中，任意支路中的电流都可认为是各个电源单独作用时分别在该支路中产生的电流的代数和。对于各个元件上的电压也是一样，可认为是各个电源单独作用时分别在该支路中产生的电压的代数和。这就是叠加定理，如图 1-22 所示。

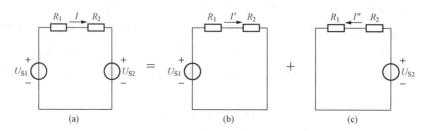

图 1-22　叠加定理
(a) 原电路；(b) U_{S1} 单独作用时；(c) U_{S2} 单独作用时

例如在图 1-22（a）所示电路中，R_1、R_2、U_{S1}、U_{S2} 已知，求电路中的电流 I。

$$I = \frac{U_{S1} - U_{S2}}{R_1 + R_2} = \frac{U_{S1}}{R_1 + R_2} - \frac{U_{S2}}{R_1 + R_2} = I' - I''$$

式中

$$I' = \frac{U_{S1}}{R_1 + R_2}, \quad I'' = \frac{U_{S2}}{R_1 + R_2}$$

由此可以看出电流 I 可分为 I' 和 I'' 两部分。其中 I' 为 U_{S1} 单独作用时产生，I'' 为 U_{S2} 单独作用时产生，与之相对应的电路如图 1-22（b）、（c）所示，所以图 1-22（a）可看作是这两个图的叠加。应用叠加定理时，要注意以下几点。

（1）在考虑某一电源单独作用时，应令其他电源中的 $U_S = 0$、$I_S = 0$，即应将其他电压源代之以短路，将其他电流源代之以开路。

（2）最后叠加时，一定要注意各个电源单独作用时的电流和总电压分量的参考方向是否与总电流和总电压的参考方向一致，一致时前面取正号，不一致时前面取负号。

（3）叠加定理只适用于线性电路，不能用于非线性电路。

（4）叠加定理只能用来分析和计算电流和电压，不能用来计算功率。因为电功率与电流、电压的关系不是线性关系，而是平方关系。例如图 1-22 中电阻 R_1 消耗的功率为

$$P_1 = R_1 I^2 = R_1 (I' - I'')^2 = R_1 I'^2 - 2R_1 I'I'' + R_1 I''^2 \neq R_1 I'^2 + R_1 I''^2$$

【例 1-6】　用叠加原理求图 1-23（a）所示电路中的电流 I。已知 $R_1 = 1\Omega$，$R_2 = 2\Omega$，$R_3 = 3\Omega$，$R_4 = 4\Omega$，$U_S = 35\text{V}$，$I_S = 7\text{A}$。

解　电流源 I_S 单独作用时，电路如图 1-23（b）所示，求得

$$I' = \frac{R_3}{R_3 + R_4} I_S = 3(\text{A})$$

电压源 U_S 单独作用时，电路如图 1-23（c）所示，求得

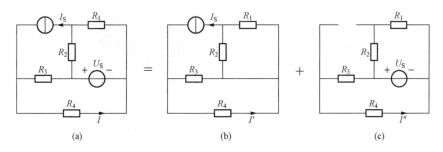

图 1 - 23 ［例 1 - 6］电路图

(a) 原电路；(b) I_S 单独作用时；(c) U_S 单独作用时

$$I'' = \frac{U_S}{R_3 + R_4} = 5(A)$$

两个电源共同作用时

$$I = I' + I'' = 8(A)$$

1.8 戴 维 宁 定 理

戴维宁定理又称等效电源定理，该定理指出，对外部电路而言，任何一个线性有源二端

网络都可以用一个理想电压源 U_{S0} 和
内阻 R_O 相串联来代替，如图 1 - 24
所示。戴维宁等效电源中的电压源
U_{S0} 等于该网络的开路电压 U_{OC}，内
阻 R_O 等于有源二端网络中除去所有
电源（电压源短路，电流源开路）后
所得到的无源二端网络的等效电阻
R_O，也等于原有源二端网络的开路
电压 U_{OC} 与短路电流 I_{SC} 之比。

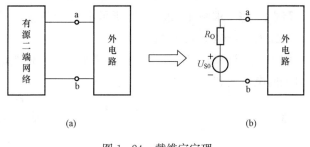

图 1 - 24 戴维宁定理

（a) 有源二端网络；(b) 电压源

所谓二端网络就是有两个出线端的部分电路。二端网络中没有电源时称为无源二端网
络，二端网络中含有电源时称为有源二端网络。

【例 1 - 7】 电路如图 1 - 25 (a) 所示，已知 $U_{S1} = 40\text{V}$，$U_{S2} = 20\text{V}$，$R_1 = R_2 = 4\Omega$，$R_3 =$
13Ω，试用戴维宁定理求电流 I_3。

解 （1）断开待求支路求等效电源电压的 U_{OC}。如图 1 - 25 (b) 所示，有

$$U_{OC} = U_{S2} + IR_2 = 20 + \frac{40 - 20}{4 + 4} \times 4 = 30(\text{V})$$

（2）求等效电源的内阻 R_O。除去所有电源（理想电压源短路，理想电流源开路），如图
1 - 25 (c) 所示，可求得

$$R_O = \frac{R_1 R_2}{R_1 + R_2} = 2(\Omega)$$

（3）画出等效电路如图 1 - 25 (d) 所示。

（4）利用简化后的电路求出待求电流 I_3，即

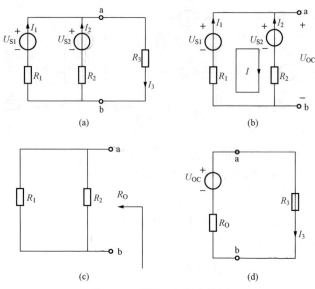

图 1 - 25　［例 1 - 7］电路图

（a）原电路；（b）求等效电源电压 U_{OC}；（c）求等效电源内阻 R_{OC}；（d）等效电路

$$I_3 = \frac{U_{OC}}{R_O + R_3} = \frac{30}{2 + 13} = 2(\mathrm{A})$$

【例 1 - 8】　求图 1 - 26（a）所示电路的戴维宁等效电路，已知 $R_1 = 20\Omega$，$R_2 = 30\Omega$，$R_3 = 2\Omega$，$U_S = 50\mathrm{V}$，$I_S = 1\mathrm{A}$。

解　（1）计算开路电压。可以用叠加原理，即为电压源在端口处的电压与 1A 电流源在端口处的电压之和

$$U_{OC} = U'_{OC} + U''_{OC} = U_{S1}\frac{R_2}{R_2 + R_1} + I_S\frac{R_2 R_1}{R_2 + R_1}$$

$$= 50 \times \frac{30}{30 + 20} + 1 \times \frac{30 \times 20}{30 + 20} = 42(\mathrm{V})$$

（2）计算等效电阻。将有源二端网络内部的电源置为零，如图 1 - 26（b）所示，有

$$R_O = R_3 + \frac{R_1 R_2}{R_1 + R_2} = 2 + \frac{20 \times 30}{20 + 30} = 14(\Omega)$$

（3）图 1 - 26（c）所示 42V 电压源与 14Ω 电阻的串联即为图 1 - 26（a）中有源二端网络的戴维宁等效电路。

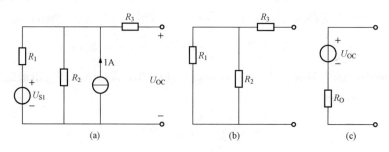

图 1 - 26　［例 1 - 8］电路图

（a）原电路；（b）求等效电阻；（c）等效电路

1.9 电 位

电路中只要讲到电位，就会涉及电路参考点，工程中常选大地为参考点，在电子线路中则常以多数支路的连接点作为参考点，参考点在电路图中以"接地"符号标出。所谓"接地"，并非真与大地相接。

实际上，电路中某点电位就是该点到参考点之间的电压。电压在电路中用 u 来表示，通常采用双脚标；电位用 V 表示，一般只用单脚标。

在电工技术中大多数场合都用电压的概念，而在电子技术中电位的概念则得到普遍应用。因为，绝大多数电子电路中许多元器件都汇集到一点上，通常把这个汇集点选为电位参考点，其他各点都相对这一参考点表明各自电位的高低。这样做不仅简化了电路的分析与计算，还给测量与实际应用带来很大的方便。

【例 1 - 9】 求图 1 - 27 所示电路中各点的电位 V_a、V_b、V_c、V_d。

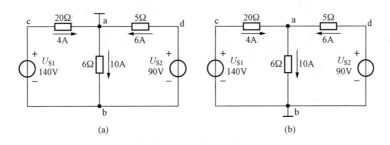

图 1 - 27 ［例 1 - 9］电路图

(a) a 为参考点；(b) b 为参考点

解 设 a 为参考点，即 $V_a = 0V$，则有

$$V_b = U_{ba} = -10 \times 6 = -60(V)$$
$$V_c = U_{ca} = 4 \times 20 = 80(V)$$
$$V_d = U_{da} = 6 \times 5 = 30(V)$$
$$U_{ab} = 10 \times 6 = 60(V)$$
$$U_{cb} = U_{S1} = 140(V)$$
$$U_{db} = U_{S2} = 90(V)$$

设 b 为参考点，即 $V_b = 0V$，则有

$$V_a = U_{ab} = 10 \times 6 = 60(V)$$
$$V_c = U_{cb} = U_{S1} = 140(V)$$
$$V_d = U_{db} = U_{S2} = 90(V)$$
$$U_{ab} = 10 \times 6 = 60(V)$$
$$U_{cb} = U_{S1} = 140(V)$$
$$U_{db} = U_{S2} = 90(V)$$

从上面的结果可以看出：

(1) 电位值是相对的，参考点选取的不同，电路中各点的电位也将随之改变；

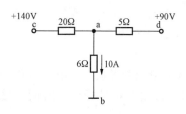

图 1-28　电位简化标法

（2）电路中两点间的电压值是固定的，不会因参考点的不同而变，即与零电位参考点的选取无关。

为简化电路，常常不画出电源元件，而标明电源正极或负极的电位值。尤其在电子线路中，连接的元件较多，电路较为复杂，采用这种画法常常可以使电路更加清晰明了，分析问题更加方便。例如图 1-27（b）可简化为图 1-28 所示电路。

【例 1-10】　如图 1-29 所示电路，计算开关 S 断开和闭合时 A 点的电位 V_A。

解　（1）当开关 S 断开时，如图 1-29（a）所示，可知电流 $I_1 = I_2 = 0$，电位 $V_A = 6V$。

（2）当开关 S 闭合时，电路如图 1-29（b）所示，可知电流 $I_2 = 0$，电位 $V_A = 0V$。

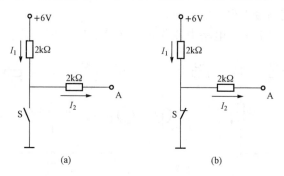

图 1-29　［例 1-10］电路图
（a）开关 S 打开；（b）开关 S 闭合

习　　　题

1.1　试求图 1-30 所示电路中的等效电阻 R_{ab}。

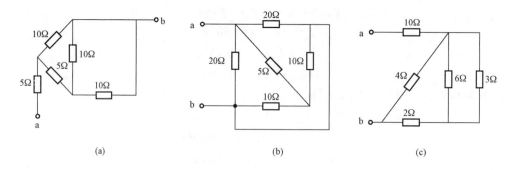

图 1-30　习题 1.1 图

1.2　试求图 1-31 所示电路中电流 I、电压 U 及 3Ω 电阻的功率。

1.3　试求图 1-32 所示电路中的端口电压 U_{ab}。

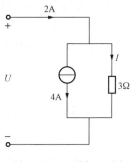

图 1-31　习题 1.2 图

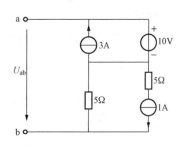

图 1-32　习题 1.3 图

1.4　试求图 1-33 所示电路中的电压 U_{ab}。

1.5　试根据基尔霍夫定律求图 1-34 所示电路中的电流 I_1 和 I_2。

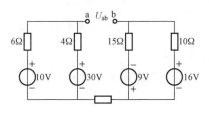

图 1-33　习题 1.4 图

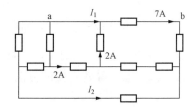

图 1-34　习题 1.5 图

1.6　在图 1-35 所示电路中，已知 $U_S = 6V$，$I_S = 2A$，$R_1 = 2\Omega$，$R_2 = 1\Omega$。试求开关 S 断开时开关两端的电压 U 和开关 S 闭合时通过开关的电流 I（不必用支路电流法）。

1.7　在图 1-36 所示电路中，已知 $U_S = 6V$，$I_S = 2A$，$R_1 = 2\Omega$，$R_2 = 1\Omega$。试求开关 S 断开时开关两端的电压和开关 S 闭合时通过开关的电流（在图中注明所选的参考方向）。

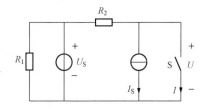

图 1-35　习题 1.6 图

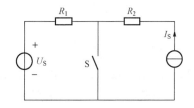

图 1-36　习题 1.7 图

1.8　用支路电流法，试求图 1-37 所示电路中的 I_1、I_2。

1.9　用支路电流法，试求图 1-38 所示电路中各支路电流。

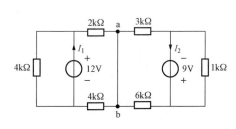

图 1-37　习题 1.8 图

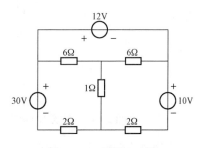

图 1-38　习题 1.9 图

1.10　试求图 1-39 所示电路中电流源两端的电压 U_1、U_2 及其功率，并说明是起电源作用还是起负载作用。

1.11　在图 1-40 所示电路中，当 $U_S = 16V$ 时，$U_{ab} = 8V$，试用叠加定理求 $U_S = 0$ 时的 U_{ab}。

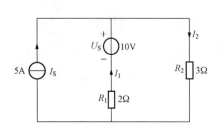 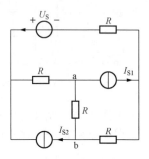

图 1-39　习题 1.10 图　　　　　　　图 1-40　习题 1.11 图

1.12　用叠加定理，试求图 1-41 所示电路中的电流 I。

1.13　试用电源等效变换的方法，试求图 1-42 所示电路中的电流 I。

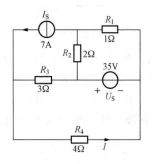 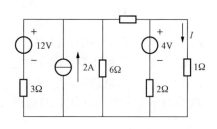

图 1-41　习题 1.12 图　　　　　　　图 1-42　习题 1.13 图

1.14　试用电源等效变换的方法求图 1-43 所示电路中的 U_{ab}。

1.15　用戴维宁定理，试求图 1-44 所示电路中的电流 I。

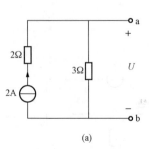 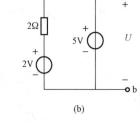 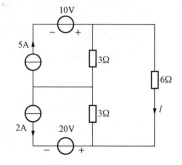

(a)　　　　　　　　　　(b)

图 1-43　习题 1.14 图　　　　　　　图 1-44　习题 1.15 图

1.16　用戴维宁定理，试求图 1-45 所示电路中的电流 I。

1.17　用戴维宁定理，试求图 1-46 所示电路中的电流 I。

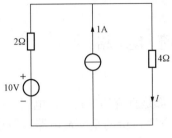

图 1 - 45　习题 1.16 图

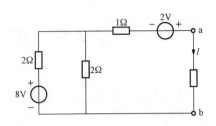

图 1 - 46　习题 1.17 图

1.18　试求图 1 - 47 所示电路中开关 S 闭合和断开两种情况下 a、b、c 三点的电位。

1.19　图 1 - 48 所示电路中 a 点的电位为 30V，试求 b、c、d 三点的电位。

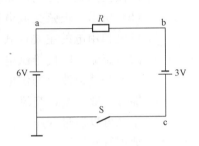

图 1 - 47　习题 1.18 图

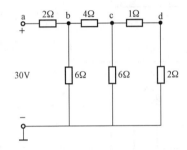

图 1 - 48　习题 1.19 图

第 2 章 正 弦 交 流 电 路

在第 1 章讲到的直流电路里，所讨论的电压和电流都是直流的形式，即电压和电流的大小、方向均不随时间变化，如图 2-1（a）所示。而本章要讨论的是交流电路，所谓交流是指电压和电流的大小、方向均随时间做周期性的变化。图 2-1（b）、（c）、（d）所示为几种常见的交流信号。交流电在人们的生产和生活中有着广泛的应用。常用的交流电是正弦交流电，即电压和电流的大小、方向按正弦规律变化，如图 2-1（b）所示。正弦交流电是目前供电和用电的主要形式。这是因为交流发电机等供电设备比直流等其他波形的供电设备性能好、效率高；交流电压的大小又可以通过变压器比较方便地进行变换。

本章首先介绍正弦交流电的基本概念和表征方法，然后重点讨论不同结构、不同参数的几种正弦交流电路中电压、电流的关系及功率。

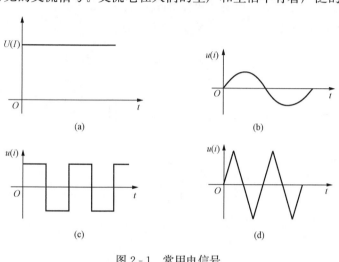

图 2-1 常用电信号

（a）直流；（b）交流；（c）方波；（d）锯齿波

2.1 正弦交流电的基本概念

正弦交流电包括正弦电压和正弦电流，以电流为例，其波形如图 2-2 所示，其数学表达式为

$$i = I_{\mathrm{m}}\sin(\omega t + \Psi_{\mathrm{i}}) \tag{2-1}$$

式中：i 为电流的瞬时值；I_{m} 为电流的最大值或幅值；ω 为角频率；Ψ_{i} 为初相位或初相角。

只要最大值、角频率和初相位一定，则正弦交流电与时间的函数关系也就一定了，所以将这三个量称为正弦交流电的三要素。分析正弦交流电时也应从以下三个方面进行。

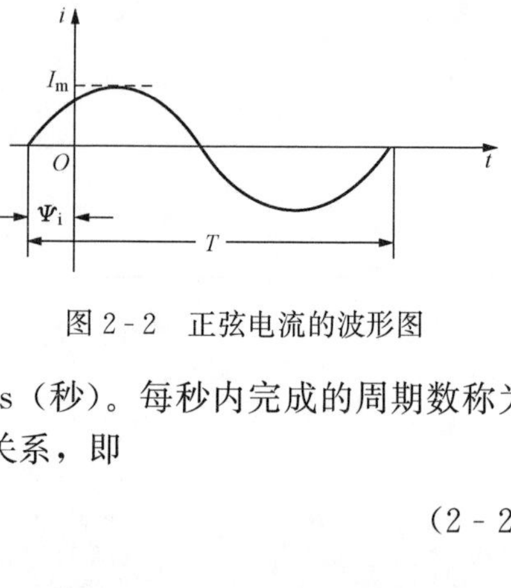

图 2-2 正弦电流的波形图

2.1.1 交流电的周期、频率和角频率

正弦量交变一次所需要的时间称为周期 T，单位是 s（秒）。每秒内完成的周期数称为频率 f，单位是 Hz（赫兹）。所以 T 与 f 是互为倒数的关系，即

$$f = \frac{1}{T} \tag{2-2}$$

每秒内完成的弧度数称为角频率 ω，单位是 rad/s（弧度每秒）。因为一个周期内经历的弧度是 2π，所以角频率与周期、频率的关系为

$$\omega = \frac{2\pi}{T} = 2\pi f \qquad (2-3)$$

在我国和大多数国家都采用 50Hz 作为电力标准频率，有些国家（如美国、日本等）采用 60Hz。这种频率在工业上应用广泛，习惯上也称为工频。除工频外，某些领域还需要采用其他的频率，如无线电通信的频率为 $30\text{kHz} \sim 3 \times 10^4 \text{MHz}$，有线通信的频率为 $300 \sim 5000\text{Hz}$ 等。

2.1.2 交流电的瞬时值、最大值和有效值

正弦量在任一瞬间的值称为瞬时值，用小写字母表示，如 i、u 和 e 分别表示瞬时电流、瞬时电压和瞬时电动势。最大的瞬时值称为最大值或幅值，用带下标 m 的大写字母来表示，如 I_m、U_m 和 E_m 分别表示电流、电压和电动势的幅值。

正弦电流、电压和电动势的大小往往不是用它们的幅值来计量，而是用有效值来计量其大小。有效值是从电流的热效应来规定的，它的定义为：如果一个交流电流 i 和一个直流电流 I 在相等的时间内通过同一电阻而产生的热量相等，那么这个交流电流 i 的有效值在数值上就等于这个直流电流 I。

设有一电阻 R，通以交变电流 i，在周期 T 内产生的热量为

$$Q_\text{ac} = \int_0^T Ri^2 \,\mathrm{d}t \qquad (2-4)$$

同是该电阻 R，通以直流电流 I，在时间 T 内产生的热量为

$$Q_\text{dc} = RI^2 T \qquad (2-5)$$

根据上述定义，热效应相等的条件为 $Q_\text{ac} = Q_\text{dc}$，即

$$\int_0^T Ri^2 \,\mathrm{d}t = RI^2 T$$

由此可得出交流电流的有效值为

$$I = \sqrt{\frac{1}{T}\int_0^T i^2 \,\mathrm{d}t} \qquad (2-6)$$

即交流电流的有效值等于瞬时值的平方在一个周期内的平均值的开方，故有效值又称为均方根值。

有效值的定义适用于任何周期性变化的量，但不能用于非周期量。

假设这个交流电流为正弦量 $i = I_\text{m}\sin\omega t$，则

$$I = \sqrt{\frac{1}{T}\int_0^T I_\text{m}^2 \sin^2\omega t \,\mathrm{d}t}$$

因为

$$\int_0^T \sin^2\omega t \,\mathrm{d}t = \int_0^T \frac{1 - \cos2\omega t}{2}\,\mathrm{d}t = \frac{1}{2}\int_0^T \mathrm{d}t - \frac{1}{2}\int_0^T \cos2\omega t \,\mathrm{d}t = \frac{T}{2}$$

所以

$$I = \sqrt{\frac{1}{T}I_\text{m}^2 \frac{T}{2}} = \frac{I_\text{m}}{\sqrt{2}} \qquad (2-7)$$

式（2-7）给出的就是交流电流的有效值与最大值的关系。同理，正弦交流电压和电动势的有效值与它们的最大值的关系为

$$U = \frac{U_\text{m}}{\sqrt{2}}, \quad E = \frac{E_\text{m}}{\sqrt{2}} \qquad (2-8)$$

有效值都用大写字母表示，和表示直流的字母一样。如式（2-7）和式（2-8）中的 I、U 和 E 分别表示交流电流、交流电压和交流电动势的有效值。

一般所讲的正弦电压或正弦电流的大小，如交流电压 380V 或 220V，电器设备的额定值等都是指它的有效值。一般交流电表的刻度数值也是指它们的有效值。

2.1.3　交流电的相位、初相位和相位差

交流电在不同的时刻 t 具有不同的 $(\omega t + \Psi)$ 值，交流电也就变化到不同的位置。所以 $(\omega t + \Psi)$ 代表了交流电的变化进程，因此称 $(\omega t + \Psi)$ 为在不同的时刻 t 的相位或相位角。$t=0$ 时的相位称为初相位或初相位角 Ψ。显然，初相位与所选时间的起点有关，正弦量所选的计时起点不同，正弦量的初相位不同，其初始值也就不同。原则上，计时起点是可以任意选择的，不过，在进行交流电路的分析和计算时，同一个电路中所有的电流、电压和电动势只能有一个共同的计时起点。因而只能任选其中某一个的初相位为零的瞬间作为计时起点。这个初相位被选为零的正弦量称为参考量，这时其他各量的初相位就不一定等于零了。

任何两个同频率的正弦量的相位角之差称为相位差，用 φ 表示。例如

$$u = U_m \sin(\omega t + \Psi_u)$$

$$i = I_m \sin(\omega t + \Psi_i)$$

它们的相位差为

$$\varphi = (\omega t + \Psi_u) - (\omega t + \Psi_i) = \Psi_u - \Psi_i \tag{2-9}$$

可见，相位差也等于初相位之差。相位差与时间无关。

因为 u 和 i 的初相位不同，所以它们的变化步调不一致，即不是同时到达正的幅值或零值。那么它们在相位上的关系就有以下常见的四种，如图 2-3 所示。

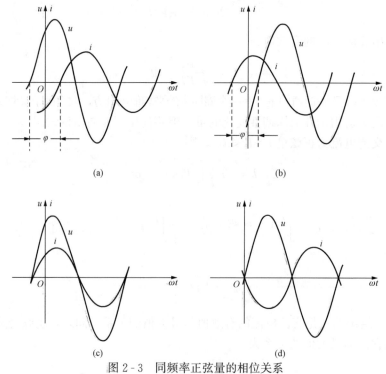

图 2-3　同频率正弦量的相位关系

(a) $0° < \varphi < 180°$；(b) $-180° < \varphi < 0°$；(c) $\varphi = 0°$；(d) $\varphi = 180°$

2.2 正弦交流电的相量表示法

前面讨论了正弦量的两种表示法：①三角函数式表示，如 $i = I_\mathrm{m}\sin(\omega t + \Psi_\mathrm{i})$；②正弦波形表示，如图 2-2 所示。但是这两种表示法在进行电路分析和计算时非常困难和不便，因此下面要重点讨论正弦量的第三种表示法——相量表示法。相量表示法的基础是复数，也就是用复数来表示正弦量，这样可以把复杂的三角运算简化成简单的复数形式的代数运算。首先回顾一下曾经学过的复数的一些相关知识。

2.2.1 矢量的复数形式及复数的运算法则

1. 复数的四种形式及相互转换

复平面中的任一矢量都可以用复数来表示，如图 2-4 所示，该直角坐标的横轴为 ± 1，称为实轴；纵轴为 $\pm \mathrm{j}$，称为虚轴，$\mathrm{j} = \sqrt{-1}$，称为虚数单位。在数学中我们用 i 表示虚数，而在电工学里，为了与电流瞬时值的符号相区别，改用 j 来表示。设一矢量 A，在实轴上的投影长度为 a，称为复数的实部，在纵轴上的投影长度为 b，称为复数的虚部，长度 c 称为复数的模，它与正实轴之间的夹角 Ψ 称为复数的辐角。

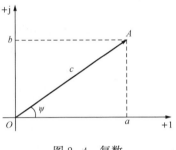

图 2-4 复数

它们之间的关系是

$$\left.\begin{array}{l} a = c\cos\psi \\ b = c\sin\psi \\ c = \sqrt{a^2 + b^2} \\ \psi = \arctan\dfrac{b}{a} \end{array}\right\} \tag{2-10}$$

所以

$$A = a + \mathrm{j}b \tag{2-11}$$

式（2-11）称为复数的代数形式。

将式（2-10）代入式（2-11）得

$$A = c\cos\Psi + \mathrm{j}c\sin\Psi = c(\cos\Psi + \mathrm{j}\sin\Psi) \tag{2-12}$$

式（2-12）称为复数的三角形式。

由数学中的欧拉公式

$$\left.\begin{array}{l} \cos\Psi = \dfrac{\mathrm{e}^{\mathrm{j}\Psi} + \mathrm{e}^{-\mathrm{j}\Psi}}{2} \\ \sin\Psi = \dfrac{\mathrm{e}^{\mathrm{j}\Psi} - \mathrm{e}^{-\mathrm{j}\Psi}}{2\mathrm{j}} \end{array}\right\} \tag{2-13}$$

得出

$$\cos\Psi + \mathrm{j}\sin\Psi = \mathrm{e}^{\mathrm{j}\Psi} \tag{2-14}$$

则

$$\mathrm{e}^{\mathrm{j}90°} = \mathrm{j}, \quad \mathrm{e}^{\mathrm{j}(-90°)} = -\mathrm{j}, \quad \mathrm{e}^{\mathrm{j}0°} = 1, \quad \mathrm{e}^{\mathrm{j}180°} = -1$$

j 既是一个虚数单位，同时又是一个 90° 旋转因子。任何相量与 j 相乘意味着该相量按逆时针方向旋转了 90°，与（−j）相乘意味着该相量按顺时针方向旋转了 90°。

根据式（2-14）可将式（2-12）写成

$$A = c\mathrm{e}^{\mathrm{j}\Psi} \qquad\qquad (2\text{-}15)$$

或简写成

$$A = c\angle\Psi \qquad\qquad (2\text{-}16)$$

式（2-15）为复数的指数形式。式（2-16）为复数的极坐标形式。

2. 复数的运算法则

设两个复数分别为

$$A_1 = a_1 + \mathrm{j}b_1$$
$$A_2 = a_2 + \mathrm{j}b_2$$

则

$$A_1 \pm A_2 = (a_1 + \mathrm{j}b_1) \pm (a_2 + \mathrm{j}b_2) = (a_1 \pm a_2) + \mathrm{j}(b_1 \pm b_2)$$
$$A_1 A_2 = c_1 \mathrm{e}^{\mathrm{j}\psi_1} \times c_2 \mathrm{e}^{\mathrm{j}\psi_2} = c_1 c_2 \mathrm{e}^{\mathrm{j}(\psi_1 + \psi_2)}$$

或

$$A_1 A_2 = c_1\angle\psi_1 \times c_2\angle\psi_2 = c_1 c_2\angle(\psi_1 + \psi_2)$$
$$\frac{A_1}{A_2} = \frac{c_1 \mathrm{e}^{\mathrm{j}\psi_1}}{c_2 \mathrm{e}^{\mathrm{j}\psi_2}} = \frac{c_1}{c_2} \mathrm{e}^{\mathrm{j}(\psi_1 - \psi_2)}$$

或

$$\frac{A_1}{A_2} = \frac{c_1\angle\Psi_1}{c_2\angle\Psi_2} = \frac{c_1}{c_2}\angle(\Psi_1 - \Psi_2)$$

小结： 复数的这四种形式可以相互转换，复数在进行加减运算时，应采用代数形式或三角形式，实部与实部相加减，虚部与虚部相加减。在进行乘除运算时，应采用指数形式或极坐标形式，模与模相乘除，辐角与辐角相加减。

【例 2-1】 已知复数 $A = -8 + \mathrm{j}6$，$B = 3 + \mathrm{j}4$，求 $A + B$，$A - B$，$A \times B$，$\dfrac{A}{B}$ 的值。

解

$$A + B = (-8 + 3) + \mathrm{j}(6 + 4) = -5 + \mathrm{j}10$$
$$A - B = (-8 - 3) + \mathrm{j}(6 - 4) = -11 + \mathrm{j}2$$

根据运算法则，乘除时要先把代数形式转化为指数形式或极坐标形式，所以

$$A = \sqrt{(-8)^2 + 6^2}\angle\arctan\left(-\frac{6}{8}\right) = 10\angle143°$$

$$B = \sqrt{3^2 + 4^2}\angle\arctan\frac{4}{3} = 5\angle53°$$

$$A \times B = 10\angle143° \times 5\angle53° = 50\angle196° = 50\angle-164°$$

$$\frac{A}{B} = \frac{10\angle143°}{5\angle53°} = 2\angle90° = \mathrm{j}2$$

2.2.2　旋转矢量和正弦量之间的关系

设有一正弦电流 $i = I_\mathrm{m}\sin(\omega t + \psi)$ 其复平面中旋转矢量如图 2-5（a）所示，其波形图如图 2-5（b）所示。图 2-5（a）中，右边是一旋转有向线段 A，在复平面中，有向线段 OA 的长度 c 等于正弦量的幅值 I_m，它的初始位置与实轴正方向的夹角等于正弦量的初相位

ψ，则矢量在虚轴上的投影为 $b=c\sin\psi$。当这个矢量以 c 为半径，以正弦量的角频率 ω 作为角速度在复平面内做逆时针方向的匀速旋转，则任意时刻这个旋转矢量在虚轴上的投影为 $b=c\sin(\omega t+\psi)$。可见，这一旋转有向线段具有正弦量的三个特征，与正弦量的表达式有着相同的形式，故可用来表示正弦量。正弦量在任意时刻的瞬时值就可以用这个旋转有向线段任意瞬间在纵轴上的投影表示出来。例如：在 $t=0$ 时，$i_0=I_m\sin\psi$；在 $t=t_1$ 时，$i_1=I_m\sin(\omega t_1+\psi)$。

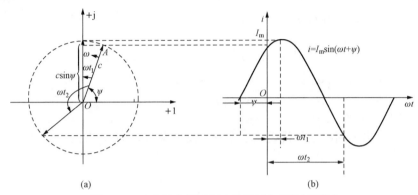

图 2-5 正弦量在复平面中的旋转矢量及波形图
(a) 复平面中的旋转矢量；(b) 波形图

2.2.3 相量及相量图

以上分析说明，正弦量可以用旋转有向线段来表示，而有向线段可以用复数来表示，所以正弦量也可用复数来表示。用以表示正弦量的矢量或复数称为相量。复数的模即为正弦量的幅值或有效值，复数的辐角即为正弦量的初相位。模长等于最大值的相量称为最大值相量，模长等于有效值的相量称为有效值相量。那么，既然相量就是复数，因而相量也有四种形式。由于相量是用来表示正弦量的复数，为了与一般的复数相区别，在相量的字母顶部打上"·"。例如表示正弦电压 $u=U_m\sin(\omega t+\psi)$ 的相量为

$$\dot{U}_m = U_{am} + jU_{bm} = U_m(\cos\psi + j\sin\psi) = U_m e^{j\psi} = U_m \angle \psi$$

或

$$\dot{U} = U_a + jU_b = U(\cos\psi + j\sin\psi) = U e^{j\psi} = U \angle \psi$$

式中：$\dot{U}_m$ 为电压的最大值相量；$\dot{U}$ 为电压的有效值相量。最大值相量与有效值相量之间的关系为

$$\dot{U}_m = \sqrt{2}\,\dot{U} \qquad\qquad (2-17)$$

同频率的若干相量画在同一个复平面上构成了相量图。在相量图上能清晰地看出各正弦量的大小和相位关系。

最后还要注意以下几点。

(1) 相量只是表示正弦量，而不是等于正弦量。例如 $\dot{U}_m = U_m\angle\psi \neq U_m\sin(\omega t+\psi)$，相量是个复数，而正弦量是个时间函数。相量只是正弦量进行运算时的一种表示方法和主要工具。

(2) 只有正弦量才能用相量表示，非正弦量不能用相量表示。

(3) 只有同频率的正弦量才能进行相量运算，才能画在同一个相量图上进行比较。

【例 2 - 2】 写出下列正弦量的有效值相量形式，要求用代数形式表示，并画出相量图。

(1) $u_1 = 10\sqrt{2}\sin\omega t\,\text{V}$；

(2) $u_2 = 10\sqrt{2}\sin(\omega t + 90°)\,\text{V}$；

(3) $u_3 = 10\sqrt{2}\sin\left(\omega t - \dfrac{3}{4}\pi\right)\text{V}$。

解 (1) $\dot{U}_1 = 10\angle 0° = 10(\cos 0° + \text{j}\sin 0°) = 10(\text{V})$

(2) $\dot{U}_2 = 10\angle 90° = 10(\cos 90° + \text{j}\sin 90°) = \text{j}10(\text{V})$

(3) $\dot{U}_3 = 10\angle -\dfrac{3}{4}\pi = 10\left[\cos\left(-\dfrac{3}{4}\pi\right) + \text{j}\sin\left(-\dfrac{3}{4}\pi\right)\right]$

$\qquad = 10\left[-\dfrac{\sqrt{2}}{2} - \text{j}\dfrac{\sqrt{2}}{2}\right] = (-5\sqrt{2} - \text{j}5\sqrt{2})(\text{V})$

相量图如图 2 - 6 所示。

【例 2 - 3】 写出下列相量所代表的正弦量，设频率为 50Hz，并画出相量图。

(1) $\dot{I}_m = (4 - \text{j}3)\text{A}$；

(2) $\dot{U} = (-8 + \text{j}6)\text{V}$；

(3) $\dot{I} = (-12 - \text{j}16)\text{A}$。

解 只要知道正弦量的三要素，就可以正确地写出正弦量的表达式，一般将相量的代数形式转换成指数形式或极坐标形式，可以很方便地得出最大值和初相位。角频率为

$$\omega = 2\pi f = 2 \times 3.14 \times 50 = 314\,\text{rad/s}$$

(1) $\dot{I}_m = \sqrt{4^2 + 3^2}\angle\arctan\left(-\dfrac{3}{4}\right) = 5\angle -37°(\text{A})$

$$i = 5\sin(314t - 37°)(\text{A})$$

(2) $\dot{U} = \sqrt{(-8)^2 + 6^2}\angle\arctan\left(-\dfrac{6}{8}\right) = 10\angle 143°(\text{V})$

$$u = 10\sqrt{2}\sin(314t + 143°)(\text{V})$$

(3) $\dot{I} = \sqrt{(-12)^2 + (-16)^2}\angle\arctan\left(\dfrac{16}{12}\right) = 20\angle -127°(\text{A})$

$$i = 20\sqrt{2}\sin(314t - 127°)(\text{A})$$

相量图如图 2 - 7 所示。

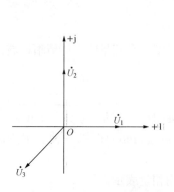

图 2 - 6 ［例 2 - 2］的相量图

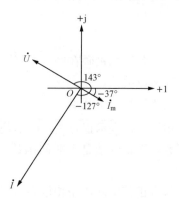

图 2 - 7 ［例 2 - 3］的相量图

【例 2-4】　电路图如图 2-8 所示，已知 $i_1 = 100\sqrt{2}\sin(\omega t + 45°)\text{A}$，$i_2 = 60\sqrt{2}\sin(\omega t - 30°)\text{A}$。
试求：

(1) 总电流 i；

(2) 画出相量图；

(3) 说明 i 的最大值是否等于 i_1 和 i_2 的最大值之和？i 的有效
值是否等于 i_1 和 i_2 的有效值之和？为什么？

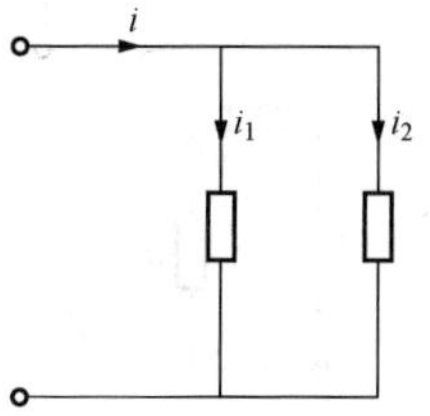

图 2-8　[例 2-4] 的
电路图

解　(1) 因为正弦电流 i_1 和 i_2 的频率相同，可用相量求得。

1) 先作最大值相量

$$\dot{I}_{1m} = 100\sqrt{2}\angle 45°(\text{A})$$

$$\dot{I}_{2m} = 60\sqrt{2}\angle -30°(\text{A})$$

2) 用相量法求总电流的最大值相量

$$\dot{I} = \dot{I}_1 + \dot{I}_2 = 100\angle 45° + 60\angle -30° = 182.7\angle 18.4°(\text{A})$$

3) 将电流的最大值相量变换成电流的瞬时值表达式

$$i = 182.7\sin(\omega t + 18.4°)(\text{A})$$

也可以用有效值相量进行计算，方法如下：

1) 先作有效值相量

$$\dot{I}_1 = 100\angle 45°(\text{A})$$

$$\dot{I}_2 = 60\angle -30°(\text{A})$$

2) 用相量法求总电流的有效值相量

$$\dot{I} = \dot{I}_1 + \dot{I}_2 = 100\angle 45° + 60\angle -30° = 129\angle 18.4°(\text{A})$$

3) 将总电流的有效值相量变换成电流的瞬时值表
达式

$$i = 129\sqrt{2}\sin(\omega t + 18.4°)(\text{A})$$

(2) 相量图如图 2-9 所示。

(3) 很显然，i 的最大值不等于 i_1 和 i_2 的最大值之
和，i 的有效值也不等于 i_1 和 i_2 的有效值之和。因为它们
的初相位不同，即起始位置不同，到达最大值的时刻也不
相同，所以不能简单地将它们的最大值或有效值相加来
计算。

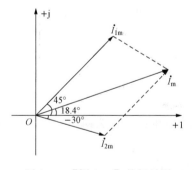

图 2-9　[例 2-4] 的相量图

2.3　单一参数的正弦交流电路

了解了正弦交流电及其相量表示法后，现在可以讨论正弦交流电路了。首先讨论只含有
一种无源元件的电路。

2.3.1　纯电阻电路

1. 电压和电流的关系

图 2-10（a）所示为一个线性电阻元件的交流电路，电压和电流的参考方向如图中所

示，两者的关系由欧姆定律确定，即

$$u = Ri$$

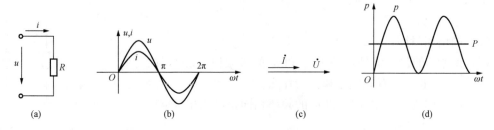

图 2 - 10　纯电阻电路

(a) 电路图；(b) 电流与电压的波形图；(c) 电流与电压的相量图；(d) 功率波形图

为了分析方便，选电流为参考量，也就是令电流的初相位为零，即

$$i = I_\mathrm{m}\sin\omega t \tag{2-18}$$

则

$$u = Ri = RI_\mathrm{m}\sin\omega t = U_\mathrm{m}\sin\omega t \tag{2-19}$$

比较式（2-18）和式（2-19），不难看出 i 和 u 有如下关系。

（1）u 和 i 是同频率的正弦量。

（2）u 和 i 相位相同。

（3）u 和 i 的最大值之间和有效值之间的关系为

$$\left.\begin{array}{l} U_\mathrm{m} = RI_\mathrm{m} \\ U = RI \end{array}\right\} \tag{2-20}$$

（4）u 和 i 的最大值相量之间和有效值相量之间的关系为

$$\left.\begin{array}{l} \dot{U}_\mathrm{m} = R\dot{I}_\mathrm{m} \\ \dot{U} = R\dot{I} \end{array}\right\} \tag{2-21}$$

可见，在纯电阻电路中，各种形式均符合欧姆定律。

波形图和相量图分别如图 2-10（b）、(c) 所示。

2. 功率

（1）瞬时功率。在任意瞬间，电压瞬时值 u 与电流瞬时值 i 的乘积称为瞬时功率，用小写字母 p 表示，即

$$\begin{aligned} p &= ui = U_\mathrm{m}\sin\omega t \times I_\mathrm{m}\sin\omega t = U_\mathrm{m}I_\mathrm{m}\sin^2\omega t \\ &= \sqrt{2}U\sqrt{2}I\sin^2\omega t = 2UI\frac{1-\cos2\omega t}{2} \\ &= UI(1-\cos2\omega t) = UI - UI\cos2\omega t \end{aligned} \tag{2-22}$$

由式（2-22）可见，p 是由两部分组成的，第一部分是常数 UI；第二部分是幅值为 UI 角频率为 2ω 的正弦量。p 随时间变化的波形如图 2-10（d）所示。

由图 2-10（d）可以看出，$p \geqslant 0$，这也正是因为交流电路中电阻元件的 u 和 i 同相位，即同正同负，所以 p 总为正值。p 为正，表示外电路从电源取用能量。在这里就是电阻元件从电源取用电能转换为热能，说明电阻是一个耗能元件。

（2）平均功率。一个周期内电路消耗电能的平均值，即瞬时功率在一个周期内的平均

值，称为平均功率，也叫有功功率，用大写字母 P 表示，即

$$P = \frac{1}{T}\int_0^T p\mathrm{d}t = \frac{1}{T}\int_0^T (UI - UI\cos2\omega t)\mathrm{d}t = UI = I^2R = \frac{U^2}{R} \qquad (2-23)$$

平均功率的波形图如图 2-10 （d）所示。

【例 2-5】　如图 2-10 （a）所示，已知通过电阻 $R = 10\Omega$ 的电流为 $i = 2\sin(\omega t + 30°)\mathrm{A}$，求电阻两端的电压 u，并画出相量图。

解　由电压和电流关系得

$$\dot{U}_\mathrm{m} = R\,\dot{I}_\mathrm{m} = 10\times2\angle30° = 20\angle30°(\mathrm{V})$$

则

$$u = 20\sin(\omega t + 30°)(\mathrm{V})$$

相量图如图 2-11 所示。

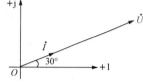

图 2-11　［例 2-5］的相量图

2.3.2　纯电感电路

1. 电压和电流的关系

图 2-12 （a）所示为一个线性电感元件的交流电路，电压和电流的参考方向如图中所示。为了分析方便，选电流为参考量，即

$$i = I_\mathrm{m}\sin\omega t \qquad (2-24)$$

则

$$u = L\frac{\mathrm{d}i}{\mathrm{d}t} = L\frac{\mathrm{d}I_\mathrm{m}\sin\omega t}{\mathrm{d}t} = \omega L I_\mathrm{m}\cos\omega t = U_\mathrm{m}\sin(\omega t + 90°) \qquad (2-25)$$

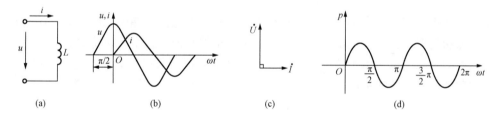

图 2-12　纯电感电路

（a）电路图；（b）电流与电压的波形图；（c）电流与电压的相量图；（d）功率的波形图

比较式（2-24）和式（2-25），不难看出 i 和 u 有如下关系。

1）u 和 i 是同频率的正弦量。

2）u 在相位上超前 $i90°$。

3）u 和 i 的最大值之间和有效值之间的关系为

$$\left.\begin{array}{c} U_\mathrm{m} = X_\mathrm{L}I_\mathrm{m} \\ U = X_\mathrm{L}I \end{array}\right\} \qquad (2-26)$$

式中：X_L 为感抗，$X_\mathrm{L} = \omega L = 2\pi fL$，$\Omega$。

电压一定时，X_L 越大，则电流越小，所以 X_L 是表示电感对电流阻碍作用大小的物理量。X_L 的大小与 L 和 f 成正比，L 越大，f 越高，X_L 就越大。在直流电路中，由于 $f = 0$，$X_\mathrm{L} = 0$，所以电感可视为短路，故电感有短直的作用。

4）u 和 i 的最大值相量之间和有效值相量之间的关系为

$$\left.\begin{array}{l}\dot{U}_m = jX_L \dot{I}_m \\ \dot{U} = jX_L \dot{I}\end{array}\right\} \tag{2-27}$$

波形图和相量图分别如图 2-12（b）、（c）所示。

2. 功率

（1）瞬时功率。电感的瞬时功率

$$p = ui = U_m \sin(\omega t + 90°) \times I_m \sin\omega t$$

$$= U_m \cos\omega t \times I_m \sin\omega t = \frac{1}{2} U_m I_m \sin2\omega t$$

$$= \frac{1}{2} \sqrt{2}U \times \sqrt{2}I \sin2\omega t$$

$$= UI \sin2\omega t \tag{2-28}$$

波形图如图 2-12（d）所示。由图可知，瞬时功率 p 有正有负，$p>0$ 时，$|i|$ 在增加，这时电感中储存的磁场能在增加，电感从电源取用电能并转换成了磁场能；$p<0$ 时，$|i|$ 在减小，这时电感中储存的磁场能转换成电能送回电源。电感的瞬时功率的这一特点说明了以下两点。

1）电感不消耗电能，它是一种储能元件；

2）电感与电源之间有能量的互换。

（2）平均功率为

$$P = \frac{1}{T}\int_0^T p\,dt = \frac{1}{T}\int_0^T UI\sin2\omega t\,dt = 0 \tag{2-29}$$

从平均功率（有功功率）为零这一特点也可以看出电感是一储能元件而不是耗能元件。

（3）无功功率。已经知道电感和电源之间有能量的互换，这个互换功率的大小通常用瞬时功率的最大值来衡量。由于这部分功率并没有被消耗掉，所以称为无功功率，用 Q 表示。为与有功功率区别，Q 的单位用 var（乏）表示。根据定义电感的无功功率为

$$Q = UI = I^2 X_L = \frac{U^2}{X_L} \tag{2-30}$$

【例 2-6】　如图 2-12（a）所示，已知电感两端的电压 $u = 6\sin(10t + 30°)$V，$L = 0.2$H。求通过电感的电流 i，并画出相量图。

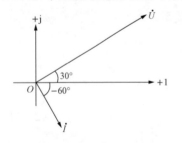

图 2-13　[例 2-6] 的相量图

解　　　　　$\dot{U} = \frac{6}{\sqrt{2}} \angle 30°$（V）

$$X_L = \omega L = 10 \times 0.2 = 2（\Omega）$$

$$\dot{I} = \frac{\dot{U}}{jX_L} = \frac{\frac{6}{\sqrt{2}} \angle 30°}{2 \angle 90°} = \frac{3}{\sqrt{2}} \angle -60°（A）$$

$$i = 3\sin(10t - 60°)（A）$$

相量图如图 2-13 所示。

2.3.3　纯电容电路

1. 电压和电流的关系

图 2-14（a）所示为一个线性电容元件的交流电路，电压和电流的参考方向如图中所示。为了分析方便，选电压为参考量，即

$$u = U_\mathrm{m}\sin\omega t \qquad (2 - 31)$$

则

$$i = C\frac{\mathrm{d}u}{\mathrm{d}t} = C\frac{\mathrm{d}U_\mathrm{m}\sin\omega t}{\mathrm{d}t} = \omega CU_\mathrm{m}\cos\omega t = I_\mathrm{m}\sin(\omega t + 90°) \qquad (2 - 32)$$

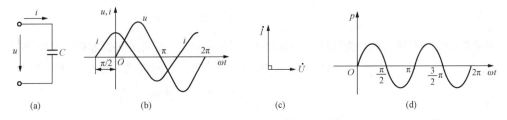

(a)　　　　　　(b)　　　　　　　　　(c)　　　　　　(d)

图 2 - 14　纯电容电路

(a) 电路图；(b) 电流与电压的波形图；(c) 电流与电压的相量图；(d) 功率的波形图

比较式 (2 - 31) 和式 (2 - 32)，不难看出 i 和 u 有如下关系。

(1) u 和 i 是同频率的正弦量。

(2) u 在相位上滞后 i 90°。

(3) u 和 i 的最大值之间和有效值之间的关系为

$$\left.\begin{array}{l} U_\mathrm{m} = X_\mathrm{C}I_\mathrm{m} \\ U = X_\mathrm{C}I \end{array}\right\} \qquad (2 - 33)$$

$$X_\mathrm{C} = \frac{1}{\omega C} = \frac{1}{2\pi fC}$$

式中：X_C 为容抗，Ω。

电压一定时，X_C 越大，则电流越小，所以 X_C 是表示电容对电流阻碍作用大小的物理量。X_C 的大小与 C 和 f 成反比，C 越大，f 越高，X_C 就越小。在直流电路中，由于 $f = 0$，$X_\mathrm{C} \to \infty$，所以电容可视为开路，所以电容有隔直的作用。

(4) u 和 i 的最大值相量之间和有效值相量之间的关系为

$$\left.\begin{array}{l} \dot{U}_\mathrm{m} = -\mathrm{j}X_\mathrm{C}\,\dot{I}_\mathrm{m} \\ \dot{U} = -\mathrm{j}X_\mathrm{C}\,\dot{I} \end{array}\right\} \qquad (2 - 34)$$

波形图和相量图分别如图 2 - 14 (b)、(c) 所示。

2. 功率

(1) 瞬时功率。电容的瞬时功率

$$p = ui = U_\mathrm{m}\sin\omega t \times I_\mathrm{m}\sin(\omega t + 90°)$$

$$= U_\mathrm{m}\sin\omega t \times I_\mathrm{m}\cos\omega t = \frac{1}{2}U_\mathrm{m}I_\mathrm{m}\sin2\omega t$$

$$= \frac{1}{2}\sqrt{2}U \times \sqrt{2}I\sin2\omega t$$

$$= UI\sin2\omega t \qquad (2 - 35)$$

波形图如图 2 - 14 (d) 所示。由图可知，瞬时功率 p 有正有负，$p > 0$ 时，$|u|$ 在增加，这时电容在充电，电容从电源取用电能并转换成了电场能；$p < 0$ 时，$|u|$ 在减小，这时电容在放电，电容中储存的电场能又转换成电能送回电源。电容的瞬时功率的这一特点说明了

以下两点。

1）电容不消耗电能，它是一种储能元件；

2）电容与电源之间有能量的互换。

（2）平均功率为

$$P = \frac{1}{T}\int_0^T p\,\mathrm{d}t = \frac{1}{T}\int_0^T UI\sin2\omega t\,\mathrm{d}t = 0 \tag{2-36}$$

从平均功率（有功功率）为零这一特点也可以得出电容是一储能元件而非耗能元件的结论。

（3）无功功率。根据无功功率的定义，电容的无功功率为

$$Q = UI = I^2 X_C = \frac{U^2}{X_C} \tag{2-37}$$

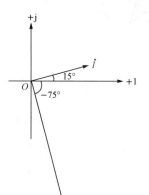

图 2-15　[例2-7] 的相量图

【例 2-7】　如图 2-14（a）所示，已知流过电容的电流 $i = 5\sin(10^6 t + 15°)\text{A}$，$C=0.2\mu\text{F}$，求电容两端的电压 u，并画出相量图。

解　　　　　　$$\dot{I} = \frac{5}{\sqrt{2}}\angle 15°\text{A}$$

$$X_C = \frac{1}{\omega C} = \frac{1}{10^6 \times 0.2 \times 10^{-6}} = 5\Omega$$

$$\dot{U} = -\mathrm{j}X_C\dot{I} = -\mathrm{j}5 \times \frac{5}{\sqrt{2}}\angle 15° = \frac{25}{\sqrt{2}}\angle -75°\text{V}$$

$$u = 25\sin(10^6 t - 75°)\text{V}$$

相量图如图 2-15 所示。

小结：

（1）X_C、X_L 与 R 一样，有阻碍电流的作用。

（2）适用欧姆定律，X_C、X_L 等于相应电压、电流有效值之比。

（3）X_L 与 f 成正比，X_C 与 f 成反比，R 与 f 无关。

（4）对直流电 $f=0$，$X_L=0$，L 可视为短路；$X_C=0$，C 可视为开路。

（5）对交流电 f 愈高，X_L 愈大，X_C 愈小。

三种电路的对应关系比较见表 2-1。

表 2-1　　　　　　　　　　　　　　　三种电路的对应关系比较

元　件	瞬时值关系	有效值关系	相量关系	相位关系	相位差	有功功率	无功功率
R	$u=Ri$	$U=RI$	$\dot{U}=R\dot{I}$	同相	$0°$	UI	0
L	$u=L\dfrac{\mathrm{d}i}{\mathrm{d}t}$	$U=X_L I$	$\dot{U}=\mathrm{j}X_L\dot{I}$	u 超前 $i90°$	$90°$	0	UI
C	$i=C\dfrac{\mathrm{d}u}{\mathrm{d}t}$	$U=X_C I$	$\dot{U}=-\mathrm{j}X_C\dot{I}$	u 滞后 $i90°$	$-90°$	0	UI

2.4　串　联　交　流　电　路

2.4.1　*RLC* 串联电路

图 2-16（a）所示为电阻、电感和电容元件串联的交流电路，图 2-16（b）所示为该电路的相量模型，即图中各参数都用相量的形式标出。在分析交流电路的时候通常是在相量模

型上进行分析及计算。

1. 电压和电流的关系

电路中各元件通过同一电流，电流与各个电压的参考方向如图 2-16 所示。根据基尔霍夫电压定律可用相量形式列出电压方程，即

$$\dot{U} = \dot{U}_R + \dot{U}_L + \dot{U}_C$$

因为 $\dot{U}_R = R\dot{I}$，$\dot{U}_L = jX_L\dot{I}$，$\dot{U}_C = -jX_C\dot{I}$，所以

$$\dot{U} = R\dot{I} + jX_L\dot{I} - jX_C\dot{I} = [R + j(X_L - X_C)]\dot{I} = (R + jX)\dot{I} \qquad (2-38)$$

其中

$$X = X_L - X_C$$

式中：X 为电抗，Ω。

在第 2.3 节分别讨论了纯电阻、纯电感和纯电容交流电路的电压和电流的关系，那么我们可以在同一个相量图上画出各元件的电压和总电压之间的关系，因为是串联电路，各元件上的电流一样，因此选择电流为参考相量比较方便，即假设电流的初相位为 0，图 2-17 所示为电压相量图，可见，$\dot{U}$、$\dot{U}_R$ 及 $(\dot{U}_L + \dot{U}_C)$ 构成了一个直角三角形，称为"电压三角形"，利用这个电压三角形，可求得电压的有效值，即

$$U = \sqrt{U_R^2 + (U_L - U_C)^2} = \sqrt{(RI)^2 + (X_L I - X_C I)^2} = I\sqrt{R^2 + X^2}$$

由相量图不难看出，总电压是各部分电压的相量和而不是代数和，因此交流电路中总电压的有效值可能会小于电容或电感电压的有效值。总电压小于某部分电压，这在直流电路中是不可能出现的。

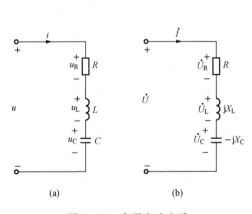

图 2-16　串联交流电路

（a）瞬时值模型；（b）相量模型

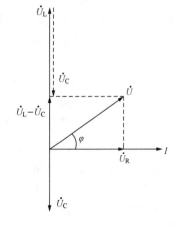

图 2-17　串联交流电路的相量图

2. 阻抗、阻抗模、阻抗角

式（2-38）类似于欧姆定律的形式，因此有

$$\frac{\dot{U}}{\dot{I}} = R + jX$$

令

$$Z = R + jX \qquad (2-39)$$

式中：Z 为阻抗，Ω。

可见阻抗的实部为"阻"，虚部为"抗"，阻抗也是一个复数。因此可用极坐标的形式写成

$$Z = |Z| \angle \varphi$$

其中

$$|Z| = \sqrt{R^2 + X^2} \tag{2-40}$$

$$\varphi = \arctan \frac{X}{R} \tag{2-41}$$

式（2-40）中，$|Z|$ 称为阻抗模，单位为 Ω，它也具有对电流起阻碍作用的性质。式（2-41）中，φ 称为阻抗角。很显然，$|Z|$、R 和 X 是一直角三角形的三条边，R 是 $|Z|$ 的实部，X 是 $|Z|$ 的虚部，这个三角形称为阻抗三角形，如图 2-18 所示。

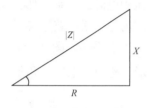

图 2-18　阻抗三角形

又因为

$$Z = \frac{\dot{U}}{\dot{I}} = \frac{U \angle \psi_\mathrm{u}}{I \angle \psi_\mathrm{i}} = \frac{U}{I} \angle \psi_\mathrm{u} - \psi_\mathrm{i} = |Z| \angle \varphi$$

所以阻抗模和阻抗角又可以分别写为

$$|Z| = \frac{U}{I} \tag{2-42}$$

$$\varphi = \psi_\mathrm{u} - \psi_\mathrm{i} \tag{2-43}$$

式（2-42）和式（2-43）表明：阻抗既反映了电路中电压和电流的大小关系，也反映了电压和电流的相位关系。阻抗为电压和电流的相量的比值，阻抗模为电压和电流的有效值的比值，阻抗角为电压和电流的相位差。

上面讨论的串联电路中包含了三种性质不同的参数，是具有一般意义的典型电路。单一参数交流电路或者只含有某两种参数的串联电路都可以视为 RLC 串联电路的特例。

3. 电路的性质

从式（2-43）可以看出，φ 角的大小是由电路（负载）的参数决定的，即 φ 角的大小由 R、L 和 C 决定。随着电路参数的不同，电压 u 与电流 i 之间的相位差 φ 也不同，即阻抗角也不同。

根据电压电流的相位关系，可将电路分为以下三种情况。

（1）如果 $0° < \varphi < 90°$，即 $X_\mathrm{L} > X_\mathrm{C}$，则在相位上电压超前电流 φ 角，电路的性质是介于纯电阻和纯电感之间，这种电路称为电感性电路。

（2）如果 $-90° < \varphi < 0°$，即 $X_\mathrm{L} < X_\mathrm{C}$，则在相位上电压滞后电流 φ 角，电路的性质是介于纯电阻与纯电容之间，这种电路称为电容性电路。

（3）如果 $\varphi = 0°$，即 $X_\mathrm{L} = X_\mathrm{C}$，则电压与电流同相位，这种电路称为电阻性电路。这种特殊现象称为谐振，在以后的章节中会详细讨论。

【例 2-8】　在 RLC 串联电路中，已知 $R = 30\Omega$，$L = 127\mathrm{mH}$，$C = 40\mu\mathrm{F}$，电源电压 $u = 220\sqrt{2}\sin(314t + 20°)\mathrm{V}$。试求：

（1）感抗、容抗、阻抗；

（2）判断电路的性质；

（3）电流的有效值和瞬时值的表达式；

（4）各元件上的电压的有效值和瞬时值的表达式；

（5）画出相量图。

解　（1）由已知可得

$$\omega = 314(\text{rad/s})$$

所以得

$$X_L = \omega L = 314 \times 127 \times 10^{-3} = 40(\Omega)$$

$$X_C = \frac{1}{\omega C} = \frac{1}{314 \times 40 \times 10^{-6}} = 80(\Omega)$$

$$Z = R + j(X_L - X_C) = (30 - j40)\Omega = 50\angle -53°(\Omega)$$

（2）因为 $\varphi = -53° < 0°$，所以电路为电容性电路。

（3）$I = \dfrac{U}{|Z|} = \dfrac{220}{50} = 4.4(\text{A})$

$i = 4.4\sqrt{2}\sin(314t + 20° + 53°) = 4.4\sqrt{2}\sin(314t + 73°)(\text{A})$

（4）$U_R = IR = 4.4 \times 30 = 132(\text{V})$

$$u_R = iR = 132\sqrt{2}\sin(314t + 73°)(\text{V})$$

$$U_L = X_L I = 40 \times 4.4 = 176(\text{V})$$

$$u_L = 176\sqrt{2}\sin(314t + 163°)(\text{V})$$

$$U_C = X_C I = 80 \times 4.4 = 352(\text{V})$$

$$u_C = 352\sqrt{2}\sin(314t - 17°)(\text{V})$$

（5）相量图如图 2 - 19 所示。

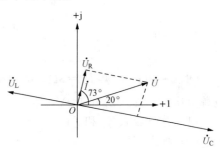

图 2 - 19　[例 2 - 8] 的相量图

2.4.2　阻抗串联电路

图 2 - 20 是两个阻抗串联的电路，根据图中的参考方向，可列出电压方程为

$$\dot{U} = \dot{U}_1 + \dot{U}_2 = Z_1\dot{I} + Z_2\dot{I} = (Z_1 + Z_2)\dot{I} = Z\dot{I} \qquad (2-44)$$

等效阻抗为

$$Z = Z_1 + Z_2 \qquad (2-45)$$

2.4.3　阻抗并联电路

图 2 - 21 为两个阻抗并联的电路，根据图中的参考方向，可列出电流方程为

$$\dot{I} = \dot{I}_1 + \dot{I}_2 = \frac{\dot{U}}{Z_1} + \frac{\dot{U}}{Z_2} = \dot{U}\left(\frac{1}{Z_1} + \frac{1}{Z_2}\right) = \frac{\dot{U}}{Z} \qquad (2-46)$$

等效阻抗为

$$Z = \frac{1}{\dfrac{1}{Z_1} + \dfrac{1}{Z_2}} = \frac{Z_1 Z_2}{Z_1 + Z_2} \qquad (2-47)$$

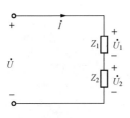

图 2 - 20　两个阻抗串联

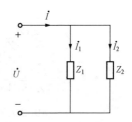

图 2 - 21　两个阻抗并联

【**例 2 - 9**】 已知 $\omega = 10^4$ rad/s，求图 2 - 22 （a） 所示电路的总阻抗 Z_{ab}。

解
$$X_L = \omega L = 10^4 \times 10^{-4} = 1(\Omega)$$

$$X_C = \frac{1}{\omega C} = \frac{1}{10^4 \times 100 \times 10^{-6}} = 1(\Omega)$$

原电路图的相量模型如图 2 - 22 （b） 所示，所以有

$$Z_{ab} = 1 + j1 + \frac{1 \times (-j1)}{1 - j1} = 1 + j1 - \frac{j}{1 - j} = (1.5 + j0.5)\Omega$$

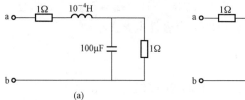 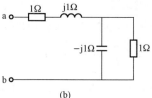

(a)   (b)

图 2 - 22 ［例 2 - 9］图

(a) 电路图；(b) 相量模型

【**例 2 - 10**】 已知 $R_1 = 3\Omega$，$R_2 = 8\Omega$，$X_L = 4\Omega$，$X_C = 6\Omega$，电路模型如图 2 - 23 所示，电源电压 $u = 220\sqrt{2}\sin 314t$ V，求：

(1) 总电流 i、i_1 和 i_2；

(2) 画出相量图。

解 （1）求各电流

方法一：
$$Z_1 = R_1 + jX_L = 3 + j4 = 5\angle 53°(\Omega)$$
$$Z_2 = R_2 - jX_C = 8 - j6 = 10\angle -37°(\Omega)$$

$$\dot{I}_1 = \frac{\dot{U}}{Z_1} = \frac{220\angle 0°}{5\angle 53°} = 44\angle -53°(A)$$

$$i_1 = 44\sqrt{2}\sin(314t - 53°)(A)$$

$$\dot{I}_2 = \frac{\dot{U}}{Z_2} = \frac{220\angle 0°}{10\angle -37°} = 22\angle 37°(A)$$

$$i_2 = 22\sqrt{2}\sin(314t + 37°)(A)$$

$$\dot{I} = \dot{I}_1 + \dot{I}_2 = 49.2\angle -26.5°(A)$$

$$i = 49.2\sqrt{2}\sin(314t - 26.5°)(A)$$

方法二：
$$Z = \frac{Z_1 Z_2}{Z_1 + Z_2} = 4.47\angle 26.5°(\Omega)$$

$$\dot{I} = \frac{\dot{U}}{Z} = \frac{220\angle 0°}{4.47\angle 26.5°} = 49.2\angle -26.5°(A)$$

$$i = 49.2\sqrt{2}\sin(314t - 26.5°)(A)$$

$$\dot{I}_1 = \frac{Z_2}{Z_1 + Z_2}\dot{I} = 44\angle -53°(A)$$

$$\dot{I}_2 = \frac{Z_1}{Z_1 + Z_2}\,\dot{I} = 22\angle 37°(\mathrm{A})$$

（2）相量图如图 2-24 所示。

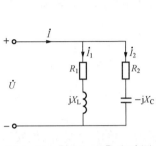

图 2-23　［例 2-10］电路图

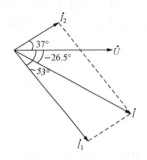

图 2-24　［例 2-10］相量图

2.5　交流电路的功率

在单一参数交流电路里，分别讨论了电阻电路、电感电路和电容电路的瞬时功率、有功功率和无功功率的情况。当电路中同时含有电阻元件和储能元件时，电路的功率既包含电阻元件消耗的功率，又包含储能元件与电源交换的功率。那么对于这种一般的交流电路来说，它的有功功率和无功功率与电压电流之间有什么关系呢？

对于一般的交流电路，写出其瞬时电压和瞬时电流的一般通式，即设

$$u = U_{\mathrm{m}}\sin(\omega t + \psi_{\mathrm{u}})$$
$$i = I_{\mathrm{m}}\sin(\omega t + \psi_{\mathrm{i}})$$

因为相位差

$$\varphi = \psi_{\mathrm{u}} - \psi_{\mathrm{i}}$$

所以瞬时电流可写为

$$i = I_{\mathrm{m}}\sin(\omega t + \psi_{\mathrm{u}} - \varphi)$$

则瞬时功率为

$$
\begin{aligned}
p =ui &= U_{\mathrm{m}}\sin(\omega t + \psi_{\mathrm{u}}) \times I_{\mathrm{m}}\sin(\omega t + \psi_{\mathrm{u}} - \varphi) = 2UI\sin(\omega t + \psi_{\mathrm{u}})\sin(\omega t + \psi_{\mathrm{u}} - \varphi) \\
&=UI[\cos(\omega t + \psi_{\mathrm{u}} - \omega t - \psi_{\mathrm{u}} + \varphi) - \cos(\omega t + \psi_{\mathrm{u}} + \omega t + \psi_{\mathrm{u}} - \varphi)] \\
&=UI[\cos\varphi - \cos(2\omega t + 2\psi_{\mathrm{u}} - \varphi)]
\end{aligned}
$$

$$(2-48)$$

有功功率为

$$
\begin{aligned}
P &= \frac{1}{T}\int_0^T p\mathrm{d}t = \frac{1}{T}\int_0^T UI[\cos\varphi - \cos(2\omega t + 2\psi_{\mathrm{u}} - \varphi)]\mathrm{d}t \\
&= \frac{UI}{T}\int_0^T \cos\varphi\,\mathrm{d}t - \frac{UI}{T}\int_0^T \cos(2\omega t + 2\psi_{\mathrm{u}} - \varphi)\mathrm{d}t \\
&= UI\cos\varphi
\end{aligned}
$$

$$(2-49)$$

式（2-49）就是一般的交流电路中有功功率的通式，是根据定义从公式推导出来的。还可以从相量图上推出这个式子，如图 2-25 所示。在单一参数交流电路的分析中，当电流与电压同相时，电路为纯电阻电路，只消耗有功功率，没有无功功率，这时电路中的电流是用来传递有功功率的；当电流与电压的相位差 90°时，电路为纯电感电路或纯电容电路，只

有无功功率，没有有功功率，这时电路中的电流是用来传递无功功率的。在一般的交流电路中，电流与电压的相位差 φ 既不为 $0°$，也不为 $90°$，这时可将 $\dot{I}$ 分解成两个分量，其中与 $\dot{U}$ 同相的分量 $\dot{I}_P$ 是用来传递有功功率的，称为电流的有功分量；与 $\dot{U}$ 相位相差 $90°$ 的分量 $\dot{I}_Q$ 是用来传递无功功率的，称为电流的无功分量。它们与电流 I 之间的关系为

$$I_P = I\cos\varphi$$
$$I_Q = I\sin\varphi$$

因此可以得出有功功率和无功功率的一般通式为

$$\left.\begin{aligned} P &= UI\cos\varphi \\ Q &= UI\sin\varphi \end{aligned}\right\} \tag{2-50}$$

电压与电流的有效值的乘积定义为视在功率，用 S 表示，单位为 VA（伏安），即

$$S = UI \tag{2-51}$$

在直流电路里，UI 就等于负载消耗的功率。而在交流电路中，负载消耗的功率为 $UI\cos\varphi$，所以 UI 一般不代表实际消耗的功率，除非 $\cos\varphi=1$，视在功率用来说明一个电气设备的容量。

由式（2-49）～式（2-51）可以得出三种功率间的关系为

$$P = S\cos\varphi$$
$$Q = S\sin\varphi$$
$$S = \sqrt{P^2 + Q^2}$$

P、Q、S 三者之间符合直角三角形的关系，如图 2-26 所示，这个三角形称为功率三角形。不难看出，电压三角形、阻抗三角形和功率三角形是三个相似三角形。

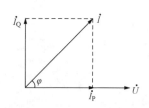 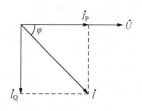 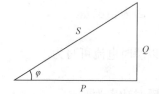

图 2-25　电流的有功分量和无功分量　　　　　图 2-26　功率三角形

在接有负载的电路中，不论电路的结构如何，电路总功率与局部功率的关系如下：

（1）总的有功功率等于各部分有功功率的算术和。因为有功功率是实际消耗的功率，所以电路中的有功功率总为正值，并且总有功功率就等于电阻元件的有功功率的算术和，即

$$P = \sum P_i = \sum R_i I_i^2 \tag{2-52}$$

（2）在同一电路中，电感的无功功率为正，电容的无功功率为负。因此，电路总的无功功率等于各部分的无功功率的代数和，即

$$Q = Q_L + Q_C = |Q_L| - |Q_C| \tag{2-53}$$

（3）视在功率是功率三角形的斜边，所以一般情况下总的视在功率不等于各部分视在功率的代数和，即 $S \neq \sum S_i$，只能用公式进行计算。

【例 2-11】　已知条件同 [例 2-10]，求电路的 P、Q、S。

解　用三种方法求有功功率。

方法一：

$$P = UI\cos\varphi = 220 \times 49.2 \times \cos 26.5° = 9680(\text{W})$$

方法二：

$$P = I_1^2 R_1 + I_2^2 R_2 = 44^2 \times 3 + 22^2 \times 8 = 9680(\text{W})$$

方法三：

$$P = P_1 + P_2 = UI_1\cos\varphi_1 + UI_2\cos\varphi_2$$
$$= 220 \times 44 \times \cos 53° + 220 \times 22 \times \cos(-37°)$$
$$= 9680(\text{W})$$
$$Q = UI\sin\varphi = 220 \times 49.2 \times \sin 26.5° = 4843(\text{var})$$
$$S = UI = 220 \times 49.2 = 10\ 824(\text{VA})$$

2.6 电路的功率因数

在交流电路中，有功功率与视在功率的比值称为电路的功率因数，用 λ 表示，即

$$\lambda = \frac{P}{S} = \cos\varphi \tag{2-54}$$

因而电压与电流的相位差 φ，也就是阻抗角也被称为功率因数角。同样它是由电路的参数决定的。在纯电阻电路中，$P=S$，$Q=0$，$\lambda=1$，功率因数最高。在纯电感和纯电容电路中，$P=0$，$Q=S$，$\lambda=0$，功率因数最低。可见只有在纯电阻的情况下，电压和电流才同相，功率因数才为 1；对其他负载来说，功率因数都是介于 0 和 1 之间。只要功率因数不等于 1，就说明电路中发生了能量的互换，出现了无功功率 Q。因此功率因数是一项重要的经济指标，它反映了用电质量，从充分利用电器设备的观点来看，应尽量使 λ 提高。

1. 功率因数低带来的影响

（1）发电设备的容量不能充分利用。容量 S_N 一定的供电设备能够输出的有功功率为

$$P = S_N\cos\varphi$$

若 $\cos\varphi$ 太低了，P 就太小，设备的利用率就太低了。

（2）增加线路和供电设备的功率损耗。负载从电源取用的电流为

$$I = \frac{P}{U\cos\varphi}$$

因为线路的功率损耗为 $P=rI^2$，与 I^2 成正比，所以在 P 和 U 一定的情况下，$\cos\varphi$ 越低，I 就越大，供电设备和输电线路的功率损耗都会增多。

2. 功率因数低的原因

目前的各种用电设备中，电感性负载居多，并且很多负载如日光灯、工频炉等本身的功率因数也很低。电感性负载的功率因数之所以小于 1，是因为负载本身需要一定的无功功率，从技术经济观点出发，要解决这个矛盾，实际上就是要解决如何减少电源与负载之间能量互换的问题。

3. 提高功率因数的方法

提高功率因数，常采用的方法就是在电感性负载两端并联电容。这里以日光灯为例来说明并联电容前后整个电路的工作情况，电路图和相量图如图 2-27 所示。

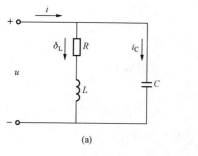

图 2-27 功率因数提高

(a) 电路图；(b) 相量图

（1）并联电容前：

1）电路的总电流为

$$\dot{I}_L = \frac{\dot{U}}{R + jX_L}$$

2）电路的功率因数就是负载的功率因数，即

$$\cos\varphi_1 = \frac{R}{\sqrt{R^2 + X_L^2}}$$

3）有功功率为

$$P = UI_L\cos\varphi_1 = I_L^2 R$$

（2）并联电容后：

1）电路的总电流为

$$\dot{I} = \dot{I}_L + \dot{I}_C$$

2）电路中总的功率因数为

$$\cos\varphi$$

3）有功功率为

$$P = UI\cos\varphi = I_L^2 R$$

从相量图上不难看出，$\varphi < \varphi_1$，所以 $\cos\varphi > \cos\varphi_1$，功率因数得到了提高，只要电容 C 值选得恰当，便可将电路的功率因数提高到希望的数值。从并联电容前后各量计算式的对比可以看出，并联电容后，负载的电流 $\dot{I}_L$ 没有变，负载本身的功率因数 $\cos\varphi_1$ 没有变，因为负载的参数都没有变，提高功率因数不是提高负载的功率因数，而是提高了整个电路的功率因数，这样对电网而言就提高了利用率。这一点是必须要清楚的。因为有功功率就是指负载消耗的功率，即电阻消耗的功率，而电感和电容的有功功率都为 0，电阻上的电流不变，所以并联电容前后的有功功率没有变。

要想将功率因数提高到希望的数值，应该并联多大的电容呢？如图 2-27（b）所示，在相量图上可以求出 I_C，即

$$I_C = I_L\sin\varphi_1 - I\sin\varphi$$

又因为

$$U = X_C I_C = \frac{I_C}{\omega C}$$

所以

$$C = \frac{I_C}{\omega U}$$

【例 2-12】 图 2-27（a）所示为日光灯电路图，L 为铁芯电感，$U = 220V$，$f = 50Hz$，日光灯功率为 40W，额定电流为 0.4A。求：

（1）R、L 的值；

（2）要使 $\cos\varphi$ 提高到 0.8，需在日光灯两端并联多大的电容？

解 （1）$|Z| = \frac{U}{I} = \frac{220}{0.4} = 550\Omega$

$$\cos\varphi_1 = \frac{P}{UI} = \frac{40}{220 \times 0.4} = 0.45$$

$$\varphi_1 = \pm 63°（取 +，因为电路为电感性电路）$$

$$Z = |Z| \angle \varphi_1 = 550\angle 63° = 550(\cos 63° + j\sin 63°) = (250 + j490)(\Omega)$$

$$R = 250\Omega$$

$$X_L = 490\Omega$$

$$L = \frac{X_L}{2\pi f} = \frac{490}{2 \times 3.14 \times 50} = 1.56(H)$$

（2）以 $\dot{U}$ 为参考相量，设 $\dot{U} = 220\angle 0°\text{V}$

$$I' = \frac{P}{U\cos\varphi_2} = \frac{40}{220 \times 0.8} = 0.227(A)$$

$$\varphi_2 = 37°$$

$$I_C = I\sin\varphi_1 - I'\sin\varphi_2 = 0.4\sin 63° - 0.22\sin 37° = 0.22(A)$$

$$C = \frac{I_C}{\omega U} = \frac{0.22}{2 \times 3.14 \times 50 \times 220} = 3.2(\mu F)$$

还有一种方法，就是用无功功率去计算电容值，即

$$Q_C = Q_1 - Q = P\tan\varphi_1 - P\tan\varphi_2 = P(\tan\varphi_1 - \tan\varphi_2)$$

式中：Q_1 为并联电容器之前的电路的无功功率；Q 为并联电容器之后的电路的无功功率；Q_C 为电容器提供的无功功率。

又因为

$$Q_C = \frac{U^2}{X_C} = \omega C U^2$$

故

$$C = \frac{P}{\omega U^2}(\tan\varphi_1 - \tan\varphi_2)$$

2.7　电路中的谐振

在含有电感、电容和电阻的电路中，如果等效电路中的感抗作用和容抗作用相互抵消，使整个电路呈电阻性，这种现象就称为谐振。根据电路的结构有串联谐振和并联谐振两种情况。

1. 串联谐振的条件

图 2-28 所示为 RLC 串联电路及谐振时的相量图。电路的阻抗 $Z = R + j(X_L - X_C)$。要使电路呈电阻性，阻抗的虚部应为零，故得串联谐振的条件为 $X_L = X_C$，即 $2\pi fL = \dfrac{1}{2\pi fC}$，由此得谐振频率为

$$f = f_0 = \frac{1}{2\pi\sqrt{LC}} \qquad (2-55)$$

f_0 称为电路的固有频率，它取决于电路参数 L 和 C，是电路的一种固有属性。

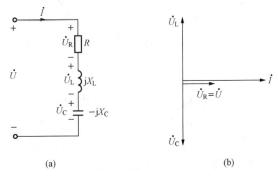

图 2-28　RLC 串联电路及谐振时的相量图
（a）电路图；（b）相量图

当电源的频率等于固有频率时，RLC 串联电路就产生谐振。若电源的频率是固定的，那么调整 L 或 C 的数值，使电路固有频率等于电源频率，也会产生谐振。

2. 串联谐振的特征

（1）串联谐振时电路的阻抗模最小，此时

$$|Z| = \sqrt{R^2 + (X_L - X_C)^2} = R$$

$$I = \frac{U}{|Z|} = \frac{U}{R}$$

所以，若电源电压 U 为定值，谐振时电流最大。

（2）电压与电流同相，电路的 $\cos\varphi = 1$。

（3）$U_L = U_C$，$\dot{U}_L + \dot{U}_C = 0$；若 $X_L = X_C > R$，则 $U_L = U_C > U$，即电路电感和电容元件的电压大于总电压，可从图 2-28（b）相量图上看出。如果电压过高，可能会击穿线圈和电容器的绝缘。因此，在电力工程中一般应避免发生串联谐振。但在无线电工程中则常利用串联谐振以获得较高电压，电容或电感元件上的电压常高于电源电压几十倍或几百倍。

串联谐振时，电感电压与电容电压大小相等，相位相反，互相抵消，因此串联谐振也称为电压谐振。

【例 2-13】 在 RLC 串联电路中，已知 $R = 20\Omega$，$L = 500\mu\text{H}$，$C = 161.5\text{pF}$。

（1）求谐振频率 f_0；

（2）若信号电压为 1mV，求 U_L。

解 （1）谐振频率

$$f_0 = \frac{1}{2\pi\sqrt{LC}} = \frac{1}{2\pi\sqrt{500 \times 10^{-6} \times 161.5 \times 10^{-12}}} = 560(\text{kHz})$$

（2）$\dfrac{\omega_0 L}{R} = \dfrac{2\pi f_0 L}{R} = \dfrac{2\pi \times 560 \times 10^3 \times 500 \times 10^{-6}}{20} = 88$

$$U_L = IX_L = \frac{U}{R}X_L = \frac{\omega_0 L}{R}U = \frac{2\pi f_0 L}{R}U = 88 \times 1 \times 10^{-3} = 88(\text{mV})$$

可见，通过串联谐振可使信号电压从 1mV 提高到 88mV。

2.8 三 相 交 流 电 路

目前世界上电力系统采用的供电方式，绝大多数是三相制的，也就是采用三相电源供电。前面所讨论的交流电路只是三相电路中的其中一相。本节主要讲述三相电源、三相负载的连接方式，电压、电流和功率的计算，以及中性线的作用。

2.8.1 三相电源

1. 三相电源的组成和产生

当前各类发电厂都是利用三相同步发电机供电的，图 2-29（a）是一台具有两个磁极的三相同步发电机的结构示意图。发电机的静止部分称为定子，定子铁芯由硅钢片叠成，内壁有槽，槽内嵌放着形状、尺寸和匝数都相同、轴线互差 120° 的三个独立线圈，称为三相绕组。每相绕组的首端用 L1、L2、L3 或 A、B、C 表示，末端用 L1′、L2′、L3′ 或 X、Y、Z 表示。图 2-29（b）是绕组的结构示意图。发电机的转动部分称为转子，它的磁极由直流电流 I_f 通过励磁绕组而形成，产生沿空气隙按正弦规律分布的磁场。

　　当原动机（水轮机或汽轮机等）带动转子沿顺时针方向恒速旋转时，定子三相绕组切割转子磁极的磁感线，分别产生了 e_1、e_2、e_3 三个正弦感应电动势，取其参考方向如图 2-29 （c）所示。由于三个绕组的结构完全相同，又是以同一速度切割同一转子磁极的磁感线，只是绕组的轴线互差 $120°$，所以 e_1、e_2、e_3 是三个频率相同、幅值相等、相位互差 $120°$ 的电动势，称为对称三相电动势。产生对称三相电动势的电源称为对称三相电源，简称三相电源。

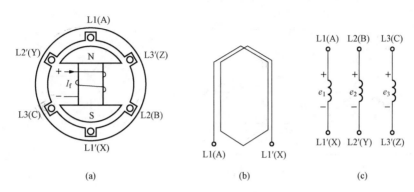

图 2-29　三相同步发电机

2. 三相电源的表示形式

　　如果选择 e_1 为参考量，则对称三相电动势可表示为

$$
\left.
\begin{aligned}
e_1 &= E_m\sin\omega t \\
e_2 &= E_m\sin(\omega t - 120°) \\
e_3 &= E_m\sin(\omega t - 240°) = E_m\sin(\omega t + 120°)
\end{aligned}
\right\} \tag{2-56}
$$

式中：E_m 为电动势的最大值。

　　e_1、e_2、e_3 的波形图如图 2-30（a）所示，若用有效值相量表示，则为

$$
\left.
\begin{aligned}
\dot{E}_1 &= E\angle 0° \\
\dot{E}_2 &= E\angle -120° \\
\dot{E}_3 &= E\angle 120°
\end{aligned}
\right\} \tag{2-57}
$$

式中：E 为电动势的有效值。

　　相量图如图 2-30（b）所示。

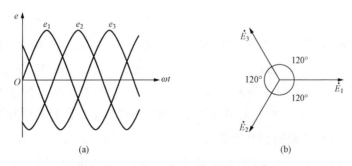

图 2-30　三相电动势的波形图和相量图

（a）波形图；（b）相量图

3. 三相电源的连接方式

（1）三相电源的星形连接。三相发电机或三相变压器的三个独立绕组都可各自接上负载成为三个独立的单相电路，这种接法在电源与负载之间需要 6 根连接导线，体现不出三相供电的优越性。在三相制的电力系统中，电源的三个绕组不是独立向负载供电的，而是按一定方式连接起来，形成一个整体。连接的方式有星形连接（Y 连接）和三角形连接（△连接）两种。较为常见的星形连接的三相四线制供电系统接法如图 2 - 31（a）所示。

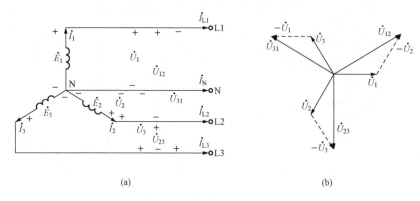

(a)   (b)

图 2 - 31　三相电源的星形连接

星形连接时，三个绕组的末端 L1′、L2′、L3′接在一起，成为一个公共点，称为中性点，用字母 N 表示。从中性点引出的导线称为中性线，低压系统的中性点通常接地，故中性线又称为零线或地线。

三相绕组的三个首端 L1、L2、L3 引出的导线称为相线或端线。相线对地有电位差，能使验电笔发光，故常称为火线。

三根相线和一根中性线都引出的供电方式称为三相四线制供电，不引出中性线的方式称为三相三线制供电。

采用三相四线制供电方式可以向用户提供两种电压：相线与中性线之间的电压称为电源的相电压，用 $\dot{U}_1$、$\dot{U}_2$、$\dot{U}_3$ 表示；相线与相线之间的电压称为电源的线电压，用 $\dot{U}_{12}$、$\dot{U}_{23}$、$\dot{U}_{31}$ 表示。在图 2 - 31（a）所示的参考方向下，根据 KVL，线电压与相电压之间的关系为

$$\left.\begin{array}{l} \dot{U}_{12} = \dot{U}_1 - \dot{U}_2 \\ \dot{U}_{23} = \dot{U}_2 - \dot{U}_3 \\ \dot{U}_{31} = \dot{U}_3 - \dot{U}_1 \end{array}\right\} \tag{2 - 58}$$

由于三相电动势对称，三相绕组的内阻抗一般都很小，因而三个相电压也可以认为是对称的，其有效值用 U_P 表示，即 $U_1 = U_2 = U_3 = U_P$。以 $\dot{U}_1$ 为参考相量，根据式（2 - 58）画出电压相量图，如图 2 - 31（b）所示。显然三个线电压也是对称的，其有效值用 U_L 表示，即 $U_{12} = U_{23} = U_{31} = U_L$。在相量图上用几何方法可以求得线电压和相电压的关系为：① $U_L = \sqrt{3} U_P$；②线电压在相位上超前相电压 30°。

三相电源工作时，每相绕组中的电流称为电源的相电流，用 $\dot{I}_1$、$\dot{I}_2$、$\dot{I}_3$ 表示。由端点输送出去的电流称为电源的线电流，用 $\dot{I}_{L1}$、$\dot{I}_{L2}$、$\dot{I}_{L3}$ 表示。相电流和线电流的大小和相位均与

负载有关。星形连接时，线电流就是相电流，即

$$
\left.
\begin{array}{l}
\dot{I}_{L1} = \dot{I}_1 \\
\dot{I}_{L2} = \dot{I}_2 \\
\dot{I}_{L3} = \dot{I}_3
\end{array}
\right\}
\tag{2-59}
$$

如果线电流对称，则相电流也一定对称，它们的有效值分别用 I_L 和 I_P 表示，即 $I_{L1} = I_{L2} = I_{L3} = I_L$，$I_1 = I_2 = I_3 = I_P$。可见，在电流对称的情况下，星形连接的对称三相电源中，线电流的有效值等于相电流的有效值，即

$$
I_L = I_P
\tag{2-60}
$$

在相位上，线电流与相电流的相位相同。

（2）三相电源的三角形连接。将三相电源中的每相绕组的首端依次与另一相绕组的末端连接在一起，形成一个闭合回路，然后从三个连接点引出三根供电线，这种连接方式称为三相电源的三角形连接，如图 2-32（a）所示。显然这种供电方式只能是三相三线制。

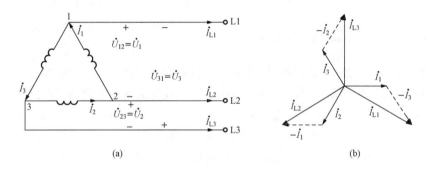

图 2-32　三相电源的三角形连接

从图 2-32（a）可以看出，三角形连接时，线电压就是对应的相电压，即

$$
U_L = U_P
\tag{2-61}
$$

在相位上，线电压与对应的相电压的相位相同。

在图 2-32（a）所示参考方向下，根据 KCL，可列出线电流与相电流的关系为

$$
\left.
\begin{array}{l}
\dot{I}_{L1} = \dot{I}_1 - \dot{I}_3 \\
\dot{I}_{L2} = \dot{I}_2 - \dot{I}_1 \\
\dot{I}_{L3} = \dot{I}_3 - \dot{I}_2
\end{array}
\right\}
\tag{2-62}
$$

当它们对称时，其相量图如图 2-32（b）所示。在相量图上用几何方法可以求得线电流和相电流的关系为：① $I_L = \sqrt{3} I_P$；②线电流在相位上滞后相电流 30°。

2.8.2　三相负载

由三相电源供电的负载称为三相负载。三相负载可以根据对电压的要求连接成星形或三角形。

1. 三相负载的星形连接

图 2-33 所示为三相四线制供电线路上星形连接的负载。三相负载的三个末端连接在一起，接到电源的中性线上，三相负载的三个首端分别接到电源的三根相线上。如果不计连接导

线的阻抗，负载承受的电压就是电源的相电压，而且每相负载与电源构成一个单独回路，任何一相负载的工作都不受其他两相工作的影响，所以各相电流的计算方法和单相电路一样，即

$$\left.\begin{array}{l} \dot{I}_1 = \dfrac{\dot{U}_1}{Z_1} \\[2mm] \dot{I}_2 = \dfrac{\dot{U}_2}{Z_2} \\[2mm] \dot{I}_3 = \dfrac{\dot{U}_3}{Z_3} \end{array}\right\} \qquad (2\text{-}63)$$

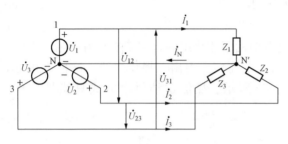

图 2-33 负载的星形连接

根据图 2-33 中电流的参考方向，中性线电流为

$$\dot{I}_N = \dot{I}_1 + \dot{I}_2 + \dot{I}_3 \qquad (2\text{-}64)$$

如果三相负载是对称的，即阻抗 $Z_1 = Z_2 = Z_3$，则电流 $\dot{I}_1$、$\dot{I}_2$ 和 $\dot{I}_3$ 的有效值也相等，在相位上互差 $120°$，是一组对称的三相电流。所以中性线电流

$$\dot{I}_N = \dot{I}_1 + \dot{I}_2 + \dot{I}_3 = 0$$

既然中性线电流为零，此时三根导线中电流的代数和为零，就可以取消中性线，电路变成三相三线制星形连接，而前面得到的线电压与相电压、线电流与相电流的关系仍然成立。

如果负载不对称，中性线的电流不为零，那么中性线便不能省去。否则不对称的各相负载上的电压将不再等于电源的相电压，有的相电压偏高，有的相电压偏低，将使负载损坏或不能正常工作。所以中性线的作用是保证星形连接负载的相电压等于电源的相电压。

【**例 2-14**】 一星形连接的三相电路如图 2-34 所示，电源电压对称；设电源线电压 $u_{12} = 380\sqrt{2}\sin(314t + 30°)$V。负载为电灯组。

（1）若 $R_1 = R_2 = R_3 = 5\Omega$，求线电流及中性线电流 I_N；

（2）若 $R_1 = 5\Omega$，$R_2 = 10\Omega$，$R_3 = 20\Omega$，求线电流及中性线电流 I_N。

解 已知

$$\dot{U}_{12} = 380\angle 30°(\text{V})$$

$$\dot{U}_1 = 220\angle 0°(\text{V})$$

$$\dot{U}_2 = 220\angle -120°(\text{V})$$

$$\dot{U}_3 = 220\angle 120°(\text{V})$$

（1）负载对称时的各线电流为

$$\dot{I}_1 = \frac{\dot{U}_1}{R_1} = \frac{220\angle 0°}{5} = 44\angle 0°(\text{A})$$

$$\dot{I}_2 = 44\angle -120°(\text{A})$$

$$\dot{I}_3 = 44\angle 120°(\text{A})$$

中性线电流

$$\dot{I}_N = \dot{I}_1 + \dot{I}_2 + \dot{I}_3 = 0$$

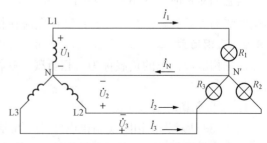

图 2-34 ［例 2-14］电路图

（2）三相负载不对称（$R_1 = 5\Omega$、$R_2 = 10\Omega$、$R_3 = 20\Omega$）时，分别计算各线电流为

$$\dot{I}_1 = \frac{\dot{U}_1}{R_1} = \frac{220\angle 0°}{5} = 44\angle 0°(\mathrm{A})$$

$$\dot{I}_2 = \frac{\dot{U}_2}{R_2} = \frac{220\angle -120°}{10} = 22\angle -120°(\mathrm{A})$$

$$\dot{I}_3 = \frac{\dot{U}_3}{R_3} = \frac{220\angle 120°}{20} = 11\angle 120°(\mathrm{A})$$

中性线电流

$$\dot{I}_N = \dot{I}_1 + \dot{I}_2 + \dot{I}_3 = 44\angle 0° + 22\angle -120° + 11\angle 120° = 29\angle -19°(\mathrm{A})$$

【**例 2 - 15**】 照明系统故障分析，已知条件同［例 2 - 14］，试分析下列情况：

（1）L1 相短路：中性线未断时，求各相负载电压；中性线断开时，求各相负载电压。

（2）L1 相断路：中性线未断时，求各相负载电压；中性线断开时，求各相负载电压。

解 （1）L1 相短路。

1）中性线未断，电路如图 2 - 35 所示。此时 L1 相短路电流很大，将 L1 相熔断丝熔断，而 L2 相和 L3 相未受影响，其相电压仍为 220V，正常工作。

2）L1 相短路，中性线断开时，如图 2 - 36 所示。此时负载中性点 N′ 即为 L1，因此负载各相电压为

$$U_1' = 0, \quad U_1' = 0$$
$$U_2' = U_{12}', \quad U_2' = 380(\mathrm{V})$$
$$U_3' = U_{31}, \quad U_3' = 380(\mathrm{V})$$

此种情况下，L2 相和 L3 相的电灯组由于承受的电压都超过了额定电压（220V），这是不允许的。

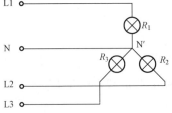

图 2 - 35 L1 相短路，中性线未断时的电路

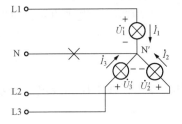

图 2 - 36 L1 相短路，中性线断开时的电路

（2）L1 相断路。

1）中性线未断时，L2、L3 相灯仍承受 220V 电压，正常工作。

2）中性线断开时，电路变为单相电路，如图 2 - 37 所示，由图可求得

$$I = \frac{U_{23}}{R_2 + R_3} = \frac{380}{10 + 20} = 12.7(\mathrm{A})$$

$$U_2' = IR_2 = 12.7 \times 10 = 127(\mathrm{V})$$

$$U_3' = IR_3 = 12.7 \times 20 = 254(\mathrm{V})$$

从［例 2 - 15］中可以看出，中性线的作用就在于能保持负载中性点

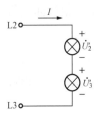

图 2 - 37 L1 相断路，
中性线断开

和电源中性点电位一致，从而在三相负载不对称时，使得负载的相电压仍然是对称的。因此，在三相四线制电路中，中性线不允许断开，也不允许安装熔断器等短路或过电流保护装置。

　　2. 三相负载的三角形连接

　　图 2-38 所示是三相负载为三角形连接时的电路，每相负载的首端都依次与另一相负载

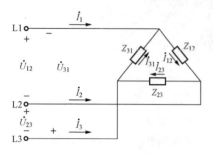

图 2-38　负载的三角形连接

的末端连接在一起，形成闭合回路，然后，将三个连接点分别接到三相电源的三根相线上。三角形连接的特点是每相负载所承受的电压等于电源的线电压。显然，这种连接方法只能是三相三线制，即不需要中性线。

　　由图 2-38 可知，在图示参考方向下，线电压与相电压的关系以及线电流与相电流的关系，与三相电源的三角形连接中的公式相同，即符合式（2-61）和式（2-62），而相电压与相电流的关系仍满足式（2-63）。

　　通过对三相负载的星形连接和三角形连接的讨论可以知道，工作时，为了使负载的实际相电压等于某额定相电压，当负载的额定相电压等于电源线电压的 $\dfrac{1}{\sqrt{3}}$ 时，负载应采用星形连接；当负载的额定相电压等于电源线电压时，负载应采用三角形连接。

2.8.3　三相功率

　　在三相负载中，不论如何连接，总的有功功率等于各相有功功率之和，即

$$P = P_1 + P_2 + P_3 = U_1 I_1 \cos\varphi_1 + U_2 I_2 \cos\varphi_2 + U_3 I_3 \cos\varphi_3 \tag{2-65}$$

若三相负载对称，则各相功率相同，故三相总功率可简化为

$$P = 3 U_{\mathrm{P}} I_{\mathrm{P}} \cos\varphi \tag{2-66}$$

式中：U_{P} 为相电压；I_{P} 为相电流；$\cos\varphi$ 为每相负载的功率因数。

　　同理，无功功率和视在功率分别为

$$Q = 3 U_{\mathrm{P}} I_{\mathrm{P}} \sin\varphi \tag{2-67}$$

$$S = 3 U_{\mathrm{P}} I_{\mathrm{P}} = \sqrt{P^2 + Q^2} \tag{2-68}$$

　　三相功率若以线电压和线电流表示，对于三相对称星形负载，由于 $U_{\mathrm{P}} = \dfrac{U_{\mathrm{L}}}{\sqrt{3}}$，$I_{\mathrm{P}} = I_{\mathrm{L}}$，故得

$$P_{\mathrm{Y}} = 3 U_{\mathrm{P}} I_{\mathrm{P}} \cos\varphi = 3 \frac{U_{\mathrm{L}}}{\sqrt{3}} I_{\mathrm{L}} \cos\varphi = \sqrt{3} U_{\mathrm{L}} I_{\mathrm{L}} \cos\varphi$$

对于三相对称三角形负载，由于 $U_{\mathrm{P}} = U_{\mathrm{L}}$，$I_{\mathrm{P}} = \dfrac{I_{\mathrm{L}}}{\sqrt{3}}$，故得

$$P_{\triangle} = 3 U_{\mathrm{P}} I_{\mathrm{P}} \cos\varphi = 3 U_{\mathrm{L}} \frac{I_{\mathrm{L}}}{\sqrt{3}} \cos\varphi = \sqrt{3} U_{\mathrm{L}} I_{\mathrm{L}} \cos\varphi$$

可见，对于三相对称负载，不论是星形或三角形连接，都可以用一个公式来表示，即

$$P = \sqrt{3} U_{\mathrm{L}} I_{\mathrm{L}} \cos\varphi \tag{2-69}$$

$$Q = \sqrt{3} U_{\mathrm{L}} I_{\mathrm{L}} \sin\varphi \tag{2-70}$$

$$S = \sqrt{3} U_{\mathrm{L}} I_{\mathrm{L}} \tag{2-71}$$

【例 2 - 16】 有一△连接的三相负载，每相阻抗均为 $Z = (6+j8)\Omega$，电源电压对称，已知电源相电压为 $u_1 = 220\sqrt{2}\sin(\omega t - 30°)V$。求：

（1）各相的线电流的相量形式；

（2）电路的有功功率 P、无功功率 Q 和视在功率 S。

解 （1）已知相电压为

$$\dot{U}_1 = 220\angle -30°(V)$$

则各相的线电压分别为

$$\begin{cases} \dot{U}_{12} = 380\angle 0°(V) \\ \dot{U}_{23} = 380\angle -120°(V) \\ \dot{U}_{31} = 380\angle 120°(V) \end{cases}$$

负载各相的相电流分别为

$$\begin{cases} \dot{I}_1 = \dfrac{\dot{U}_{12}}{Z} = \dfrac{380\angle 0°}{10\angle 53°} = 38\angle -53°(A) \\ \dot{I}_2 = 38\angle -173°(A) \\ \dot{I}_3 = 38\angle 67°(A) \end{cases}$$

根据相电流与线电流的关系，可得各相的线电流分别为

$$\begin{cases} \dot{I}_{L1} = 38\sqrt{3}\angle -83°(A) \\ \dot{I}_{L2} = 38\sqrt{3}\angle 157°(A) \\ \dot{I}_{L3} = 38\sqrt{3}\angle 37°(A) \end{cases}$$

（2）$P = 3U_P I_P \cos\varphi = 3 \times 220 \times 38 \times \cos 53° = 15.048(kW)$

$Q = 3U_P I_P \sin\varphi = 3 \times 220 \times 38 \times \sin 53° = 20.064(kvar)$

$S = 3U_P I_P = 3 \times 220 \times 38 = 25.08(kVA)$

习　　题

2.1 已知 $I_m = 10mA$，$f = 50Hz$，$\varphi = 60°$。试写出 i 的正弦函数表达式，并求 $t = 1ms$ 时的 i。

2.2 已知某正弦电流当其相位角为 $\dfrac{\pi}{6}$ 时，其值为 5A，该电流的有效值是多少？若此电流的周期为 10ms，且在 $t = 0$ 时正处于由正值过渡到负值时的零值，试写出电流的瞬时值表达式 i 及相量 $\dot{I}$。

2.3 已知 $A = 8+j6$，$B = 8\angle -45°$。求：

（1）$A+B$；

（2）$A-B$；

（3）$A \times B$；

（4）$\dfrac{A}{B}$。

2.4 求串联交流电路中，下列三种情况下电路中的 R 和 X 各为多少？指出电路的性质和电压对电流的相位差。

（1）$Z = (6+j8)\Omega$；

（2）$\dot{U} = 50\angle30°\text{V}$，$\dot{I} = 2\angle30°\text{A}$；

（3）$\dot{U} = 100\angle-30°\text{V}$，$\dot{I} = 4\angle40°\text{A}$。

2.5 已知 $i_1 = 10\sin(\omega t + 30°)\text{A}$，$i_2 = 10\sin(\omega t - 60°)\text{A}$。用相量法试求它们的和及差。

2.6 将一个电感线圈接到 20V 直流电源时，通过的电流为 1A，将此线圈改接于 2000Hz、20V 的电源时，电流为 0.8A。试求该线圈的电阻 R 和电感 L。

2.7 在图 2-39 中，已知 $Z = (2+j2)\Omega$，$R_2 = 2\Omega$，$X_C = 2\Omega$，$U_{ab} = 10\angle0°\text{V}$。求 $\dot{U}$。

2.8 在图 2-40 所示电路中，已知 $Z_1 = (2+j2)\Omega$，$Z_2 = (3+j3)\Omega$，$\dot{I}_S = 5\angle0°\text{A}$。试求各支路电流 $\dot{I}_1$、$\dot{I}_2$ 和电流源的端电压 $\dot{U}$。

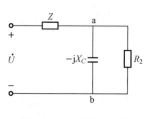

图 2-39 习题 2.7 图

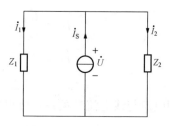

图 2-40 习题 2.8 图

2.9 已知电感性负载的有功功率为 300kW，功率因数为 0.65，若要将功率因数提高到 0.9，求：

（1）电容器的无功功率；

（2）若电源电压 $U = 220\text{V}$，$f = 50\text{Hz}$，试求电容量。

2.10 有一电源和负载都是星形连接的对称三相电路，已知电源相电压为 220V，负载每相阻抗模 $|Z| = 10\Omega$。试求负载的相电流和线电流，电源的相电流和线电流。

2.11 有一电源和负载都是三角形连接的对称三相电路，已知电源相电压为 220V，负载每相阻抗模 $|Z| = 10\Omega$。试求负载的相电流和线电流，电源的相电流和线电流。

2.12 有一电源为三角形连接，而负载为星形连接的对称三相电路，已知电源相电压为 220V，每相负载的阻抗模为 10Ω，试求负载和电源的相电流和线电流。

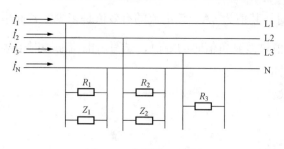

图 2-41 习题 2.14 图

2.13 已知三角形连接三相对称负载的总功率为 5.5kW，线电流为 19.5A，电源线电压为 380V。试求每相的电阻和感抗。

2.14 在图 2-41 所示电路中，已知电源线电压为 380V，$R_1 = R_2 = R_3 = 10\Omega$，$Z_1 = (10+j10)\Omega$，$Z_2 = (10-j10)\Omega$。以 $\dot{U}_1$ 为参考相量，按图中设定的参考方向，试求各电流。

第 3 章　变　压　器

变压器和电机都是以电磁感应作为工作基础的。本章主要介绍磁路的基本概念，然后讨论变压器、仪表用变压器的基本原理和基本特性。

3.1　磁路的基本概念与基本定律

常用的电气设备，如变压器、电动机等，在工作时都会产生磁场。为了把磁场聚集在一定的空间范围内，以便加以控制和利用，就必须用高磁导率的铁磁材料做成一定形状的铁芯，形成一个磁通的路径，使磁通的绝大部分通过这一路径而闭合。故把磁通经过的闭合路径称为磁路。为了分析和计算磁场，下面简要介绍一下有关磁路的基础知识。

3.1.1　铁磁材料

根据导磁性能的好坏，自然界的物质可分为两大类：一类称为铁磁材料，如铁、钢、镍、钴等，这类材料的导磁性能好，磁导率 μ 值大；另一类为非铁磁材料，如铜、铝、纸、空气等，此类材料的导磁性能差，μ 值小（接近真空的磁导率 μ_0）。铁磁材料是制造变压器、电动机、电器等各种电工设备的主要材料，铁磁材料的磁性能对电磁器件的性能和工作状态有很大影响。铁磁材料的磁性能主要表现为高导磁性、磁饱和性和磁滞性。

1. 高导磁性

铁磁材料具有很强的导磁能力，在外磁场作用下，其内部的磁感应强度会大大增强，相对磁导率可达几百、几千甚至几万。这是因为在铁磁材料的内部存在许多磁化小区，称为磁畴。每个磁畴就像一块小磁铁，体积约为 $10^{-9}\,\mathrm{cm^3}$。在无外磁场作用时，这些磁畴的排列是不规则的，对外不显示磁性，如图 3-1（a）所示。

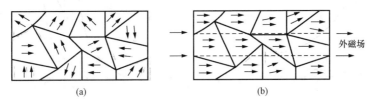

图 3-1　铁磁材料的磁化

(a) 磁化前；(b) 磁化后

在一定强度的外磁场作用下，这些磁畴将顺着外磁场的方向趋向规则地排列，产生一个附加磁场，使铁磁材料内的磁感应强度大大增强，如图 3-1（b）所示，这种现象称为磁化。非铁磁材料没有磁畴结构，不具有磁化特性。通电线圈中放入铁芯后，磁场会大大增强，这时的磁场是线圈产生的磁场和铁芯被磁化后产生的附加磁场之叠加。变压器、电动机和各种电器的线圈中都放有铁芯，在这种具有铁芯的线圈中通入励磁电流，便可产生足够大的磁感应强度和磁通。

2. 磁饱和性

在铁磁材料的磁化过程中，随着励磁电流的增大，外磁场和附加磁场都将增大，但当励磁电流增大到一定值时，几乎所有的磁畴都与外磁场的方向一致，附加磁场就不再随励磁电流的增大而继续增强，这种现象称为磁饱和现象。

材料的磁化特性可用磁化曲线 $B = f(H)$ 表示，铁磁材料的磁化曲线如图3-2所示，它大致上可分为4段，其中 Oa 段的磁感应强度 B 随磁场强度 H 增加较慢；ab 段的磁感应强度 B 随磁场强度 H 差不多成正比地增加；b 点以后，B 随 H 的增加速度又减慢下来，逐渐趋于饱和；过了 c 点以后，其磁化曲线近似于直线，且与真空或非铁磁材料的磁化曲线 $B_0 = f(H)$ 平行。工程上称 a 点为附点，称 b 点为膝点，称 c 点为饱和点。

由于铁磁材料的 B 与 H 的关系是非线性的，故由 $B = \mu H$ 的关系可知，其磁导率的数值将随磁场强度 H 的变化而改变，如图3-2中的 $B = f(H)$ 曲线。铁磁材料在磁化起始的 Oa 段和进入饱和以后，μ 值均不大，但在膝点 b 的附近 μ 达到最大值。所以电气工程上通常要求铁磁材料工作在膝点附近。

3. 磁滞性

如果励磁电流是大小和方向都随时间变化的交变电流，则铁磁材料将受到交变磁化。在电流交变的一个周期中，磁感应强度 B 随磁场强度 H 变化的关系如图3-3所示。由图3-3可见，当磁场强度 H 减小时，磁感应强度 B 并不沿着原来这条曲线回降，而是沿着一条比它高的曲线缓慢下降。当 H 减速到0时，B 并不等于0而仍保留一定的磁性。这说明铁磁材料内部已经排齐的磁畴不会完全回复到磁化前杂乱无章的状态，这部分剩余的磁性称为剩磁，用 B_r 表示。如要去掉剩磁，使 $B = 0$，应施加一反向磁场强度 H_c。H_c 的大小称为矫顽磁力，它表示铁磁材料反抗退磁的能力。

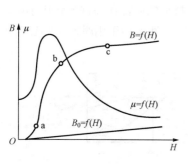

图3-2 磁化曲线

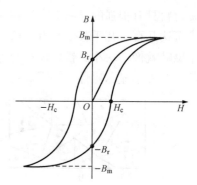

图3-3 磁滞回线

若再反向增大磁场，则铁磁材料将反向磁化；当反向磁场减小时，同样会产生反向剩磁 (B_r)。随着磁场强度不断正反向变化，得到的磁化曲线为一封闭曲线。在铁磁材料反复磁化的过程中，磁感应强度的变化总是落后于磁场强度的变化，这种现象称为磁滞现象。这一封闭曲线称为磁滞回线。

铁磁材料按其磁性能又可分为软磁材料、硬磁材料和矩磁材料三种类型，图3-4所示为不同类型的磁滞回线。其中，图3-3（a）是软磁材料，图（b）是硬磁材料，图（c）是矩磁材料。软磁材料的剩磁和矫顽力较小，磁滞回线形状较窄，但磁化曲线较陡，即磁导率较高，所包围的面积较小。它既容易磁化，又容易退磁，一般用于有交变磁场的场合，如用来制造镇流器、变压器、电动机以及各种中、高频电磁元件的铁芯等。常见的软磁材料有纯铁、硅钢、玻莫合金以及非金属软磁铁氧体等。硬磁材料的剩磁和矫顽力较大，磁滞回线形状较宽，所包围的面积较大，适用于制作永久磁铁，如扬声器、耳机、电话机、录音机以及各种磁电式仪表中的永久磁铁都是硬磁材料制成的。常见的硬磁材料有碳钢、钴钢及铁镍铝钴合金等。矩磁材料的磁滞回线近似于矩形，剩磁很大，接近饱和磁感应强度，但矫顽力较小，易于翻转，常在计算机和控制系统中用作记忆元件和开关元件，矩磁材料有镁锰铁氧体及某些铁镍合金等。

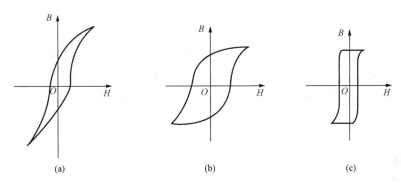

图 3-4　不同类型的磁滞回线

(a) 软磁材料；(b) 硬磁材料；(c) 矩磁材料

3.1.2　磁路的概念

在通有电流的线圈周围和内部都存在着磁场。但是空心载流线圈的磁场较弱，一般难以满足电工设备的需要。工程上为了得到较强的磁场并有效地加以应用，常采用导磁性能良好的铁磁材料做成一定形状的铁芯，而将线圈绕在铁芯上。当线圈中通过电流时，铁芯即被磁化，使得其中的磁场大为增强，故通电线圈产生的磁通主要集中在由铁芯构成的闭合路径内，这种磁通集中通过的路径便称为磁路。用于产生磁场的电流称为励磁电流，通过励磁电流的线圈称为励磁线圈或励磁绕组。

图 3-5 所示为几种常见电气设备的磁路，其中图 (a) 为变压器，图 (b) 为电磁铁，图 (c) 为磁电式仪表，图 (d) 为直流电机。现以电磁铁为例来说明磁路的概念。电磁铁包括励磁绕组、静铁芯和动铁芯几个部分。静铁芯和动铁芯都用铁磁材料制成，它们之间存在着空气隙。当励磁绕组通过电流时，绕组产生的磁通绝大部分将沿着导磁性能良好的静铁芯、动铁芯，并穿过它们之间的空气隙而闭合（电磁铁的空气隙是变化的）。也就是说，由

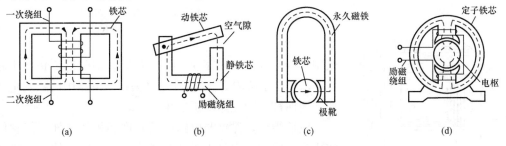

图 3-5　几种常见电气设备的磁路

(a) 变压器；(b) 电磁铁；(c) 磁电式仪表；(d) 直流电机

于铁芯材料的导磁性能比空气好得多，励磁绕组产生的磁通绝大部分都集中在铁芯里，磁通的路径由铁芯的形状决定。

在其他电气设备中，也常有不大的空气隙，即磁路的大部分由铁磁材料构成，小部分由空气隙或其他非磁性材料构成。空气隙虽然不大，但它对磁路的工作情况却有很大的影响。电路有直流和交流之分，磁路也分为直流磁路（如直流电磁铁和直流电动机）和交流磁路（如变压器、交流电磁铁和交流电动机），它们各具有不同的特点。此外，也有用永久磁铁构成磁路的（如磁电式仪表），它不需要励磁绕组。

3.1.3　磁路的主要物理量

1. 磁感应强度 B

磁感应强度 B 是表示磁场内某点的磁场强弱及方向的物理量。它是一个矢量，其方向与该点磁力线切线方向一致，与产生该磁场的电流之间的方向关系符合右手螺旋定则。若磁场内各点的磁感应强度大小相等、方向相同，则为均匀磁场。在国际单位制中磁感应强度的单位是 T（特斯拉，简称特）。

2. 磁通 Φ

在均匀磁场中，磁感应强度 B 与垂直于磁场方向的面积 S 的乘积，称为通过该面积的磁通 Φ，即 $\Phi = BS$ 或 $B = \Phi/S$。

可见，磁感应强度 B 在数值上等于与磁场方向垂直的单位面积上通过的磁通，故 B 又称为磁通密度。在国际单位制中，磁通的单位是 Wb（韦伯，简称韦）。

3. 磁导率

磁导率是表示物质导磁性能的物理量，它的单位是 H/m（亨/米）。真空的磁导率 $\mu_0 = 4\pi \times 10^{-7}$ H/m。任意一种物质的磁导率与真空的磁导率之比称为相对磁导率，用 $\mu_r = \mu/\mu_0$ 表示。

4. 磁场强度 H

磁场强度 H 是进行磁场分析时引用的一个辅助物理量，为了从磁感应强度 B 中除去磁介质的因素，故定义为 $H = B/\mu$。磁场强度也是矢量，只与产生磁场的电流以及这些电流的分布情况有关，而与磁介质的磁导率无关，它的单位是 A/m（安/米）。

3.1.4　磁路欧姆定律

图 3-6 所示为绕有线圈的铁芯，当线圈通入电流 I，在铁芯中就会有磁通通过。实验表明，铁芯中的磁通必与通过线圈的电流 I、线圈匝数 N 以及磁路的截面积 S 成正比，与磁路的长度 L 成反比，还与组成磁路的材料磁导率成正比，即

$$\Phi = \frac{INS\mu}{l} = \frac{IN}{\dfrac{l}{S\mu}} = \frac{F}{R_m}$$

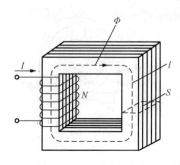

图 3-6　磁路欧姆定律

式中：$F = IN$ 称为磁通势；R_m 为磁阻。即磁通 Φ 正比于磁通势 F，反比于磁阻 R_m，这种比例关系与电路中的欧姆定律相似，因而称之为磁路欧姆定律。

应该指出，磁路与电路虽然有许多相似之处，但它们的实质是不同的。而且由于铁芯磁路是非线性元件，其磁导率是随工作状态剧烈变化的，因此，一般不宜直接用磁路欧姆

定律和磁阻公式进行定量计算，但在很多场合可以用来进行定性分析。

3.2　交流铁芯绕组电路

交流铁芯绕组由交流电来励磁，产生的磁通是交变的，其电磁和功率消耗相对直流铁芯绕组要复杂。在讨论变压器以前，先来了解交流铁芯绕组的一些特性。

3.2.1　电磁关系

图 3-7 所示为交流铁芯绕组电路，绕组的匝数为 N，当在绕组两端加上正弦交流电压 u 时，就有交变励磁电流 i 流过，在交变磁通势 Ni 的作用下产生交变的磁通，其绝大部分通过铁芯，称为主磁通 Φ，但还有很小部分从附近空气中通过，称为漏磁通 Φ_σ。这两种交变的磁通都将在绕组中产生感应电动势。设绕组电阻为 R，主磁通在绕组上产生的感应电动势为 e，漏磁通产生的感应电动势为 e_σ，它们与磁通的参考方向之间符合右手螺旋定则，由基尔霍夫电压定律可得铁芯绕组中的电压、电流与电动势之间的关系为

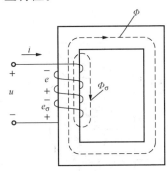

图 3-7　交流铁芯绕组电路

$$u = Ri - e - e_\sigma \tag{3-1}$$

由于绕组电阻上的电压降 Ri 和漏磁通感应电动势 e_σ 都很小，与主磁通电动势 e 比较，可以忽略不计，故式（3-1）可写为

$$u \approx -e$$

设主磁通 $\Phi = \Phi_m \sin\omega t$，则

$$e = -N\frac{\mathrm{d}\Phi}{\mathrm{d}t} = -\frac{\mathrm{d}\Phi_m \sin\omega t}{\mathrm{d}t} = -\Phi_m N\omega\cos\omega t$$
$$= 2\pi fN\Phi_m \sin(\omega t - 90°)$$
$$= E_m \sin(\omega t - 90°)$$

式中：$E_m = 2\pi fN\Phi_m$ 是主磁通电动势的最大值，故 $u \approx -e = E_m \sin(\omega t + 90°)$。

可见，外加电压的相位超前于铁芯中磁通 $90°$，而外加电压的有效值

$$U = E = \frac{E_m}{\sqrt{2}} = \frac{2\pi fN\Phi_m}{\sqrt{2}} \approx 4.44fN\Phi_m \tag{3-2}$$

式中：Φ_m 的单位是 Wb（韦［伯］）；f 的单位是 Hz（赫［兹］）；U 的单位是 V（伏［特］）。

式（3-2）给出了铁芯绕组在正弦交流电压作用下，铁芯中磁通最大值与电压有效值的数量关系。在忽略绕组电阻和漏磁通的条件下，当绕组匝数 N 和电源频率 f 一定时，铁芯中的磁通最大值 Φ_m 近似与外加电压有效值 U 成正比，而与铁芯的材料及尺寸无关。也就是说，当绕组匝数 N、外加电压 U 和频率 f 都一定时，铁芯中的磁通最大值 Φ_m 将基本保持不变。这个结论对于分析交流电动机、电器及变压器的工作原理是十分重要的。

3.2.2　功率损耗

在交流铁芯绕组电路中，除了在绕组电阻上有功率损耗外，铁芯中也会有功率损耗。线圈上损耗的功率称为铜损耗；铁芯中损耗的功率称为铁损耗，铁损耗包括磁滞损耗和涡流损耗两部分。

（1）磁滞损耗。铁磁材料交变磁化的磁滞现象所产生的铁损耗称为磁滞损耗。它是由铁磁材料内部磁畴反复转向，磁畴间相互摩擦引起铁芯发热而造成的损耗。铁芯单位体积内每周期产生的磁滞损耗与磁滞回线所包围的面积成正比。为了减小磁滞损耗，交流铁芯均由软磁材料制成。

（2）涡流损耗。铁磁材料不仅有导磁能力，同时也有导电能力，因而在交变磁通的作用下铁芯内将产生感应电动势和感应电流，感应电流在垂直于磁通的铁芯平面内围绕磁力线呈旋涡状，如图 3-8（a）所示，故称为涡流。涡流使铁芯发热，其功率损耗称为涡流损耗。为了减小涡流，可采用硅钢片叠成的铁芯，它不仅有较高的磁导率，还有较大的电阻率，可使铁芯的电阻增大，涡流减小，同时硅钢片的两面涂有绝缘漆，使各片之间互相绝缘，可把涡流限制在一些狭长的截面内流动，从而减小了涡流损失，如图 3-8（b）所示。所以各种交流电动机、电器和变压器的铁芯普遍用硅钢片叠成。

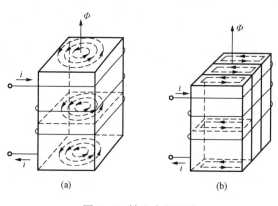

图 3-8 铁芯中的涡流

3.3 变 压 器

变压器是利用电磁感应原理传输电能或信号的器件，具有变压、变流、变阻抗和隔离的作用。它的种类很多，应用广泛，但基本结构和工作原理相同。

3.3.1 变压器的基本结构

变压器由铁芯和绕在铁芯上的两个或多个线圈（又称绕组）组成。

铁芯的作用是构成变压器的磁路。为了减小涡流损耗和磁滞损耗，铁芯采用硅钢片交错叠装或卷绕而成。根据铁芯结构形式的不同，变压器分为壳式和心式两种，如图 3-9 所示。图 3-9（a）所示心式变压器，特点是线圈包围铁芯。功率较大的变压器多采用心式结构，以减小铁芯体积，节省材料。壳式变压器则是铁芯包围线圈，如图 3-9（b）所示，其特点是可以省去专门的保护包装外壳。

图 3-10 所示为一个单相双绕组变压器的结构示意图及其图形符号。两个绕组中与电源

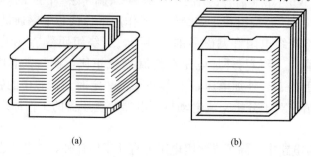

(a)　　　　　　　　　(b)

图 3-9 变压器结构
(a) 心式变压器；(b) 壳式变压器

相连接的一方称为一次绕组。表示一次绕组各量的字母均标注下标"1"，如一次绕组电压 u_1、一次绕组匝数 N_1、……与负载相连接的绕组称为二次绕组。表示二次绕组各量的字母均标注下标"2"，如二次绕组电压 u_2、二次绕组匝数 N_2、……变压器二次绕组电压 u_2 高于一次绕组电压 u_1 的是升压变压器；反之，是降压变压器。为了防止变压器内部短路，应有良好的绝缘性。

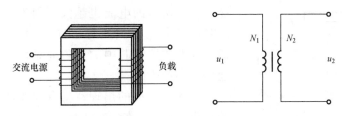

图 3-10　单相双绕组变压器的结构示意及图形符号

3.3.2　变压器的工作原理

1. 空载运行

变压器的一次绕组接上交流电压 u_1，二次侧开路，这种运行状态称为空载运行。这时二次绕组中的电流 $i_2=0$，电压为开路电压 u_{20}，一次绕组通过的电流为空载电流 i_{10}，如图 3-11 所示，各量的方向按习惯参考方向选取。图中 N_1 为一次绕组的匝数，N_2 为二次绕组的匝数。由于二次侧开路，这时变压器的一次侧电路相当于一个交流铁芯线圈电路，通过的空载电流 i_{10} 就是励磁电流。磁通势 Ni_{10} 在铁芯中产生的主磁通 Φ 通过闭合铁芯，既穿过一次绕组，也穿过二次绕组，于是在一、二次绕组中分别感应出电动势 e_1、e_2。当 e_1、e_2 与 Φ 的参考方向之间符合右手螺旋定则时，如图 3-11 所示，由法拉第电磁感应定律可知：

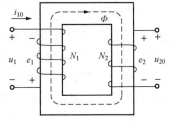

图 3-11　变压器空载运行

$$e_1 = -N\frac{\mathrm{d}\Phi}{\mathrm{d}t}$$

$$E_1 = 4.44fN\Phi_\mathrm{m}$$

式中：f 为交流电源的频率；Φ_m 为主磁通的最大值；E_1 为 e_1 的有效值。

若略去漏磁通的影响，不考虑绕组上电阻的压降，则可认为绕组上电动势的有效值近似等于绕组上电压的有效值，即

$$U_1 \approx E_1$$

同理可推出

$$U_{20} \approx E_2 = 4.44fN_2\Phi_\mathrm{m}$$

所以

$$\frac{U_1}{U_{20}} \approx \frac{4.44fN_1\Phi_\mathrm{m}}{4.44fN_2\Phi_\mathrm{m}} = \frac{N_1}{N_2} = k \tag{3-3}$$

由式（3-3）可见，变压器空载运行时，一、二次绕组上电压的比值等于一、二次侧绕组的匝数比，这个比值 k 称为变压器的变压比或变比。当一、二次绕组匝数不同时，变压器就可以把某一数值的交流电压变换为同频率的另一数值的电压，这就是变压器的电压变换作

用。当一次绕组匝数 N_1 比二次绕组匝数 N_2 多时，$k>1$，这种变压器称为降压变压器；反之，若 $N_1<N_2$，$k<1$，则为升压变压器。

2. 负载运行

如果变压器的二次绕组接上负载，则在二次绕组感应电动势 e_2 的作用下，将产生二次绕组电流 i_2。这时，一次绕组的电流由 i_{10} 增大为 i_1，如图 3-12 所示。二次侧的电流 i_2

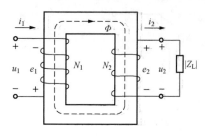

图 3-12 变压器的负载运行

越大，一次侧的电流也越大。因为二次绕组有了电流 i_2 时，二次侧的磁通势 $N_2 i_2$，也要在铁芯中产生磁通，即变压器铁芯中的主磁通是由一、二次绕组的磁通势共同产生的。

显然，$N_2 i_2$ 的出现，将有改变铁芯中原有主磁通的趋势。但是，在一次绕组的外加电压（电源电压）不变的情况下，由 $E=4.44 f N \Phi_m$ 可知，主磁通基本保持不变，因而一次绕组的电流将由 i_{10} 增大为 i_1，使得一次绕组的磁通势由 $N_1 i_{10}$ 变成 $N_1 i_1$，以抵消二次绕组磁动势 $N_2 i_2$ 的作用。也就是说，变压器负载时的总磁通势应与空载时的磁通势基本相等，用公式表示，即 $N_1 \dot{I}_1 + N_2 \dot{I}_2 = N_1 \dot{I}_{10}$，称为变压器的磁通势平衡方程式。

可见变压器负载运行时，一、二次绕组的磁通势方向相反，即二次侧电流 I_2 对一次侧电流 I_1 产生的磁通有去磁作用。当负载阻抗减小，二次侧电流 I_2 增大时，铁芯中的主磁通将减小，于是一次侧电流 I_1 必然增加，以保持主磁通基本不变。无论负载怎样变化，一次侧电流 I_1 总能按比例自动调节，以适应负载电流的变化。由于空载电流较小，一般不到额定电流的 10%，因此当变压器额定运行时，若忽略空载电流，可认为 $N_1 I_1 = -N_2 I_2$，于是得变压器一、二次侧电流有效值的关系为

$$\frac{I_1}{I_2} = \frac{N_2}{N_1} = \frac{1}{k}$$

由此可知，当变压器额定运行时，一、二次侧电流之比近似等于其匝数比的倒数。改变一、二次绕组的匝数，可以改变一、二次绕组电流的比值，这就是变压器的电流变换作用。

3. 阻抗变换作用

如图 3-13 所示，变压器的一次侧接电源 u_1，二次侧接负载阻抗 $|Z_L|$，对于电源来说，图中点画线框内的电路可用另一个阻抗 $|Z_1'|$ 来等效代替。当忽略变压器的漏磁和损耗时，等效阻抗的计算式为

$$|Z_1'| = \frac{U_1}{I_1} = \frac{(N_1/N_2)U_2}{(N_2/N_1)I_2}$$

$$= (N_1/N_2)^2 \frac{U_2}{I_2} = k^2 |Z_L|$$

式中：$|Z_L| = \dfrac{U_2}{I_2}$ 为变压器二次侧的负载阻抗。此式说明，在变比为 k 的变压器二次侧接阻抗为 $|Z_L|$ 的负载，相当于在电源上直接接一个阻抗 $|Z_1'| = k^2 |Z_L|$。通过选择合

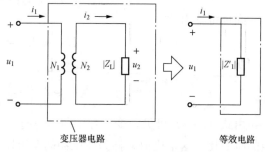

变压器电路　　　　　　　等效电路

图 3-13 变压器阻抗变换作用

适的变比 k，可把实际负载阻抗变换为所需的数值，这就是变压器的阻抗变换作用。

在电子电路中，为了提高信号的传输功率，常用变压器将负载阻抗变换为适当的数值，这种做法即为阻抗匹配。

3.3.3　变压器的技术参数

1. 额定电压 U_{1N}、U_{2N}

一次侧的额定电压 U_{1N} 是根据绝缘强度和允许发热所规定的应加在一次绕组上的正常工作电压有效值。二次侧额定电压 U_{2N} 在电力系统中是指变压器一次侧施加额定电压时的二次侧空载电压有效值；在仪器仪表中通常是指变压器一次侧施加额定电压，二次侧接额定负载时的输出电压有效值。

2. 额定电流 I_{1N}、I_{2N}

一、二次侧额定电流 I_{1N} 和 I_{2N} 是指变压器连续运行时一、二次绕组允许通过的最大电流有效值。

3. 额定容量 S_N

额定容量 S_N 是指变压器二次侧额定电压和额定电流的乘积，即 $S_N = U_{2N} I_{2N}$，S_N 为二次侧的额定视在功率。额定容量反映了变压器所能传送电功率的能力，但不要把变压器的实际输出功率与额定容量相混淆，因为变压器实际使用时的输出功率取决于二次侧负载的大小和性质。

4. 额定频率 f_N

额定频率 f_N 是指变压器应接入的电源频率，我国电力系统的标准频率为 50Hz。

5. 变压器的型号

变压器的型号表示变压器的特征和性能。如 SL7-1000/10，其中 SL7 是基本型号（S 三相，D 单相，油浸自冷无文字表示，F 油浸风冷，L 铝线，铜线无文字表示，7 设计序号）；1000 是指变压器的额定容量为 1000kV·A；10 表示变压器高压绕组额定线电压为 10kV。

3.3.4　变压器的外特性

运行中的变压器，当电源电压 U_1 及负载功率因数 $\cos\varphi$ 为常数时，二次绕组输出电压 U_2 随负载电流 I_2 的变化关系可用曲线 $U_2 = f(I_2)$ 来表示，该曲线称为变压器的外特性曲线，如图 3-14 所示。

图 3-14 表明，当负载为电阻性和电感性时，U_2 随 I_2 的增加而下降，且感性负载比阻性负载下降更明显；对于容性负载，U_2 随 I_2 的增加而上升。二次绕组的电压变化程度说明了变压器的性能，即

$$\Delta U\% = \frac{U_{2N} - U_2}{U_{2N}} \times 100\%$$

式中：U_{2N} 为变压器二次额定电压，即空载电压；U_2 为当负载为额定负载（即电流为额定电流）时的二次电压。

电压变化率越小，变压器的稳定性越好。一般变压器的电压变化率为 4%～6%。

3.3.5　变压器的损耗与效率

当变压器二次绕组接负载后，在电压 U_2 的作用下，有电流通过，负载吸收功率。对于单相变压器，负载吸收的

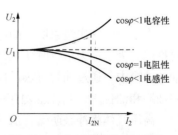

图 3-14　变压器的外特性曲线

有功功率为

$$P_2 = U_2 I_2 \cos\varphi_2$$

式中：$\cos\varphi_2$ 为负载的功率因数。

这时一次绕组从电源吸收的有功功率为

$$P_1 = U_1 I_1 \cos\varphi_1$$

式中：φ_1 是 $\dot{U}_1$ 与 $\dot{I}_1$ 的相位差。

变压器从电源得到的有功功率 P_1 不会全部由负载吸收，传输过程中有能量损耗，即铜损耗 P_{Cu} 和铁损耗 P_{Fe}，这些损耗均变为热量，使变压器温度升高。根据能量守恒定律，有

$$P_1 = P_2 + P_{\mathrm{Cu}} + P_{\mathrm{Fe}}$$

变压器的效率为

$$\eta = \frac{P_2}{P_1} \times 100\%$$

变压器的效率很高，对于大容量的变压器，其效率一般可以达到 $95\% \sim 99\%$。

3.4　几种常用变压器

3.4.1　三相电力变压器

在电力系统中，用于变换三相交流电压，输送电能的变压器，称为三相电力变压器。如图 3-15 所示，它有 3 个心柱，各套一样的一、二次绕组。图 3-15（a）所示为其外形，图 3-15（b）所示为其结构示意图。

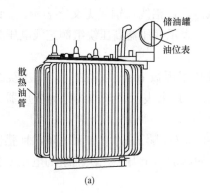
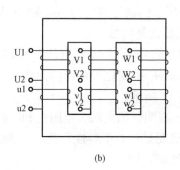

图 3-15　三相电力变压器
（a）外形；（b）结构示意图

由于三相一次绕组所加的电压是对称的，因此三相磁通也是对称的，二次侧的电压也是对称的。为了散去运行时变压器本身的损耗所发出的热量，通常铁芯和绕组都浸在装有绝缘油的油箱中，通过油管将热量散发于大气中。考虑到油会热胀冷缩，故在变压器油箱上置一储油罐和油位表，此外还装有一根防爆管，一旦发生故障（例如短路事故），产生大量气体时，高压气体将冲破防爆管前端的塑料薄片而释放，从而避免变压器发生爆炸。

三相变压器的一、二次绕组可以根据需要分别接成星形或三角形。三相电力变压器的常

见连接方式是 Yyn（即 Y/Y）和 Yd（即 Y/△），如图 3-16 所示。其中 Yyn 连接常用于车间配电变压器，yn 表示有中性线引出的星形连接，这种接法不仅给用户提供了三相电源，同时还提供了单相电源。通常使用的动力和照明混合供电的三相四线制系统，就是用这种连接方式的变压器供电的；Yd 连接的变压器主要用于变电站作降压或升压用。

三相变压器一、二次侧线电压的比值，不仅与匝数比有关，而且与接法有关。设一、二次侧的线电压为 U_{L1}、U_{L2}，相电压为 U_{P1}、U_{P2}，匝数分别为 N_1、N_2，则作 Yyn 连接时，有

$$\frac{U_{L1}}{U_{L2}} = \frac{\sqrt{3}U_{P1}}{\sqrt{3}U_{P2}} = \frac{N_1}{N_2} = k$$

作 Yd 连接时，有

$$\frac{U_{L1}}{U_{L2}} = \frac{\sqrt{3}U_{P1}}{U_{P2}} = \frac{\sqrt{3}N_1}{N_2} = \sqrt{3}k$$

三相电力变压器的额定值含义与单相变压器相同，但三相变压器的额定容量 S_N 是指三相总额定容量，其计算式为

$$S_N = \sqrt{3}U_{2N}I_{2N}$$

三相电力变压器的额定电压 U_{1N}/U_{2N} 和额定电流 I_{1N}/I_{2N} 是指线电压和线电流。其中二次侧额定电压 U_{2N} 是指变压器一次侧施加额定电压 U_{1N} 时二次侧的空载电压，即 U_{20}。

3.4.2　自耦变压器

自耦变压器的结构特点是二次绕组是一次绕组的一部分，而且一、二次绕组不仅有磁的耦合，还有电的联系，上述变压、变流和变阻抗关系都适用于它。自耦变压器电路原理如图 3-17 所示。

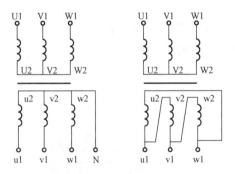

图 3-16　三相变压器的两种接法

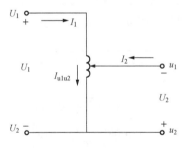

图 3-17　自耦变压器电路原理

由图 3-17 可列出

$$\frac{U_1}{U_2} = \frac{N_1}{N_2} = \frac{I_2}{I_1}$$

式中：U_1、I_1 分别为一次绕组的电压和电流；U_2、I_2 分别为二次绕组的电压和电流。

实验室中常用的调压器就是一种可改变二次绕组匝数的特殊自耦变压器，它可以均匀地改变输出电压。图 3-18 所示就是单相自耦变压器的外形和原理图。

除了单相自耦变压器之外，还有三相自耦变压器。但使用自耦变压器时应注意：输入端应接交流电源，输出端接负载，不能接错，否则，可能将变压器烧坏；使用完毕后，手柄应退回零位。

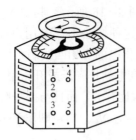
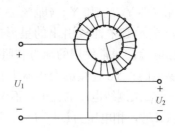

图 3-18　单相自耦变压器的外形和原理图

3.4.3　互感器

互感器是配合测量仪表专用的小型变压器，使用互感器可以扩大仪表的测量范围，使仪表与高压隔开，保证仪表安全使用。根据用途不同，互感器分为电压互感器和电流互感器两种。

1. 电压互感器

电压互感器是一台一次绕组匝数较多而二次绕组匝数较少的小型降压变压器。一次侧与被测电压的负载并联，而二次侧与电压表相接，二次额定电压一般为 100V，如图 3-19 所示。

电压互感器一、二次电压的关系为

$$U_1 = \frac{N_1}{N_2}U_2$$

使用电压互感器，正常运行时二次绕组不应短路，否则将会烧坏互感器。同时为了保证人员安全，高压电路与仪表之间应用良好的绝缘材料隔开，而且，铁芯与二次侧的一端应安全接地，以免绕组间绝缘击穿而引起触电。

2. 电流互感器

电流互感器是一台一次绕组匝数很少而二次绕组匝数很多的小型变压器。其一次侧与被测电压的负载串联，二次侧与电流表相接，如图 3-20 所示。

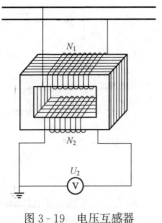
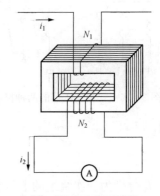

图 3-19　电压互感器　　　　　　　　　图 3-20　电流互感器

电流互感器一、二次电流的关系为

$$I_1 = \frac{N_2}{N_1}I_2$$

其中电流互感器二次额定电流一般为 5A。使用电流互感器时，二次绕组不能开路，否

则会产生高压危险,而且会使铁芯温度升高,严重时会烧毁互感器;同时要求二次绕组一端
与铁芯共同接地。

3.4.4 电焊变压器

　　电焊变压器的工作原理与普通变压器相同,但它们的性能却有很大差别。电焊变压器的
一、二次绕组分别装在两个铁芯柱上,两个绕组漏抗都很大。电焊变压器与可变电抗器组成
交流电焊机,如图 3-21 所示。

　　电焊机具有如图 3-22 所示的陡降外特性,空载时 $I_2=0$,I_1 很小,漏磁通很小,电抗
无压降,有足够的电弧点火电压,其值为 60~80V,开始焊接时,交流电焊机的输出端被短
路,但由于漏抗且有交流电抗器的感抗作用,短路电流虽然较大但并不会剧烈增大。

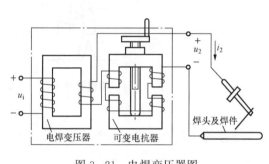

图 3-21　电焊变压器图

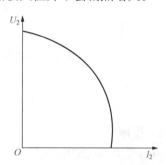

图 3-22　电焊变压器的外特性

　　焊接时,焊条与焊件之间的电弧相当于一个电阻,电阻上的电压降约为 30V。当焊件与
焊条之间的距离发生变化时,相当于电阻的阻值发生了变化,但由于电路的电抗比电弧的阻
值大很多,所以焊接时电流变化不明显,保证了电弧的稳定燃烧。

3.5　安　全　用　电

3.5.1 触电

　　人体因触电可能受到不同程度的伤害,这种伤害可分为电击和电伤两种。

　　电击造成的伤害最严重,它可使个体内部器官受伤,甚至造成死亡。分析与研究证实,
人体因触电造成的伤害程度与以下几个因素有关。

　　(1) 人体电阻。人体电阻越大,伤害程度就越轻。大量实验表明,完好干燥的皮肤角质
外层人体电阻为 10~100kΩ,受破坏的角质外层人体电阻为 0.8~11kΩ。

　　(2) 电流的大小。当通过人体的电流大于 50mA 时,将会有生命危险。一般情况下人体
接触 36V 电压时,通过人体的电流不会超过 50mA。我们把 36V 电压称为安全电压。如果
环境潮湿,则安全电压值规定为正常环境安全电压的 2/3 或 1/3。

　　(3) 时间的长短。通过人体电流的时间越长,伤害程度就越大。

　　另一种伤害是在电弧作用下或熔丝熔断时,人体外部受到的伤害,称为电伤。如烧伤、
金属溅伤等。

　　人体触电方式常见为单相触电和两相触电,分别如图 3-23 和图 3-24 所示,大部分触
电事故属于单相触电,单相触电有以下两种情况。

　　(1) 接触正常带电体的单相触电。一种是电源中性点未接地情况,人手触及电源任一根端线

引起的触电。由于端线与地面间可能绝缘不良，形成绝缘电阻；或交流情况下导线与地面间形成分布电容，当人站在地面上时，人体电阻与绝缘电阻并联而组成并联回路，使人体通过电流，对人体造成伤害。另一种是电源中点接地，人站在地面上当手触及端线时，有电流通过人体到达中性点。

（2）接触正常不带电的金属体的触电。如电机绕组绝缘损坏而使外壳带电，人手触及外壳，相当于单相触电。这种事故最为常见，因此应对电气设备采用保护接地和接零措施。

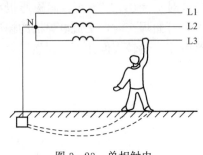

图 3-23　单相触电

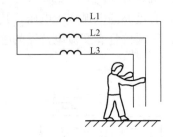

图 3-24　两相触电

3.5.2　接地

将与电力系统的中性点或电气设备金属外壳连接的金属导体埋入地中，并直接与大地接触，称为接地。

出于运行及安全的需要，常将电力系统的中点接地，这种接地方式称为工作接地，工作接地是将电气设备的某一部分通过接地线与埋在地下的接地体连接起来。三相发电机或变压器的中性点接地属于工作接地。工作接地的目的是当一相接地而人体接触另一相时，触电电压降低到相电压，从而可降低电气设备和输电线的绝缘水平。当单相短路时，接地电流较大，保险装置断开。

在中性点不接地的低压系统中，将电气设备不带电的金属外壳接地，称为保护接地。接地的具体接法如图 3-25 所示。保护接地只适用于中性点不接地的供电系统。对于中性点接地的三相四线制供电系统，电气设备的金属外壳若采用保护接地，不能保证安全，其原因可用图 3-26 来说明。当电气设备绝缘损坏时，将增大接地电阻，若电气设备功率较大，可能使电气设备得不到保护。此时设备外壳对地电压大于人体安全电压，对人体是不安全的。

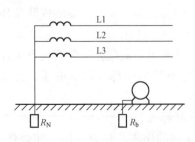

图 3-25　工作接地和保护接地

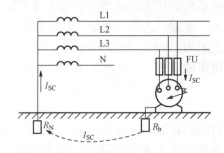

图 3-26　中性点接地系统不应采用保护接地的原因示意

因存在保护接地，人体接触不带电金属而触电时，人体电阻与绝缘电阻并联，而通常人体电阻远大于接地电阻，所以通过人体的电流很小，不会有危险。若没有实施保护接地，那么人体触及外壳时，人体电阻与绝缘电阻串联，故障点流入地的电流大小取决于这一串联电路。当绝缘下降时，其绝缘电阻减小，就有触电的危险。

3.5.3 保护接零和重复接地

在低压系统中，将电气设备的金属外壳接到零线（中线）上，称为保护接零，如图 3-27所示。

此外，在工作接地系统中还常常同时采用保护接零与重复接地（将零线相隔一定距离，多处进行接地），具体如图 3-28 所示。由于多处重复接地的重复接地电阻并联，使外壳对地电压大大降低，更加安全。在三相四线制系统中，为了确保设备外壳对地电压为零而专设一根保护零线。工作零线在进入建筑物入口处要接地，进户后再另专设一保护零线。这样三相四线制就成为三相五线制，以确保设备外壳不带电。

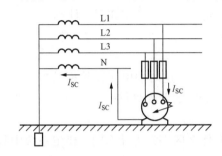

图 3-27 中性点接地系统应采用保护接零

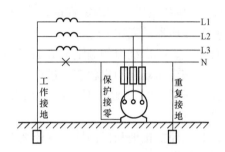

图 3-28 工作接地、保护接零和重复接地

习 题

3.1 有一个交流铁芯绕组，接在 $f=50\text{Hz}$ 的正弦电源上，在铁芯中得到磁通的最大值为 $\Phi=2.25\times10^{-3}\text{Wb}$。现在此铁芯上再绕一个线圈，其匝数为 200 匝。当此线圈开路时，试求其两端电压。

3.2 将一个铁芯绕组接于电压 $U=100\text{V}$，频率 $f=50\text{Hz}$ 的正弦电源上，其电流 $I_1=5\text{A}$，$\cos\varphi_1=0.7$；若将此线圈中的铁芯抽出，再接于上述电源上，则线圈中的电流 $I_2=10\text{A}$，$\cos\varphi_2=0.5$。试求此绕组在具有铁芯时的铜损耗和铁损耗。

3.3 有一个线圈，其匝数 $N=1000$ 匝，绕在由铸钢制成的闭合铁芯上，铁芯的截面积 $S_{\text{Fe}}=20\text{cm}^2$，铁芯的平均长 $L_{\text{Fe}}=50\text{cm}$，如要在铁芯中产生 0.002Wb 磁通，试问绕组中应通入多大直流电流？

3.4 有一台单相照明变压器，容量为 10kVA，电压为 3300/220V。欲在二次侧接上 60W、220V 的白炽灯，若要变压器在额定负载下运行，这种电灯可接多少个？试求一、二次电流。

3.5 已知单相变压器的额定容量 $S_N=200\text{kVA}$，额定电压 6000/250V，变压器的铁损耗为 0.70kW，满载时铜损耗为 2.20kW。在满载情况下，向功率因数为 0.85 的负载供电时，二次绕组的端电压为 230V。试求：

（1）变压器的效率；

（2）变压器一次侧的功率因数；

（3）该变压器是否允许接入 150kW、功率因数 0.7 的负载？

3.6 已知一台自耦变压器的额定容量为 50kVA，$U_{1N}=220V$，$N_1=880$，$U_{2N}=200V$。试求：

（1）应在线圈的何处抽出一线端？

（2）满载时 I_1 和 I_2 各是多少？

3.7 一个交流铁芯线圈，励磁线圈的端电压 $U=110V$，电源频率 $f=50Hz$，铁芯中的最大磁通为 $\Phi=1.24\times10^{-3}Wb$。试计算线圈的匝数 N。

3.8 单相变压器接到 25kV 的工频交流电源上，二次绕组的开路电压是 6.6kV。铁芯的截面积 $S=1120cm^2$，磁感应强度最大值 $B_m=1.5T$。试计算变压器的变比 k 和一、二次绕组的匝数。

3.9 单相变压器的额定容量 $S_N=40kVA$，额定电压是 3300V/230V。计算：

（1）变压器的变比 k；

（2）一、二次绕组的额定电流 I_{1N} 和 I_{2N}；

（3）该变压器在额定状态下运行时，电压 $U_2=220V$，这时的电压调整率是多少？当它向额定电压是 220V、功率是 60W、功率因数 $\cos\varphi=0.89$ 的荧光灯供电时，可接入多少盏这样的荧光灯？

3.10 保护接地和保护接零有什么作用？它们有什么区别？为什么同一供电系统中只采用一种保护措施？

3.11 三相三线制低压供电系统中，应采取哪些保护接线措施？在三相四线制低压供电系统中，应采取哪种接线措施？

3.12 为什么在中点接地系统中，除采用保护接零外，还要采用重复接地？

3.13 某人为了安全，将电烤箱的外壳接在 220V 交流电源进线的中线上，这种做法对吗？为什么？

第4章　三相电动机

电机是实现机械能与电能相互转换的装置。发电机将机械能转换为电能；电动机将电能转换为机械能。电动机可分为直流电动机与交流电动机，交流电动机又分为异步电动机与同步电动机。

异步电动机由于具有结构简单、工作可靠、维护方便、价格便宜等优点，所以应用最为广泛。本章主要介绍异步电动机的基本结构、工作原理、技术性能和使用方法。

4.1　三相异步电动机的结构和工作原理

4.1.1　三相笼型异步电动机的基本结构

三相异步电动机主要由定子（固定部分）和转子（旋转部分）两个基本部分组成。图4-1所示为笼型转子的三相异步电动机的结构。

1. 定子

异步电动机的定子主要由机座、定子铁芯和定子绕组构成。机座用铸钢或铸铁制成，定子铁芯用涂有绝缘漆的硅钢片叠成，并固定在机座中。在定子铁芯的内圆周上有均匀分布的槽用来放置定子绕组，如图4-2所示。定子绕组由绝缘导线绕制而成。三相异步电动机具有三相对称的定子绕组，称为三相绕组。

三相定子绕组引出 U1、U2、V1、V2、W1、W2 六个出线端，其中 U1、V1、W1 为首端，U2、V2、W2 为末端，如图 4-3

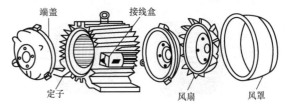

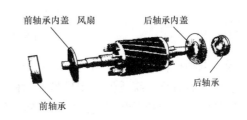

图 4-1　笼型转子的三相异步电动机的结构

（a）所示。使用时可以连接成星形或三角形两种方式。如果电源的线电压等于电动机每相绕组的额定电压，那么三相定子线组应采用三角形连接方式，如图 4-3（b）所示。如果电源线电压等于电动机每相绕组额定电压的 $\sqrt{3}$ 倍，那么三相定子绕组应采用星形连接，如图 4-3（c）所示。

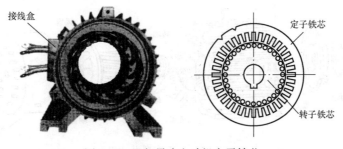

图 4-2　三相异步电动机定子铁芯

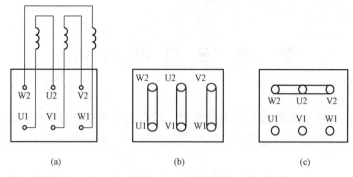

图 4-3　三相定子绕组接线

（a）六个出线端；（b）三角形连接；（c）星形连接

2. 转子

异步电动机的转子主要由转轴、转子铁芯和转子绕组构成。转子铁芯用涂有绝缘漆的硅钢片叠成圆柱形，并固定在转轴上。铁芯外圆周上有均匀分布的槽，如图 4-4 所示。这些槽用于放置转子绕组。

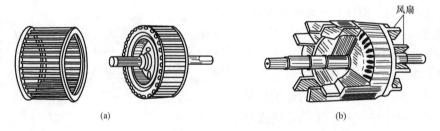

图 4-4　笼型转子

（a）笼型转子；（b）铸铝转子

异步电动机转子绕组按结构不同可分为笼型转子和绕线转子两种。前者称为笼型三相异步电动机，后者称为绕线型三相异步电动机。

笼型电动机的转子绕组是由嵌放在转子铁芯槽内的导电条组成的。在转子铁芯的两端各有一个导电端环，并把所有的导电条连接起来。因此，如果去掉转子铁芯，剩下的转子绕组很像一个鼠笼子，如图 4-4（a）所示，所以称为笼型转子。中小型（100kW 以下）笼型电动机的笼型转子绕组普遍采用铸铝制成，并在端环上铸出多片风叶作为冷却用的风扇，如图 4-4（b）所示。图 4-5 是一台笼型电动机拆散后的形状。

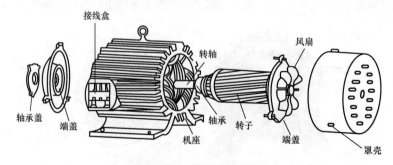

图 4-5　三相笼型电动机

　　绕线型电动机的转子绕组为三相绕组，各相绕组的一端连在一起（星形连接），另一端
接到三个彼此绝缘的滑环上。滑环固定在电动机转轴上和转子一起旋转，并与安装在端盖上的电刷滑动接触来和外部的可变电阻相连，如图 4 - 6 所示。这种电动机在使用时可通过调节外接的可变电阻 R_P 来改变转子电路的电阻，从而改善电动机的某些性能。

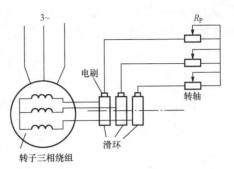

图 4 - 6　绕线转子异步电动机的转子结构

　　绕线转子异步电动机的转子结构比笼型的要复杂得多，但绕线转子异步电动机能获得较好的启动与调速性能，在需要大启动转矩时（如起重机械）往往采用绕线转子异步电动机。

4.1.2　三相异步电动机的工作原理

1. 旋转磁场

　　为了理解三相异步电动机的工作原理，先讨论三相异步电动机的定子绕组接至三相电源后，在电动机中产生磁场的情况。

　　图 4 - 7 所示为三相异步电动机定子绕组的简单模型。三相绕组 U1、U2，V1、V2，W1、W2 在空间互成 120°，每相绕组一匝，连接成星形。给定子绕组通入三相交流电流，以 A 相电流为参考，即

$$i_A = I_m \sin\omega t$$
$$i_B = I_m \sin(\omega t - 120°)$$
$$i_C = I_m \sin(\omega t - 240°) = I_m \sin(\omega t + 120°)$$

则参考方向如图 4 - 7 所示，图中 ● 表示导线中电流从里面流出来，⊗ 表示电流向里流进去。

　　当三相定子绕组接至三相对称电源时，绕组中就有三相对称电流 i_A、i_B、i_C 通过。图 4 - 8所示为三相对称电流的波形图。下面分析三相交流电流在定子内共同产生的磁场在一个周期内的变化情况。

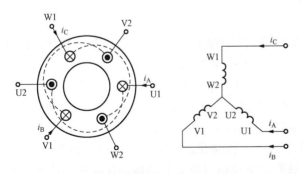

图 4 - 7　三相异步电动机定子绕组

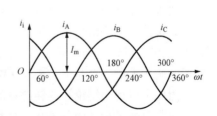

图 4 - 8　三相对称电流

　　（1）当 $\omega t = 0°$ 时，$i_A = 0$，$i_B = -\frac{\sqrt{3}}{2}I_m < 0$，$i_C = \frac{\sqrt{3}}{2}I_m > 0$，此时 U 相绕组电流为零；V 相绕组电流为负值，i_B 的实际方向与参考方向相反；W 相绕组电流为正值，i_C 的实际方向与

参考方向相同。按右手螺旋定则可得到各个导体中电流所产生的合成磁场，如图 4-9（a）所示，是一个具有两个磁极的磁场。电机磁场的磁极数常用磁极对数 p 来表示，例如上述两个磁极称为一对磁极，用 $p=1$ 表示。

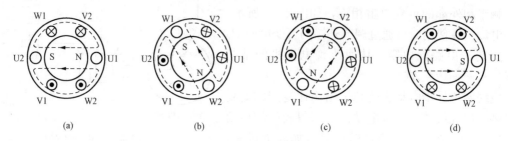

图 4-9　两极旋转磁场

(a) $\omega t = 0°$；(b) $\omega t = 60°$；(c) $\omega t = 120°$；(d) $\omega t = 180°$

（2）当 $\omega t = 60°$ 时，$i_A = \dfrac{\sqrt{3}}{3}I_m > 0$，$i_B = -\dfrac{\sqrt{3}}{2}I_m < 0$，$i_C = 0$，此时的合成磁场如图 4-9（b）所示，也是一个两极磁场。但这个两极磁场的空间位置和 $\omega t = 0°$ 时相比，已按顺时针方向在空间上转了 60°。

（3）当 $\omega t = 120°$ 时，$i_A = \dfrac{\sqrt{3}}{3}I_m > 0$，$i_B = -\dfrac{\sqrt{3}}{2}I_m < 0$，$i_C = 0$，此时的合成磁场如图 4-9（c）所示，也是一个两极磁场。但这个两极磁场的空间位置和 $\omega t = 0°$ 时相比，已按顺时针方向在空间上转了 120°。

（4）当 $\omega t = 180°$ 时，$i_A = 0$，$i_B = \dfrac{\sqrt{3}}{2}I_m > 0$，$i_C = \dfrac{\sqrt{3}}{2}I_m > 0$，此时的合成磁场如图 4-9（d）所示，也是一个两极磁场。但这个两极磁场的空间位置和 $\omega t = 0°$ 时相比，已按顺时针方向在空间上转了 180°。

按上面的分析可以证明：当三相电流不断地随时间变化时，所建立的合成磁场也不断地在空间旋转。由此可以得出结论：三相正弦交流电流通过电机的三相对称绕组，在电机中所建立的合成磁场是一个不断旋转的磁场，该磁场称为旋转磁场。

2. 旋转磁场的转向

从对图 4-9 的分析中可以看出，旋转磁场的旋转方向是 U1→V1→W1（顺时针方向），即与通入三相绕组的三相电流相序从 i_A→i_B→i_C 是一致的。

如果把三相绕组接至电源的三根引线中的任意两根对调，例如把 i_A 通入 V 相绕组，i_B 通入 U 相绕组，i_C 仍然通入 W 相绕组。利用与图 4-9 同样的分析方法，可以得到此时旋转磁场的旋转方向将会是 U1→V1→W1，旋转磁场按逆时针方向旋转。

由此可以得出结论：旋转磁场的旋转方向与三相电流的相序一致。要改变电动机的旋转方向只需改变三相电流的相序。实际上只要把电动机与电源的三根连接线中的任意两根对调，电动机的转向便与原来相反了。

3. 三相异步电动机的转速

三相异步电动机的转速与旋转磁场的转速有关，旋转磁场的转速由磁场的极数所决定。在 $p=1$ 的情况下，参见图 4-9，当 $\omega t=0°$ 变到 $\omega t=120°$ 时，磁场在空间也旋转了 120°，当电流变化了 360°时，旋转磁场恰好在空间旋转一周。设电流的频率为 f，即电流每秒钟变化 f 次，每分钟变化 $60f$ 次，于是旋转磁场的转速为 $n_0 = 60f$，其单位为 r/min（转每分）。在旋转磁场具有两对磁极的情况下，当电流从 $\omega t = 0°$ 变到 $\omega t = 60°$ 时，磁场在空间只转了 30°。也就是说，当电流变化一周时，磁场仅旋转了半周，比 $p=1$ 时的转速慢了 1/2，即

$$n_0 = \frac{60f}{2}$$

同理，在三对磁极的情况下，电流交变一周，磁场在空间仅旋转了 1/3 周，即

$$n_0 = \frac{60f}{3}$$

由此可推广到 p 对磁极的旋转磁场的转速为

$$n_0 = \frac{60f}{p} \tag{4-1}$$

旋转磁场的转速 n_0 又称同步转速，它由电源的频率 f 和磁极对数 p 所决定，而磁极对数 p 又由三相绕组的安排情况所确定，由于受所用线圈、铁芯的尺寸大小、电动机体积等条件的限制，p 不能无限地大。

我国工业交流电频率是 50Hz，对某一电动机，磁对数 p 是固定的，因此 n_0 也是不变的。表 4-1 中列出了电动机磁极对数所对应的同步转速。

表 4-1　　　　　　　　　　　　　同　步　转　速

p	1	2	3	4	5	6
n_0（r/min）	3000	1500	1000	750	600	500

电动机转速 n 接近而略小于旋转磁场的同步转速 n_0，只有这样定子和转子之间才存在相对运动。

异步电动机的转子转速 n 与旋转磁场的同步转速 n_0 之差是保证异步电动机工作的必要因素。这两个转速之差称为转差。转差与同步转速之比称为转差率（s），即

$$s = \frac{n_0 - n}{n} \tag{4-2}$$

或

$$n = (1-s)n_0$$

转差率 s 是异步电动机的重要参数指标，由于异步电动机的转速 $n < n_0$，且 $n > 0$，故转差率在 0～1 的范围内，即 $0 < s < 1$。对于常用的异步电动机，在额定负载时的额定转速 n_N 接近同步转速，所以它的额定转差率 s_N 较小，为 0.01～0.07，转差率有时也用百分数表示。

【例 4-1】　一台异步电动机的额定转速 $n_N = 712.5$r/min，电源频率为 50Hz，求其磁极对数 p、额定转差率 s。

解　因为异步电动机的额定转速 n_N 略低于同步转速 n_0，而电源频率 $f=50$Hz 时，$n_0 = \frac{60f}{p}$，略高于 $n_N = 712.5$r/min 的 n_0 只能是 750r/min，故磁极对数 $p=4$。

该电动机的额定转差率为

$$s = \frac{n_0 - n}{n} = \frac{750 - 712.5}{750} = 0.05$$

4. 三相异步电动机的工作原理

三相异步电动机工作原理如图 4-10 所示。当三相定子绕组接至三相电源后，三相绕组内将流过三相电流并在电机内建立旋转磁场。当 $p=1$ 时，图中用一对旋转的磁铁来模拟该旋转磁场，它以恒定转速 n 顺时针方向旋转。

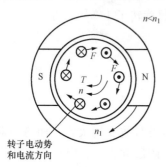

图 4-10　三相异步电动机
工作原理示意图

在该旋转磁场的作用下，转子导体逆时针方向切割磁通而产生感应电动势。根据右手定则可知在 N 极下的转子导体的感应电动势的方向是向外的，而在 S 极下的转子导体的感应电动势方向是向里的。因为转子绕组是短接的，所以在感应电动势的作用下，产生感应电流，即转子电流。也就是说，异步电动机的转子电流是由电磁感应而产生的。因此这种电动机又称为感应电动机。

根据安培定律，载流导体与磁场会相互作用而产生电磁力 F，其方向按左手定则判断。各个载流导体在旋转磁场作用下受到的电磁力，对于转子转轴所形成的转矩称为电磁转矩 T，在它的作用下，电动机转子转动起来。由图 4-10 可见，转子导体所受电磁力形成的电磁转矩与旋转磁场的转向一致，故转子旋转的方向与旋转磁场的方向相同。

但是，电动机转子的转速 n 必定低于旋转磁场转速 n_0。如果转子转速达到 n_0，那么转子与旋转磁场之间就没有相对运动，转子导体将不切割磁力线，于是转子导体中不会产生感应电动势和转子电流，也不可能产生电磁转矩，所以电动机转子不可能维持在转速 n_0 状态下运行。可见异步电动机只有在转子转速 n 低于同步转速 n_0 的情况下，才能产生电磁转矩来驱动负载，维持稳定运行。因此这种电动机称为异步电动机。

4.1.3　电磁转矩

由三相异步电动机的工作原理可知，驱动电动机旋转的电磁转矩是由转子导条中的电流与旋转磁场每极磁通相互作用而产生的。因此，电磁转矩 T 的大小与 I_2 和 $\cos\varphi_2$ 成正比。因为转子电路同时存在电阻和感抗（电路呈感性），故转子电流 I_2 滞后于转子感应电动势 E_2 一个相位角 φ_2，转子电路的功率因数为 $\cos\varphi_2$。又由于只有转子电流的有功分量 $I_2\cos\varphi_2$ 与旋转磁场相互作用时，才能产生电磁转矩，可见异步电动机的电磁转矩 T 还与转子电路的功率因数成正比。故异步电动机转子上的电磁转矩 T 可表示为

$$T = K_m \Phi_m I_2 \cos\varphi_2 \tag{4-3}$$

式中：K_m 是取决于电动机结构的常数；电磁转矩 T 的单位为 N·m（牛顿·米）。

1. 定子电动势 E_1

图 4-11 所示为三相异步电动机每相电路图，和变压器相比，定子绕组相当于变压器的一次绕组，转子绕组相当于变压器的二次绕组，且其电磁关系也类似变压器。三相异步电动机每相电路图和单相变压器相类似，所以定子电路每相的电压方程和变压器一次绕组电路一样，即定子电动势有效值为

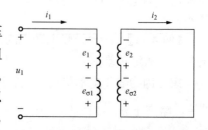

图 4-11　三相异步电动机每相电路图

$$E_1 = 4.44 f_1 N_1 \Phi_m \approx U_1 \tag{4-4}$$

定子和转子每相绕组的匝数分别为 N_1 和 N_2，f_1 为 e_1 的频率。

2. 转子电动势 E_2

转子电路电动势 e_2 的有效值为

$$E_2 = 4.44 f_2 N_2 \Phi_m \tag{4-5}$$

式（4-5）中 f_2 为转子频率，它和定子频率 f_1 的关系如何呢？下面将给予阐述。

因为旋转磁场和转子间的相对转速为 $(n_0 - n)$，故转子频率

$$f_2 = \frac{p(n_0 - n)}{60}$$

也可写成

$$f_2 = \frac{p(n_0 - n)}{60} = \frac{n_0 - n}{n_0} \times \frac{pn_0}{60} = sf_1 \tag{4-6}$$

可见转子电路的电流频率 f_2 与定子电路的电流频率 f_1 并不相等，这一点和单相变压器有显著的不同，f_2 和转差率 s 密切相关。转差率 s 大，转子频率 f_2 随之增加。

将式（4-6）代入到式（4-5）中，可得到 E_2 与定子电路电流频率间的关系为

$$E_2 = 4.44 s f_1 N_2 \Phi_m \tag{4-7}$$

当 $n=0$，即 $s=1$ 时，转子电动势为

$$E_{20} = 4.44 f_1 N_2 \Phi_m \tag{4-8}$$

3. 转子感抗 X_2

由感抗的定义可知

$$X_2 = 2\pi f_2 L_{\sigma 2}$$

又根据式（4-6）可得

$$X_2 = 2\pi s f_1 L_{\sigma 2} \tag{4-9}$$

当 $n=0$，即 $s=1$ 时，转子感抗为

$$X_{20} = 2\pi f_1 L_{\sigma 2} \tag{4-10}$$

比较式（4-9）和式（4-10），可得

$$X_2 = s X_{20} \tag{4-11}$$

可见，转子电路感抗 X_2 与转差率 s 成正比。

4. 转子电路电流 I_2

转子电路的每相电流 I_2 的有效值为

$$I_2 = \frac{E_2}{\sqrt{R_2^2 + X_2^2}} = \frac{sE_{20}}{\sqrt{R_2^2 + (sX_{20})^2}} \tag{4-12}$$

5. 转子电路的功率因数 $\cos\varphi_2$

由于转子有漏磁通，相应的感抗为 X_2，因此 $\dot{I}_2$ 比 $\dot{E}_2$ 滞后 φ_2 角，故转子电路的功率因数为

$$\cos\varphi_2 = \frac{R_2}{\sqrt{R_2^2 + X_2^2}} = \frac{R_2}{\sqrt{R_2^2 + (sX_{20})^2}} \tag{4-13}$$

由式（4-3）、式（4-12）和式（4-13），可得出电磁转矩的参数方程为

$$T = K_m \Phi_m I_2 \cos\varphi_2 = K_m \frac{U_1}{4.44 f_1 N_1} \frac{4.44 f_1 N_2 s\Phi}{\sqrt{R_2^2 + (sX_{20})^2}} \frac{R_2}{\sqrt{R_2^2 + (sX_{20})^2}}$$

$$= K_m \frac{U_1 N_2}{N_1} \frac{sR_2}{R_2^2 + (sX_{20})^2} \frac{U_1}{4.44 f_1 N_1}$$

$$= K_m \frac{N_2}{4.44 f_1 N_1^2} \frac{sR_2}{R_2^2 + (sX_{20})^2} U_1^2$$

$$= KU_1^2 \qquad\qquad (4-14)$$

式中：K 为电动机系数；f_1 为电流频率；s 为转差率；R_2 为转子电路每相的电阻；X_{20} 为电动机启动时（转子尚未转起来时）的转子感抗。

式（4-14）更为明确地说明了异步电动机电磁转矩 T 受电源电压 U_1、转差率 s 等外部条件及电路自身参数的影响很大，这是三相异步电动机的不足之处，也是它的特点之一。

当电源电压 U_1 和频率 f_1 一定，且 R_2、X_{20} 都是常数时，电磁转矩只随转差率 s 变化。电磁转矩 T 与转差率 s 之间的关系可用转矩特性 $T = f(s)$ 函数来表示，其特性曲线如图 4-12 所示。

4.1.4 机械特性曲线

图 4-12 所示的转矩特性曲线 $T = f(s)$ 只是间接表示出电磁转矩与转速之间的关系。而在实际工作中常用异步电动机的机械特性曲线来分析问题，机械特性反映了电动机的转速 n 与电磁转矩 T 之间的函数关系，如图 4-13 所示。

机械特性可从转矩特性得到，把转矩特性 $T = f(s)$ 的坐标轴 s 变成 n，再把 T 轴平行移到 $n=0$，即 $s=1$ 处，并将坐标轴顺时针旋转 $90°$，就得到图 4-13 所示的机械特性曲线。

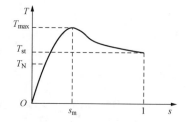

图 4-12 转矩特性 $T = f(s)$ 曲线图

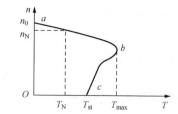

图 4-13 机械特性 $T = f(n)$ 曲线图

由图 4-12 可知，s_m 作为临界转差率，将曲线 $T = f(s)$ 分为对应 s 的两个不同性质区域。同样，在图 4-13 的 $T = f(n)$ 曲线上也相应地存在两个不同性质运行区域：稳定工作区 ab 和不稳定工作区 bc。通常三相异步电动机都工作在特性曲线的 ab 段，当负载转矩 T_L 增大时，在最初瞬间电动机的转矩 $T < T_L$，所以它的转速 n 开始下降。随着 n 的下降，电动机的转矩 T 相应增加，因为这时 T_L 增加的影响超过 $\cos\varphi_2$ 减少的影响；当转矩增加到 $T = T_L$ 时，电动机在新的稳定状态下运行，这时转速较之前低。

由图 4-13 所示的机械特性曲线可见，ab 段比较平坦，当负载在空载与额定值之间变化时，电动机的转速变化不大。这种特性称为硬的机械特性。三相异步电动机的这种硬特性适用于当负载变化时，对转速要求变化不大的笼型电动机。

研究机械特性的目的是为了分析电动机的运行性能。在机械特性曲线上，将讨论三个重要的转矩。

（1）额定转矩 T_N。异步电动机的额定转矩是指其工作在额定状态下产生的电磁转矩。由于电磁转矩 T 必须与阻转矩 T_C 相等才能稳定运行，即

$$T = T_C$$

而 T_C 又是由电动机轴上的输出机械负载转矩 T_L 和空载损耗转矩 T_o 共同构成，通常 T_o 很小，可忽略，故

$$T = T_o + T_L \approx T_L \qquad (4-15)$$

又根据电磁功率与转矩的关系可得

$$T \approx T_2 = \frac{P_2}{\omega} \qquad (4-16)$$

式中：P_2 为电机轴上输出的机械功率，单位是 W（瓦），转矩的单位是 N·m（牛·米），角速度的单位是 rad/s（弧度/秒）。功率如用 kW 表示，则得

$$T = \frac{P_2}{\omega} = \frac{P_2 \times 1000}{\dfrac{2\pi n}{60}} = 9550 \frac{P_2}{n} \qquad (4-17)$$

若电机处于额定状态，则可从电机的铭牌上查到额定功率和额定转速的大小，可得额定转矩的计算公式

$$T_N = 9550 \frac{P_{2N}}{n_N} \qquad (4-18)$$

式中：P_{2N} 为电动机额定输出功率，kW；n_N 为电动机额定转速，r/min；T_N 为电动机额定转矩，N·m。

（2）最大转矩 T_{max}。从机械特性曲线上看，转矩有一个最大值 T_{max}，称为最大转矩或临界转矩。对应于最大转矩的转差率为 s_m，若将转矩 T 对转差率 s 求导，并令 $\dfrac{dT}{ds} = 0$，即

$$s_m = \frac{R_2}{X_{20}} \qquad (4-19)$$

将式（4-19）代入式（4-14）得到最大转矩 T_{max} 为

$$T_{max} = K \frac{U_1^2}{2X_{20}} \qquad (4-20)$$

分析式（4-19）和式（4-20）可得到如下结论。

1）最大转差率 s_m 与转子电阻 R_2 成正比，R_2 越大，s_m 也越大，图 4-14 表示了不同转子电阻（$R_1 > R_2$）与机械特性的关系，可见若要调低电机的转速可采用在转子电路串电阻的方法，反之，减少转子电路的电阻可相应地增加转速。

2）最大转矩 T_{max} 与 R_2 无关，它仅与电源电压的平方（U_1^2）成正比。所以供电电压的波动将影响电动机的运行情况。图 4-15 表示了电压变化（$U_1 > U_2$）对机械特性的影响，若要实现电机转速的改变，也可采用调压的方法。

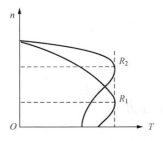

图 4-14　R_2 机械特性的影响

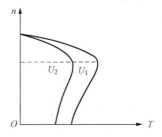

图 4-15　U_1 机械特性的影响

一般情况下，允许电动机的负载转矩在较短的时间内超过其额定转矩，但不能超过最大转矩。因此最大转矩也表示电动机短时容许的过载能力。电动机的额定转矩 T_N 应低于最大转矩 T_{max}，两者之比称为过载系数 λ，即

$$\lambda = T_{max}/T_N \tag{4-21}$$

当电动机工作电流超过它所允许的额定值，这种工作状态称为过载。为了避免过热，不允许电动机长期过载运行。

在温升允许时，可以短时间地过载。但这时的负载转矩不得超过最大转矩 T_m，否则就会发生"堵转"而烧毁电动机。所以最大转矩 T_m 反映了异步电动机短时的过载能力，通常将它与额定转矩 T_N 的比值 λ 称为电动机的转矩过载系数或过载能力，λ 是衡量电动机短时过载能力和稳定运行的一个重要参数。λ 值越大的电动机过载能力越大，通常三相异步电动机的过载系数为 $1.8 \sim 2.2$。

（3）启动转矩 T_{st}。电动机刚启动（$n=0$）时的转矩称为启动转矩 T_{st}。启动转矩必须大于负载转矩，即 $T_{st} > T_L$，电动机才能启动。通常用启动转矩与额定转矩的比值来表示异步电动机的启动能力 λ_{st} 即

$$\lambda_{st} = T_{st}/T_N \tag{4-22}$$

通常三相异步电动机的启动系数为 $0.8 \sim 2.0$。

【例 4-2】 某台笼型异步电动机，三角形连接，额定功率为 $P_N = 40kW$，额定转速为 $n_N = 1460r/min$，过载系数为 $\lambda = 2.0$，试求：

（1）其额定转矩 T_N、额定转差率 s_N 和最大转矩 T_{max}；

（2）当电源下降到 $U'_N = 0.9U_N$ 时的转矩。

解 电动机的额定转矩

$$T_N = 9550 \frac{P_{2N}}{n_N} = 9550 \times \frac{40}{1460} = 261.6(N \cdot m)$$

由于额定转速 $n_N = 1460r/min$，可得出同步转速

$$n_0 = 1500r/min$$

所以额定转差率

$$s_N = \frac{n_0 - n_N}{n_N} = \frac{1500 - 1460}{1500} \times 100\% \approx 2.67\%$$

由 $\lambda = \dfrac{T_{max}}{T_N}$ 可得最大转矩

$$T_{max} = \lambda T_N = 2.0 \times 261.6 = 523.2(N \cdot m)$$

$U'_N = 0.9U_N$，由式（4-20）得

$$\frac{T'_N}{T_N} = \left(\frac{U'_N}{U_N}\right)^2 = 0.9^2$$

$$T'_N = 0.9^2 T_N = 218.9(N \cdot m)$$

4.2 三相异步电动机的启动

将一台三相异步电动机接上交流电，使之从静止状态开始旋转直至稳定运行，这个过程称为启动。研究电动机启动就是研究接通电源后，怎样使电动机转速从零开始上升直至达到

稳定转速（额定转速）的稳定工作状态。电动机能够启动的条件是启动转矩 T_{st} 必须大于负载转矩 T_L。

电动机刚接通电源的瞬间，$n=0$，$s=1$，即转子尚未转动，定子电流（启动电流）I_{st} 很大，为电动机额定电流的 5～7 倍。例如 Y120M-4 型电动机的额定电流为 15.4A，则启动电流可达 77～107.8A。启动电流虽然很大，但启动时间一般都很短，小型电动机只有 1～3s，而且启动电流随转速的上升而迅速下降。因此，只要电动机不处于频繁启动状态中，一般不会引起电动机过热。但启动电流过大时，会产生较大的线路压降，影响到同一线路上其他设备的正常工作。例如，可能使同一线路中其他运行中的电动机转速下降，甚至"堵转"，白炽灯突然变暗等。电动机容量越大，这种影响就越大。

启动电流虽然很大，但转子电流频率最高（$f_2=f_1$），所以转子感抗也很大，而转子的功率因数 $\cos\varphi_2$ 很低，所以，启动转矩并不大，仅为额定转矩的 1～2 倍。但启动电流较大是异步电动机的主要缺点，必须采用适当的启动方法，以减小启动电流。三相异步笼型电动机常用的启动方法有直接启动、降压启动等。

4.2.1　直接启动

直接启动是将额定电压通过隔离开关或接触器直接加在定子绕组上使电机启动。这种方法简单、可靠，而且启动迅速；缺点是启动电流大。一般容量较小，不频繁启动的电动机采用这种方法。

一台异步电动机能否直接启动要视情况而定，那么究竟多大功率的异步电动机可直接启动呢？这与供电线路变压器容量大小及电动机功率大小有关。通常直接启动时电网的电压降不得超过额定电压的 5%～15%，否则不允许直接启动。

4.2.2　降压启动

在不允许直接启动的情况下，对容量较大的笼型电动机，常采用降压启动的方法。即启动时先降低加在定子绕组上的电压，当电动机转速接近额定转速时，再加上额定电压运行。由于启动时降低了加在定子绕组上的电压，从而减小了启动电流。但由于 $T \propto U_1^2$，因此会同时减小电动机的启动转矩。所以降压启动只适合于轻载、空载启动或对启动转矩要求不高的场合。

降压启动方法有多种。下面将详细介绍星形—三角形换接启动法。星形—三角形换接启动法简记为 Y-△启动法，适用于正常工作时电动机定子绕组是三角形接法的异步电动机，如图4-16所示。

当开关 Q2 投至"启动"位置时，电动机定子绕组接成星形，开始降压启动，这时定子绕组只承受 $U_{N1}/\sqrt{3}$ 的额定电压；当电动机转速接近额定值时，迅速将开关 Q2 投至"运行"位置，电动机定子绕组接成三角形而全压运行。

下面讨论 Y-△启动时的启动电流和启动转矩。设供电电源线电压为 U_L，定子绕组的每相阻抗为 $|Z|$，Y 形连接启动时，启动电流为线电流 I_L 等于相电流 I_{ph}，即

$$I_L = I_{ph} = \frac{U_L}{\sqrt{3}|Z|}$$

当定子绕组接成三角形直接启动时，其线电流为

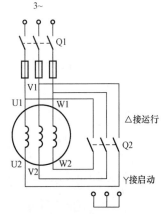

图 4-16　简单的 Y-△换接法

$$I_{L\triangle} = \sqrt{3}I_{ph} = \sqrt{3}\frac{U_L}{|Z|} \tag{4-23}$$

所以

$$I_{LY} = \frac{1}{3}I_{L\triangle} \tag{4-24}$$

又因为 $T \propto U_1^2$，则有

$$\frac{T_{st}}{T_N} = \left(\frac{\frac{U_L}{\sqrt{3}}}{U_L}\right)^2 = \frac{1}{3} \tag{4-25}$$

可见，采用 Y-△换接启动法，可使启动电流减小到直接启动时的 1/3。又由于 $T \propto U_1^2$，所以启动转矩也减小至直接启动时的 1/3。因此，Y-△换接启动法的优点是设备简单、成本低、寿命长、动作可靠，没有附加损耗，这种方法仅适用于空载或轻载启动。

【例 4-3】已知一台 Y280M-6 型三相异步电动机的技术数据见表 4-2，试求：

（1）电动机的磁极对数 p；

（2）额定转差率 s_N；

（3）额定转矩 T_N；

（4）启动电流 I_{st}；

（5）启动转矩 T_{st}；

（6）最大转矩 T_{max}。

表 4-2　　　　　　　Y280M-6 型三相异步电动机技术数据

P_N/kW	U_N/V	I_N/A	f_1/Hz	n_N/ (rad/min)
55	380	104.9	50	980
η/%	$\cos\varphi_2$	I_{st}/I_N	T_{st}/T_N	T_{max}/T_N
91.6	0.87	6.5	1.8	2.0

解　$n_N = 980$rad/min，则磁极对数 $p=3$，所以有

$$s_N = \frac{n_0 - n_N}{n_N} \times 100\% = \frac{1000 - 980}{1000} \times 100\% = 2\%$$

$$T_N = 9550\frac{P_N}{n_N} = 9550 \times \frac{55}{980} = 536(\text{N·m})$$

由 $\dfrac{I_{st}}{I_N} = 6.5$ 得

$$I_{st} = 6.5I_N = 6.5 \times 104.9 = 681.9(\text{A})$$

由 $\dfrac{T_{st}}{T_N} = 1.8$ 得

$$T_{st} = 1.8T_N = 1.8 \times 536 = 964.8(\text{N·m})$$

由 $\dfrac{T_{max}}{T_N} = 2.0$ 得

$$T_{max} = 2.0T_N = 2.0 \times 536 = 1072(\text{N·m})$$

除 Y-△换接启动法，常见的还有定子绕组串电阻启动和自耦变压器降压启动。前者通

常用于绕线式异步电机的启动。只要在转子电路中接入适当的启动电阻，既可达到减小启动电流的目的，又可增大启动转矩。后者的原理是利用三相自耦变压器将电动机在启动过程中的端电压降低，从而减小启动电流，当然启动转矩也会相应减小。

4.3 三相异步电动机的制动

制动问题研究的是怎样使稳定运行的异步电动机于断电后，在最短的时间内克服电动机的转动部分及其拖动的生产机械的惯性而迅速停车，以达到静止状态。对电动机进行准确制动不仅能保证工作安全，而且还能提高生产效率。

三相异步电动机的制动方式有机械制动和电气制动两大类。其中电气制动主要有能耗制动、反接制动和发电反馈制动等。本节将就能耗制动、反接制动进行详细阐述。

4.3.1 能耗制动

能耗制动的电路及原理如图 4-17 所示。在断开电动机的交流电源的同时把开关 Q 投至"制动"，给任意两相定子绕组通入直流电源。定子绕组中流过的直流电流在电动机内部产生一个不旋转的恒定直流磁场 H（磁通 Φ）。断电后，电动机转子由于惯性作用还按原方向转动，从而切割直流磁场产生感应电动势和感应电流，其方向用右手法则确定。转子电流与直流磁场相互作用，使转子导体受

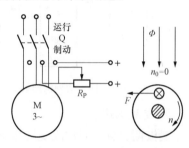

图 4-17　能耗制动原理

力 F，F 的方向用左手法则确定。F 所产生的转矩方向与电动机原旋转方向相反，因而起制动作用，即产生制动转矩。制动转矩的大小与通入的直流电源的大小有关，一般为电动机额定电流的 0.5～1 倍。这种制动方法是利用转子惯性转动的能量切割磁场而产生制动转矩，其实质是将转子动能转换成电能，并最终变成热能消耗在转子回路的电阻上，故称能耗制动。

能耗制动的特点是制动平稳、准确、能耗低，但需配备直流电源。

4.3.2 反接制动

图 4-18 所示为反接制动的原理图。当电动机需要停车时，在断开开关 Q1 的同时，接通开关 Q2，目的是改变电动机的三相电源相序，从而导致定子旋转磁场反向，使转子产生一个与原转向相反的制动力矩，迫使转子迅速停转。当转速接近零时，必须立即断开开关 Q2，切断电源，否则电动机将在反向磁场的作用下反转。

在反接制动时，旋转磁场与转子的相对转速（$n+n_0$）很大，定子绕组电流也很大，为确保运行安全，不至于因电流大导致电动机过热损坏，必须在定子电路（笼型）或转子电路（绕线式）中串入限流电阻。

反接制动具有制动方法简单、制动效果好等特点，但能耗大、冲击大。在启停不频繁、功率较小的电力拖动中常用这种制动方式。

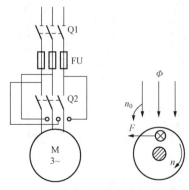

图 4-18　反接制动原理

4.3.3　三相异步电动机的调速

在实际生产过程中，为满足生产机械的需要，需要人为地改变电动机的转速，这就是通常说的调速。电动机调速的方法较多，根据 $n = (1-s)n_0 = (1-s)\dfrac{60f_1}{p}$ 可知，改变电源频率 f_1、电动机的极数 p 或转差率 s 均能改变电动机的转速。其中改变电源频率和磁极对数常用于笼型电动机的调速；改变转差率 s，则用于绕线式电动机的调速。

1. 变频调速

变频调速指通过改变三相异步电动机供电电源的频率来实现调速。近年来该项调速技术发展得较快，当前主要采用图 4 - 19 所示的变频调速装置。它主要由整流器、逆变器、控制电路三部分组成。整流器先将 50Hz 的交流电转换成电压可调的直流电，再由逆变器

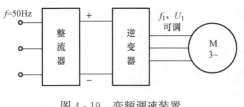

图 4 - 19　变频调速装置

变换成频率连续可调，电压也可调的三相交流电，以此来实现三相异步电动机的无级调速。由于在交流异步电动机的诸多调速方法中，变频调速具有调速性能好、调速范围广、运行效率高等特点，使得变频调速技术的应用日益广泛。

2. 变极调速

变极调速就是通过改变旋转磁场的磁极对数来实现对三相异步电动机的调速。由 $n_0 = \dfrac{60f_1}{p}$ 可知，磁极对数 p 的增减必将改变 n_0 的大小，从而达到改变电动机转速的目的。

如前所述，三相异步电动机定子绕组接法的不同是引起旋转磁场磁极对数改变的根本原因。例如，设定子绕组的 A 相绕组由两个线圈（A1X1 和 A2X2）组成，当这两个线圈并联时，则定子旋转磁场是一对磁极，即 $p=1$，见图 4 - 20（b）；若两个线圈串联，则定子旋转磁场是两对磁极，即 $p=2$，见图 4 - 20（a）。从这个例子可以看出，这种调速方法不能实现无级调速，是有级调速，这是因为旋转磁场的磁极对数只能成对地改变。

变极调速电动机受磁极对数的限制，转速级别不会太多，否则电动机就会变得结构复杂、体积庞大，不利于生产应用。常用的变极调速电动机有双速或三速电机等，其中双速电动机应用最广。

3. 变转差率调速

在三相异步电动机的结构中，前面提及绕线式转子的三根引出线，通过滑环、电刷等最终会接到启动装置或调速用的变阻器 R_2 上。只要改变调速变阻器 R_2 的大小，就可平滑调速。例如增大调速电阻 R_2，电动机的转差率 s 增大，转速 n 下降；反之，转速 n 上升，从而实现调速。变转差率调速的优点在于投资少、调速设备简单，但使用不够经济、耗能大。这种调速方法大多应用于起重机等设备中。

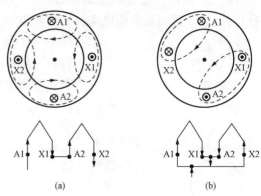

图 4 - 20　改变磁极对数的调速方法
（a）两个线圈串联；（b）两个线圈并联

4.3.4 三相异步电动机的铭牌数据

要想正确、安全地使用电动机,首先必须全面系统地了解电动机的额定值,看懂铭牌上所有信息及使用说明书上的操作规程。不当的使用不仅浪费资源,甚至有可能损坏电动机。图 4 - 21 是 Y120M-4 型异步电动机的铭牌数据,下面将以它为例说明各技术数据及各字母的含义。

三相异步电动机					
型 号	Y120M-4	功 率	7.5kW	频 率	50Hz
电 压	380V	电 流	15.4A	接 法	△
转 速	1440r/min	绝缘等级	B	工作方式	连续
年 月		编 号		××电机厂	

图 4 - 21 电动机铭牌数据

此外,它的主要技术数据还有功率因数（0.85）、效率（87%）。

1. 型号

电动机产品的型号是电动机的类型和规格代号。它由英文大写字母及阿拉伯数字组成。例如:

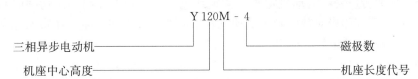

Y120M-4,Y 表示三相异步电动机,120 表示机座中心高度为 120mm,4 表示磁极数为 4 极,M 为机座长度代号（S—短机座;M—中机座;L—长机座）。

产品代号中,除 Y 表示三相异步电动机外,还有 YR 表示绕线式异步电动机,YB 表示防爆异步电动机,YQ 表示高启动转矩异步电动机。常用的异步电动机型号、结构、用途可从电工手册中查询。

2. 额定功率与效率

额定功率表示电动机在额定工作状态下运行时,转轴上输出的机械功率值 P_2,单位为 kW（千瓦）。电动机的输出功率 P_2 并不等于从电源输入的功率 P_1,其差值为电动机本身的损耗功率 ΔP（如铜损耗 ΔP_{Cu}、铁损耗 ΔP_{Fe}、机械损耗等）,即 $\Delta P = P_1 - P_2$。电动机的效率 η 就是输出功率与输入功率的比值。

以 Y120M - 4 型电动机为例:

输入功率

$$P_1 = \sqrt{3} U_{lN} I_{lN} \cos\varphi = \sqrt{3} \times 380 \times 15.4 \times 0.85 = 8.6 (\text{kW})$$

输出功率

$$P_2 = 7.5\text{kW}$$

效率

$$\eta = \frac{P_2}{P_1} \times 100\% = \frac{7.5}{8.6} \times 100\% = 87.2\%$$

一般三相异步电动机额定运行时效率为 $72\%\sim93\%$，当电动机在额定功率的 75% 左右运行时效率最高。

3. 频率 f

频率是指电动机所接的电源频率。我国的工频为 $50\mathrm{Hz}$。

4. 电压 U_N

铭牌上所标的电压值是指电动机额定运行时定子绕组上应加的额定线电压值 U_N。一般规定电动机运行时的电压不应高于或低于额定值的 5%。若铭牌上有两个电压值，表示定子绕组在两种不同接法时的线电压。例如 $380/220\mathrm{Y}/\triangle$ 是指：线电压 $380\mathrm{V}$ 时采用 Y 接法；线电压 $220\mathrm{V}$ 时采用 $\triangle$ 接法。

5. 电流 I_N

铭牌上所标的电流值为电动机在额定电压下，转轴上输出额定功率时定子绕组上的额定线电流值 I_N。当铭牌上有两个电流值时，表示定子绕组在两种不同接法时的线电流。

6. 接法

铭牌上的接法指的是三相定子绕组的连接方式。在实际应用中，为便于采用 Y-$\triangle$ 换接启动，三相异步电动机系列的功率较大时（4kW 以上），一般均采用三角形接法。

7. 转速

铭牌上所标的转速表示电动机定子加额定线电压，转轴上输出额定功率时每分钟的转数，用 n_N 表示。不同磁极对数的异步电动机有不同的转速等级。生产中最常用的是四个极的（$n_0=1500\mathrm{r/min}$）Y 系列电动机。

8. 绝缘等级

绝缘等级是电动机各绕组及其他绝缘部件所用的绝缘材料在使用时容许的极限温度来分级的。常用绝缘材料的技术数据见表 4-3。

表 4-3　　　　　　　　　常用绝缘材料技术数据

绝 缘 等 级	Y	A	E	B	F	H	C
最高允许温度/℃	90	105	120	130	155	180	大于 180

9. 工作方式

工作方式是指电动机在额定状态下工作时，为保证其温升不超过最高允许值，可持续运行的时限。电动机的工作方式主要有三大类。

连续工作制（代号 S_1）电动机可在额定状态下长时间连续运转，温度不会超出允许值；短时工作制（代号 S_2）只允许在规定时间内按额定值运行，否则会造成电动机过热，带来安全隐患，规定时间分 10、30、60、90min 四种；断续周期工作制（代号 S_3）按系列相同的工作周期运行，每期包括一段恒定负载运行时间和一段停机、断路时间。

习　　题

4.1　已知异步电动机额定转速为 $730\mathrm{r/min}$，试问电动机的同步转速是多少？有几对磁极？

4.2 三相异步电动机额定数据为 $P_N=40kW$，$U_N=380V$，$\eta=0.84$，$n_N=950r/min$，$\cos\varphi=0.97$，试求输入功率 P_1、线电流 I 及额定转矩 T_N。

4.3 Y160M-2 三相异步电动机额定功率 $P_N=11kW$，额定转速 $n_N=2930r/min$，$\lambda_m=2.2$，启动转矩倍数 $\lambda_{st}=2$，试求额定转矩 n_N、最大转矩 T_m 和启动转矩 T_{st}。

4.4 一台三相异步电动机的额定功率为 10kW，三角形/星形连接，额定电压为 220/380V，功率因数为 0.85，效率为 85%，试求这两种接法下的线电流。

4.5 已知某电动机铭牌数据为 3kW，三角形/星形连接，220/380V，11.25/6.5A，50Hz，$\cos\varphi=0.86$，1430r/min，试求：

(1) 额定效率；

(2) 额定转矩；

(3) 额定转差率；

(4) 磁极对数。

4.6 异步电动机的转差率有何意义？当 $s=1$ 时，异步电动机的转速怎样？

4.7 一台三相异步电机，定子绕组接在 $f=50Hz$ 的三相对称电源上，已知它运行在额定转速 $n_N=960r/min$，试求：

(1) 该电动机的极对数 p 是多少？

(2) 额定转差率 s 是多少？

(3) 额定转速运行时，转子电动势的频率 f_2 是多少？

4.8 某三相异步电动机的额定转速 $n_N=1440r/min$，频率 $f=50Hz$，求电动机的磁极对数 p 和额定转差率 s；当转差率由 0.8% 变到 0.6% 时，试求电动机转速 n 的变化范围。

4.9 异步电动机定子绕组与转子绕组没有电路上的直接联系，当负载转矩增加时，定子电流和输入功率会自动增加吗？

4.10 有些三相异步电动机有 380V/220V 两种额定电压，定子绕组可接成星形，也可接成三角形，试问两种额定电压分别对应何种接法？

4.11 已知某三相异步电动机的技术数据见表 4-4。

表 4-4 技术数据

p_N/kW	U_N/V	I_N/A	f/Hz	n_N/(r/min)	η_N/%	I_{st}/I_N	T_{st}/T_N
3	220/380	11/6.34	50	2880	82.5	6.5	2.4

试求：

(1) 磁极对数 p；

(2) 额定转差率 s_N，额定功率因数 $\cos\varphi$；

(3) 额定转矩 T_N，启动电流 I_{st}；

(4) 在线电压为 220V 时，用 Y-△ 启动法启动的电流 I_{st} 和启动转矩 T_{st}；

(5) 当负载转矩为额定转矩的 30% 时，电动机能否启动？

4.12 有一台三相异步电动机，其输出功率 $p_2=32kW$，$I_{st}/I_N=7.0$，如果供电变压器

的容量为 $S_N = 350 \mathrm{kV \cdot A}$，试问该电动机能否直接启动？

4.13　同一台三相异步电动机在空载或满载下启动时，启动电流与启动转矩的大小是否一致？启动过程是否一样快？

4.14　三相异步电动机断了一根电源线后，不能启动；而在运行中断了一线，为什么仍然能继续转动？这两种情况对电动机有何影响？

4.15　三相异步电动机常用的制动方法有几种？它们的共同点是什么？

第 5 章　半导体二极管及其应用电路

5.1　半导体基础知识

5.1.1　导体、绝缘体和半导体

物质按导电能力的不同，可分为导体、绝缘体和半导体。半导体的导电能力介于导体和绝缘体之间，在常态下更接近于绝缘体，但它在掺入杂质或受热、受光照后，其导电能力明显增强而接近于导体。利用半导体的这些特性，主要将它制成具有特殊功能的元器件，如晶体管、集成电路、整流器、激光器以及各种光电探测器件、微波器件等。

5.1.2　本征半导体

常用于制作半导体器件的材料是硅（Si）和锗（Ge）。它们都是四价元素，其原子的最外层轨道上有四个电子，称为价电子。为了制作半导体器件，它们都被提纯而制成单晶体。所以，我们把完全纯净的、结构完整的半导体晶体称为本征半导体。

在本征硅或锗的单晶体中，其原子都按一定间隔排列成有规律的空间点阵（称为晶格）。由于原子间相距很近，价电子不仅受到自身原子核的约束，还要受到相邻原子核的吸引，使得每个价电子为相邻原子所共有，从而形成共价键。这样四个价电子与相邻的四个原子中的价电子分别组成四对共价键，依靠共价键使晶体中的原子紧密地结合在一起。图 5-1 所示为单晶硅或锗的共价键结构平面示意图。

本征半导体的价电子虽受共价键的束缚而使每个原子的最外层电子数为八个，处于较为稳定的状态，然而和绝缘体相比，这种束缚却是比较弱的。当温度为绝对零度时，晶体不呈现导电性。当温度升高时，本征半导体的共价键结构中的价电子获得一定的能量就可挣脱共价键的束缚，成为自由电子，而在这些自由电子原有的位置上留下一个空位置，称为空穴。空穴因失去电子而带正电荷。空穴是不能移动的，但由于正负电荷的相互吸引，空穴附近的电子会填补这个空位置，于是又产生新的空穴，该空穴又会有相邻的电子来递补。如此继续下去，就相当于空穴在运动。空穴运动的方向与价电子的运动方向相反，因此空穴运动相当于正电荷的运动。空穴做定向运动，也能使半导体导电。所以，半导体中的空穴和自由电子均能参与导电，是运载电流的粒子，故称为载流子。半导体中两种载流子同时参与导电，这是半导体导电和导体导电的重要区别之一。

本征半导体中，外界激发所产生的自由电子和空穴总是成对出现，称为电子—空穴对，这种现象称为本征激发，本征激发产生的自由电子和空穴的数量是十分有限的。实际上，自由电子和空穴成对产生的同时，还存在复合，即自由电子和空穴相遇而释放能量，电子—空穴对消失。

5.1.3　杂质半导体

常温下，本征激发产生的电子—空穴对数目极少，故本征半导体的导电能力很低。为了提高半导体

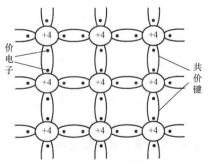

图 5-1　单晶硅或锗的共价键
结构平面示意图

的导电性能，就必须提高载流子的浓度，为此只要在本征半导体中掺入微量三价元素（如硼、铟）或五价元素（如磷、砷），就能使半导体的导电性能发生明显变化。把掺入的元素称为杂质，掺杂后的半导体称为杂质半导体。

根据掺入杂质的性质不同，可将杂质半导体分为 N 型半导体和 P 型半导体两大类。

1. N 型半导体

在本征半导体中掺入微量的五价元素（如磷），可形成 N 型半导体，如图 5 - 2 所示。此时半导体的晶体结构中，磷原子在顶替掉一个硅原子而与周围的四个硅原子以共价键结合起来后，还多余了一个价电子，该价电子因为不在共价键中，而受磷原子核的束缚十分脆弱，极易摆脱原子核的束缚而成为自由电子，从而使原来的中性磷原子成为不能移动的正离子。五价元素给出多余的价电子，被称为施主杂质。施主杂质在提供自由电子的同时不产生新的空穴，这是它与本征激发的区别。

因此，在 N 型半导体中，总的载流子数目（电子）大为增强，导电能力增强，其自由电子是多数载流子，简称多子，空穴是少数载流子，简称少子。

2. P 型半导体

在本征半导体中掺入微量的三价元素（如硼），可形成 P 型半导体，如图 5 - 3 所示。此时半导体的晶体结构中，硼原子最外层的三个价电子在和相邻的四个硅原子组成共价键时因缺少一个价电子而产生一个空位。当邻近的电子填补该空位时，使硼原子成为不能移动的负离子。三价元素能够接收电子，被称为受主杂质。受主杂质在提供空穴的同时不产生新的自由电子。

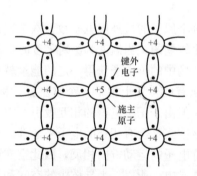

图 5 - 2　N 型半导体的内部
结构平面示意图

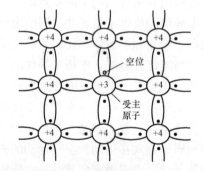

图 5 - 3　P 型半导体的内部
结构平面示意图

因此，在 P 型半导体中，总的载流子数目（空穴）大为增强，导电能力增强，其空穴是多数载流子，简称多子，自由电子是少数载流子，简称少子。

可见，N 型半导体和 P 型半导体中的多子主要由杂质提供，与温度几乎无关，多子浓度由掺杂浓度决定；而少子由本征激发产生，与温度和光照等外界因素有关。

不论何种类型的杂质半导体，它们对外都显示电中性。不同的是，在外加电场的作用下，N 型半导体中电流的主体是电子；P 型半导体中电流的主体是空穴。

5.1.4　PN 结及其单向导电性

1. PN 结的形成

通过掺杂工艺，把本征硅（或锗）片的一边做成 P 型半导体，另一边做成 N 型半导体，这样在它们的交界面处会形成一个很薄的特殊物理层，称为 PN 结。PN 结是构造半导体器件的基本单元。其中，普通晶体二极管就是由 PN 结构成的。

当 P 型半导体和 N 型半导体有机地结合在一起时，因为 P 区一侧空穴是多子，N 区一侧电子是多子，所以在它们的交界面处存在空穴和电子的浓度差。于是 P 区中的多子空穴会向 N 区扩散，并在 N 区被电子复合。而 N 区中的多子电子也会向 P 区扩散，并在 P 区被空穴复合。这样在 P 区和 N 区的交界面处分别留下了不能移动的受主负离子和施主正离子。上述过程如图 5 - 4（a）所示。结果是在交界面的两侧形成了由等量正、负离子组成的空间电荷区，如图 5 - 4（b）所示。

正、负离子在交界面两边将形成一个内电场，其方向由 N 区指向 P 区，它对多数载流子的扩散运动起阻碍作用，故又称阻挡层。这样，在内电场的作用下，P 区少子电子向 N 区漂移，N 区少子空穴向 P 区漂移。

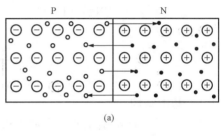

（a）

可见，多子扩散运动形成的扩散电流和少子漂移运动形成的漂移电流的方向是相反的。二者达到动态平衡时，空间电荷区的宽度保持相对稳定，正负离子数也不再变化。这个处于动态平衡的空间电荷区被称为 PN 结。为了强调 PN 结的某种特性，有时还把空间电荷区称为耗尽层或势垒层。

2. PN 结的单向导电性

（1）外施正向电压：P 区接电源正极，N 区接电源负极，PN 结正向偏置。由于空间电荷区缺少载流子而呈现高阻抗，外加电压 U 几乎全部施加于空间电荷区两端，因而在 PN 结上产生一个和内电场反向的外电场，破坏了原来的动态平衡，使多子扩散运动占据优势。外电场驱使 P 区的多子空穴和 N 区的多子自由电子分别由两侧进入空间电荷区，从而抵消了部分空间电荷，使空间电荷

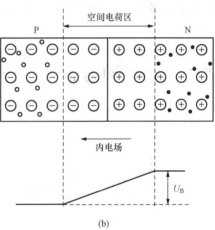

（b）

图 5 - 4　PN 结的形成

（a）P 区与 N 区中载流子的运动；

（b）平衡状态下的 PN 结

区变窄，内电场削弱，多数载流子源源不断地越过空间电荷区而形成较大的正向电流，如图 5 - 5 所示。此时 PN 结呈现低电阻而处于导通状态，称为正向导通。

（2）外施反向电压：P 区接电源负极，N 区接电源正极，PN 结反向偏置。外加电压 U 产生的外电场将与内电场同向，因而使内电场增强，P 区多子空穴和 N 区多子自由电子将背离 PN 结移动。空间电荷区变宽，内电场进一步增强，这使多子扩散几乎被抑制，少子漂移运动占优势，所以，在反向电压作用下少子越过空间电荷区形成反向电流，而因为少数载流子数目很少，故反向电流很小，几乎为零，如图 5 - 6 所示。此时 PN 结呈现高阻而几乎处于不导电状态，称为反向截止。

综上所述，PN 结正向偏置时正向电流较大，即导通；反向偏置时反向电流很小，即截止。这就是 PN 结的单向导电性。

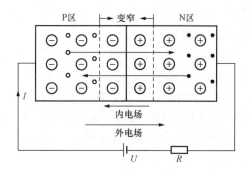

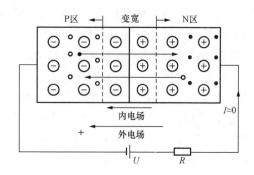

图 5-5　PN 结加正向电压　　　　　　图 5-6　PN 结加反向电压

5.2　半导体二极管

5.2.1　基本结构

将 PN 结的两端引出两个金属电极并用管壳封装，就构成了二极管。其中，P 区一侧引出的电极称为正极或阳极，N 区一侧引出的电极称为负极或阴极。电路符号如图 5-7 所示。

图 5-7　二极管的电路符号

二极管按半导体材料的不同可以分为硅管、锗管和砷化镓管等。按结构的不同可分为点接触型、面接触型和平面型二极管三类，如图 5-8 所示。

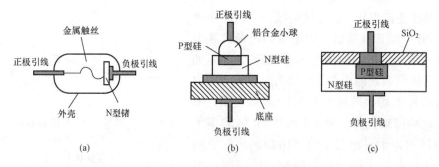

图 5-8　几种常见结构的二极管
(a) 点接触型；(b) 面接触型；(c) 平面型

常见的二极管封装形式有金属、塑料和玻璃封装三种。按照应用的不同，二极管可分为整流、稳压、开关、发光、光电、变容和阻尼二极管等。根据使用的不同，二极管的外形也各异，图 5-9 所示为几种常见的二极管外形。

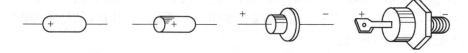

图 5-9　二极管的几种常见外形

5.2.2　半导体二极管的伏安特性及其参数

1. 伏安特性

二极管的特性一般用伏安特性曲线来表示。伏安特性是指二极管两端的电压与流过二极管的电流之间的关系。二极管既然是一个 PN 结，当然就具有单向导电性，其伏安特性如图 5-10 所示。

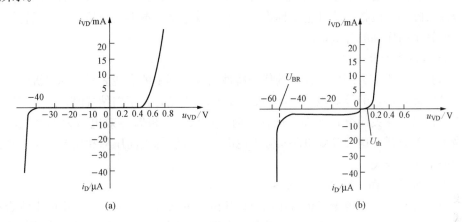

图 5-10　二极管的伏安特性曲线

(a) 2CP10 硅二极管；(b) 2AP15 锗二极管

由图 5-10 可见，当外加正向电压很低时，正向电流很小，几乎为零。这是因为外加电压尚不足以克服 PN 结内电场对多子扩散运动的阻碍作用，二极管对外呈高电阻特性。一旦正向电压超过一定数值后，电流增长很快。这个一定数值的正向电压称为死区电压或开启电压，其大小与材料及环境温度有关。通常，硅管的死区电压约为 0.5V，锗管约为 0.1V。导通时的正向压降，硅管为 0.6~0.8V，锗管为 0.2~0.3V。

当在二极管两端加反向电压时，形成很小的反向电流。反向电流有两个特点：一是它随温度的上升而增长很快；二是在反向电压不超过某一范围时，反向电流的大小基本恒定，而与反向电压的高低无关，故通常称此时的反向电流为反向饱和电流。当外加反向电压过高时，反向电流将突然增大，二极管失去单向导电性，这种现象称为反向击穿。此时对应的反向电压称为反向击穿电压 U_{BR}。

2. 主要参数

二极管的特性除用伏安特性曲线表示外，还可用一些数据来说明，这些数据就是二极管的参数。二极管参数是正确选择和使用二极管的依据。其主要参数有以下几个。

(1) 最大整流电流 I_F：是二极管长期工作时，允许通过的最大正向平均电流。使用时正向平均电流若超过此值会导致 PN 结过热而损坏。

(2) 最高反向工作电压 U_{RM}：为防止二极管被击穿而规定的最大反向工作电压，一般为反向击穿电压 U_{BR} 的 1/2 或 2/3。

(3) 反向饱和电流 I_R：在规定的反向电压和室温下所测得的反向电流值。其值越小，二极管的单向导电性能越好。

(4) 二极管的直流电阻 R：加在二极管两端的直流电压与流过二极管的直流电流的比值。二极管正偏时的电阻较小，约几欧姆至几千欧姆；反偏时的电阻很大，一般可达几百千欧姆以上。

（5）最高工作频率 f_M：是二极管正常工作时的上限频率值。它的大小与 PN 结的结电容有关。当二极管的工作频率超过 f_M 时，其单向导电性能变差。

5.2.3　半导体二极管的等效电路

由于二极管的伏安特性是非线性的，为了简化分析计算，在一定条件下可以近似用线性电路来等效实际的二极管，这种电路称为二极管等效电路。本书仅介绍理想二极管等效电路和考虑二极管正向压降的等效电路。

1. 理想二极管等效电路

图 5 - 11（a）所示为理想二极管的伏安特性曲线，其中的虚线表示实际二极管的伏安特性，图 5 - 11（b）是它的等效电路。由图 5 - 11（b）可见，在正向偏置时，理想二极管的管压降为零，相当于开关闭合；而在反向偏置时，可认为二极管等效电阻为无穷大，电流为零，相当于开关断开。这种等效电路实际上忽略了二极管的正向压降和反向电流，而将二极管等效为一个理想开关。

2. 考虑二极管正向压降的等效电路

图 5 - 12（a）所示为考虑二极管正向导通压降时的伏安特性曲线，其中的虚线表示实际二极管的伏安特性，图 5 - 12（b）是它的等效电路。由图 5 - 12（b）可见，当外加正向电压大于 U_{ON} 时，二极管导通，开关闭合，二极管两端的压降为 U_{ON}；当外加电压小于 U_{ON} 时，二极管截止，开关断开。该等效电路适合于二极管充分导通且工作电流不是很大的场合。

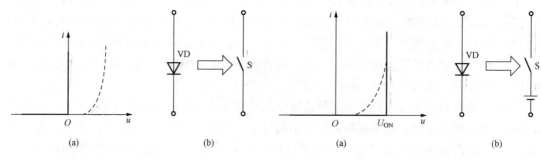

(a)	(b)	(a)	(b)

图 5 - 11　二极管的理想模型　　　　　图 5 - 12　二极管的恒压降模型
（a）伏安特性；（b）等效电路　　　　（a）伏安特性；（b）等效电路

5.3　半导体二极管的简单应用

二极管的应用范围很广，利用其单向导电性，可以进行整流、限幅、钳位和检波，也可以构成其他元件或电路的保护电路，以及在脉冲与数字电路中作开关元件等。

为方便起见，在分析电路时，一般将二极管视为理想元件，即认为其正向电阻为零，正向导通时二极管的正向压降忽略不计；反向电阻为无穷大，反向截止时二极管的反向饱和电流忽略不计。

5.3.1　限幅电路

限幅电路也称为削波电路，其功能是把输出信号限制在输入信号的一定范围之内，常用于波形变换和整形。

一个简单的限幅电路如图 5 - 13（a）所示。利用理想二极管模型可知，当 $u_i \geqslant E = 2V$ 时，VD 导通，$u_o = 2V$，即将 u_o 的最大电压限制在 2V；当 $u_i < 2V$ 时，VD 截止，二极管所在支路断开，$u_o = u_i$。图 5 - 13（b）画出了输入正弦信号时，电路对应的输出波形。

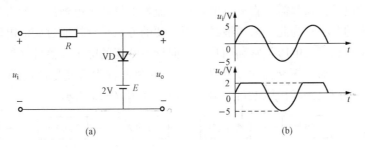

图 5 - 13　二极管构成的限幅电路

（a）电路结构；（b）输入输出波形

5.3.2　二极管电平选择电路

从多路输入信号中选出最低或最高电平，称为电平选择电路。图 5 - 14（a）所示为一种二极管低电平选择电路。设两路输入信号 u_1、u_2 均小于 E。表面上看似乎 VD1、VD2 都能导通，实际上若 $u_1 < u_2$，则 VD1 优先导通而把 u_o 限制在低电平 u_1 上，至使 VD2 截止。反之，若 $u_2 < u_1$，则 VD2 优先导通而把 u_o 限制在低电平 u_2 上，至使 VD1 截止。只有当 $u_1 = u_2$ 时，VD1、VD2 才能同时导通。

可见，该电路能选出任意时刻两路信号中的低电平信号。图 5 - 14（b）画出了当 u_1、u_2 为方波时，输出端选出的低电平波形。如果把高于 3V 的电压当作高电平，即为逻辑"1"，把低于 0.7V 的电压当作低电平，即为逻辑"0"，由图 5 - 14（b）可知，输出与输入之间是逻辑与的关系。因此当输入为数字量时，该电路就是一个二极管与门电路。

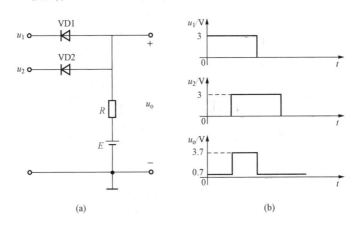

图 5 - 14　二极管构成的电平选择电路

（a）电路结构；（b）输入/输出波形

若将图 5 - 14（a）所示电路中的 VD1、VD2 反接，E 改为负值，则电路就变为高电平选择电路。如果输入也为数字量，该电路就是一个二极管或门电路。

5.4　整流滤波电路

5.4.1　整流电路

几乎所有的电子仪器都需要直流供电，而直流发电机和干电池提供的直流电压往往又难以符合各种特定的要求。为此，采用最经济而简便的方法是直接通过交流电网来获得所需的直流电压。为了得到直流电压，常利用具有单向导电性能的电子元器件（如二极管）将交流电变换为直流电。故通常把交流电变换为直流电的装置称为直流稳压电源。它主要由变压器、整流电路、滤波电路和稳压电路四部分组成，如图 5-15 所示。

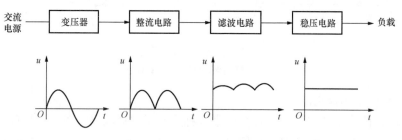

图 5-15　直流稳压电源框图

变压器将交流电网电压变换成整流电路所需的交流电压，经整流电路之后把交流电压变换成单方向的脉动电压，再利用滤波电路滤除脉动电压中的交流成分，最后经过稳压电路，得到较平滑的直流电压。

1. 单相半波整流电路

单相半波整流电路如图 5-16（a）所示，图中 T 为电源变压器，用来将市电 220V 交流电压变换为整流电路所要求的交流低电压，同时保证直流电源与市电电源有良好的隔离。

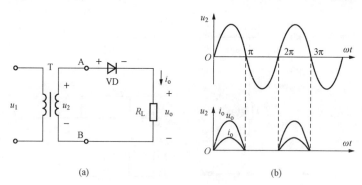

(a)　　　　　　　　　　　　　　　　(b)

图 5-16　单相半波整流电路
（a）电路结构；（b）输出波形

若二极管为理想二极管，当输入为一正弦波时，根据二极管的单向导电性可知：正半周时，二极管导通（相当于开关闭合），$u_o = u_2$；负半周时，二极管截止（相当于开关断开），$u_o = 0$。其输入、输出波形如图 5-16（b）所示。由于流过负载的电流和加在负载两端的电压只有半个周期的正弦波，故称为半波整流。

此时，负载上的电压只有大小的变化而无方向的变化，故称 u_o 为单向脉动电压。负载

上的直流电压即一个周期内脉动电压的平均值，为

$$U_{o(av)} = \frac{1}{2\pi}\int_0^\pi \sqrt{2}U_2 \sin(\omega t)\mathrm{d}(\omega t) = \frac{\sqrt{2}}{\pi}U_2 \approx 0.45U_2 \qquad (5-1)$$

流过负载 R_L 上的直流电流为

$$I_o = \frac{U_o}{R_L} \approx \frac{0.45U_2}{R_L} \qquad (5-2)$$

式（5-1）说明，半波整流后，负载上脉动电压的平均值只有变压器二次侧电压有效值的 45%，电压利用率是比较低的。

另外，由电路可知，二极管正向导通时，压降几乎为零，电流等于负载电流 I_o；二极管反向截止时，它所承受的最大反向电压为 $\sqrt{2}U_2$，而流经二极管的电流几乎为零。

故单相半波整流电路中选择二极管的条件为：最大整流电流 I_{FM} 应大于负载电流；二极管最大反向工作电压应大于 u_2 的峰值电压 $\sqrt{2}U_2$，即

$$I_{FM} > 0.45U_2/R_L$$

$$U_{RM} > \sqrt{2}U_2$$

考虑到电网电压的波动和其他因素，在具体选择二极管时，要留有 1.5～2 倍的裕量。

2. 单相桥式整流电路

为克服单相半波整流电压利用率低的缺点，常采用单相桥式整流电路，它由四个二极管接成电桥形式构成。图 5-17 所示为单相桥式整流电路的几种画法。

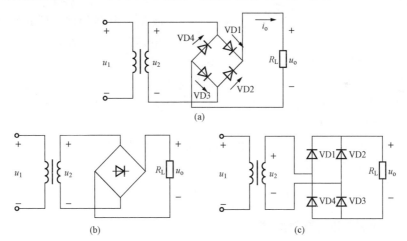

图 5-17 单相桥式整流电路的几种画法

（a）画法一；（b）画法二；（c）画法三

电源变压器将电网电压变换成大小适当的正弦电压。如图 5-18 所示，设变压器二次侧输出电压为 $u_2 = \sqrt{2}U_2 \sin\omega t$，当 u_2 为正半周期时（$0 \leqslant \omega t \leqslant \pi$），变压器二次侧 a 点的电位高于 b 点，二极管 VD1、VD3 导通，VD2、VD4 截止，电流的流通路径是 a→VD1→R_L→VD3→b。当 u_2 为负半周期时（$\pi \leqslant \omega t \leqslant 2\pi$），变压器二次侧 b 点的电位高于 a 点，二极管 VD2、VD4 导通，VD1、VD3 截止，电流的流通路径是 b→VD2→R_L→VD4→a。可见，在 u_2 变化的一个周期内，VD1、VD3 和 VD2、VD4 两组整流二极管轮流导通半周，流过负载 R_L 上的电流方向一致，在 R_L 两端产生的电压极性始终上正下负。图 5-8（b）所示为单相

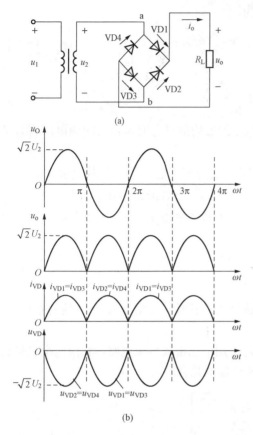

图 5 - 18　单相桥式整流电路

（a）电路结构；（b）电路中各点波形

桥式整流电路中各点的波形。

将桥式整流电路的输出电压波形与半波整流电路的输出电压波形相比较，显然桥式整流电路的直流电压 U_o 比半波整流时增加了一倍，即

$$U_\text{o(av)} = \frac{1}{2\pi}\int_0^{2\pi}\sqrt{2}U_2\sin(\omega t)\,\mathrm{d}(\omega t)$$

$$= \frac{2\sqrt{2}}{\pi}U_2 \approx 0.9U_2 \qquad (5 - 3)$$

负载电流同样也增加了一倍，即

$$I_\text{o} = \frac{U_\text{o}}{R_\text{L}} \approx \frac{0.9U_2}{R_\text{L}} \qquad (5 - 4)$$

因为在桥式整流电路中，二极管 VD1、VD3 和 VD2、VD4 在电源电压变化的一个周期内是轮流导通的，所以流过每个二极管的电流都等于负载电流的一半；二极管在截止时管子两端承受的最大反向电压为 u_2 的峰值电压，即

$$I_\text{FM} > 0.45U_2/R_\text{L}$$

$$U_\text{RM} > \sqrt{2}U_2$$

与半波整流电路相比，桥式整流电路的优点是输出电压高、纹波小，同时电源变压器在正、负半周均给负载供电，使电源变压器的利用率提高了。

【**例 5 - 1**】　设计一单相桥式整流电路，其输出直流电压 110V，直流电流 3A，试求：

（1）变压器二次侧电压和电流；

（2）二极管所承受的最高反向电压和流过二极管的平均电流。

解　（1）由式（5 - 3）可知变压器二次侧电压的有效值为

$$U_2 = \frac{U_\text{o}}{0.9} = \frac{110}{0.9} \approx 122(\text{V})$$

则变压器二次侧电流的有效值为

$$I_2 = \frac{U_2}{R_\text{L}} = \frac{1}{0.9}I_\text{o} \approx 1.1I_\text{o} = 1.1 \times 3 = 3.3(\text{A})$$

（2）二极管承受的最高反向电压为

$$U_\text{RM} = \sqrt{2}U_2 = \sqrt{2} \times 122 \approx 172.5(\text{V})$$

通过二极管的电流平均值为

$$I_\text{VD} = \frac{1}{2}I_\text{o} = \frac{1}{2} \times 3 = 1.5(\text{A})$$

5.4.2　滤波电路

整流电路虽然将交流电压变为脉动的直流电压，但其中仍含有较大的交流成分（即纹波电压）。这样的脉动电压作为电镀、蓄电池充电的电源还是允许的，但作为大多数电子设备的电源，将对电子设备的工作产生不良影响。所以，在整流电路之后，还需要加接滤波电路，尽量减小输出电压中的交流分量，使之接近于理想的直流电压。滤波电路的形式很多，所用元件或为电容，或为电感，或两者都用。

1. 电容滤波电路

电容滤波电路在小功率电子设备中得到广泛的应用。图 5 - 19（a）所示为单相桥式整流电容滤波电路，它由电容 C 和负载 R_L 并联组成。其工作原理如下：

电容是一种可以存储电荷（即电场能量）的电路元件，利用电容两端电压不能突变的特点，将电容和负载电阻并联，可达到使输出电压波形平滑的目的。

假定在 $t=0$ 时接通电路，u_2 为正半周，当 u_2 由零上升时，二极管 VD1、VD3 导通，电容 C 被充电：由于充电回路电阻很小，因而充电很快，u_o 和 u_2 变化基本同步，即 $u_o = u_C \approx u_2$，当 u_2 达到最大值时，u_o 也达到最大值，见图 5 - 19（b）中 a 点，之后 u_2 下降，此时因 $u_C > u_2$，二极管 VD1～VD4 截止，电容 C 通过负载电阻 R_L 放电，由于放电时间常数 $\tau = R_L C$ 一般较大，电容电压 u_C 按指数规律缓慢下降。放电过程直至 u_2 进入负半周后，当 $|u_2| > u_C$ 时，见图 5 - 19（b）中 b 点，二极管 VD2、VD4 导通，电容 C 再次被充电，输出电压增大，以后重复上述充、放电过程。

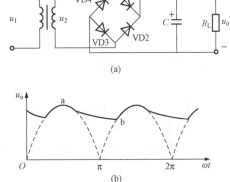

图 5 - 19 单相桥式整流电容滤波电路
(a) 电路结构；(b) 经滤波后输出电压波形

整流电路接入滤波电容后，不仅使输出电压波形变得平滑、纹波显著减小，同时输出电压的平均值也增大了。

输出电压的平均值为

$$U_o \approx 1.2U_2 \tag{5 - 5}$$

为了得到较好的滤波效果，电容滤波电路的电容值 C 应满足

$$C \geqslant (3 \sim 5)\frac{T}{2R_L} \tag{5 - 6}$$

式中：T 为交流电网电压的周期。

加电容滤波后二极管的导通时间缩短，导通角变小（$\theta < \pi$）。由于电容 C 充电的瞬时电流很大，形成了浪涌电流，容易损坏二极管，故在选择二极管时，必须留有足够电流裕量。

电容滤波电路简单，输出电压平均值 U_o 较高，脉动较小，且放电时间常数越大，输出电压越平滑。但是二极管中有较大的冲击电流，因此，电容滤波电路一般适用于输出电压较高、负载电流较小并且变化也较小的场合。

2. 电感滤波电路

为克服电容滤波电路存在的浪涌电流和带负载能力差的缺点，引入电感滤波电路。当用电感滤波时，主要是利用通过电感的电流不能突变的特点，将电感和负载电阻串联，可达到平滑输出电压的目的，如图 5 - 20 所示。

整流滤波输出的电压，可以看成由直流分量和交流分量叠加而成。因电感线圈的直流电

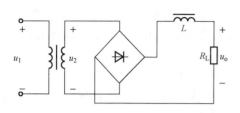

图 5 - 20　单相桥式整流电感滤波电路

阻很小，交流电抗很大，故直流分量顺利通过，交流分量将全部降到电感线圈上，这样在负载 R_L 上得到比较平滑的直流电压。

电感滤波电路的输出电压为

$$U_o = 0.9U_2 \qquad (5 - 7)$$

电感 L 越大、负载电阻 R_L 越小，滤波效果越好，所以电感滤波电路适用于负载电流比较大的场合。

5.5　稳压二极管及其稳压电路

整流滤波后的输出电压虽然脉动较小且比较平滑，然而在电网电压波动和负载电流变化时，却易受影响，而使输出直流电压不稳定，这种不稳定会影响电子设备、控制装置、测量仪表等的正常工作，导致产生系统误差。为此，需要在整流滤波之后再加上稳压电路。

5.5.1　稳压二极管的特性

稳压二极管又名齐纳二极管，简称稳压管，是一种用特殊工艺制作的面接触型硅半导体二极管，它和普通二极管子相比，正向特性相同，而反向击穿电压较低，且击穿时的反向电流在较大范围内变化时，击穿电压基本不变，体现恒压特性。稳压管正是利用反向击穿特性来实现稳压的。此时，击穿电压称为稳定工作电压，用 U_Z 表示。其电路符号和伏安特性如图 5 - 21 所示。

稳压管虽然工作于反向击穿状态，但反向电流必须控制在一定的数值范围内，此时 PN 结的结温不会超过容许值而损坏，故这种反向击穿是可逆的，即去掉反向电压后，它可恢复正常。如果反向电流超出了容许值，稳压管会因为电流过大而发热损坏（热击穿），所以在使用时应串入限流电阻予以保护。此时，电流变化范围应控制在 $I_{Zmin} \sim I_{Zmax}$ 之内。

5.5.2　稳压二极管的主要参数

1. 稳定电压 U_Z

稳定电压 U_Z 是指击穿后电流在规定值时，管子两端的电压。由于制造工艺的分散性，即使同型号的稳压管，U_Z 的值也不一定相同。使用时可通过测量确定其准确值。

2. 额定功耗 P_Z

额定功耗 P_Z 是由管子结温限制所限定的参数。P_Z 与 PN 结所用的材料、结构及工艺有关，使用时不允许超过此值。

3. 稳定电流 I_Z

稳定电流 I_Z 是指稳压管正常工作时的最小电流。低于此值时稳压效果较差，大于此值时，稳压效果较好。但稳定电流受最大值 I_{Zmax} 的限制，即 $I_{Zmax} = P_Z/U_Z$。工作电流不允许超过此值，否则会烧坏管子。

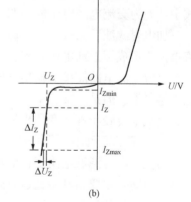

图 5 - 21　稳压二极管
（a）电路符号；（b）伏安特性曲线

4. 动态电阻 r_Z

动态电阻 r_Z 是稳压管在击穿状态下，两端电压变化量与其电流变化量的比值。反映在特性曲线上，是工作点处切线斜率的倒数。r_Z 值越小，稳压性能越好。

5. 电压温度系数 α

电压温度系数 α 是反映稳定电压值受温度影响的参数，用单位温度变化引起稳压值的相对变化量表示。通常，$U_Z < 4V$ 时具有负温度系数（因齐纳击穿具有负温度系数）；$U_Z > 7V$ 时具有正温度系数（因雪崩击穿具有正温度系数）；而 U_Z 在 4～7V 之间时，温度系数可达最小。

5.5.3　稳压管稳压电路

稳压管稳压电路如图 5-22 所示。图中 U_i 为有波动的输入电压，并满足 $U_i > U_Z$；R 为限流电阻，也称调整电阻，它与稳压管 VZ 配合起稳压作用，R_L 为负载。由于负载 R_L 与稳压管并联，因而此稳压电路称为并联式稳压电路。

引起 U_i 电压不稳定的原因是电网电压的波动和负载电流的变化，下面分析在这两种情况下稳压电路的作用。

（1）当负载电阻不变而电网电压波动使输出电压 U_o 变化（如电网电压上升而使输入电压 U_i 增大）时。

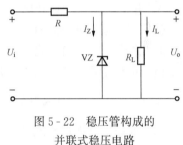

图 5-22　稳压管构成的并联式稳压电路

当电网电压增大，整流滤波输出电压 U_i 增大，经限流电阻和负载电阻分压，使 U_o（即 U_Z）增大；U_Z 增大将导致 I_Z 剧增；I_Z 剧增，流过限流电阻的电流也要增大，从而限流电阻上的压降 U_R 增大；因为 $U_o = U_i - U_R$，即抵消了 U_i 的增大。该调整过程可表示为：

$$U_i \uparrow \rightarrow U_o \uparrow \rightarrow U_Z \uparrow \rightarrow I_Z \uparrow\uparrow \rightarrow I_R \uparrow\uparrow \rightarrow U_R \uparrow\uparrow$$
$$U_o \downarrow$$

当电网电压减小时，上述变化过程刚好相反，结果同样使 U_o 稳定。

（2）当电网电压不变而负载变化使输出电压变化（如负载电阻 R_L 减小而使输出电压 U_o 下降）时。

假设电网电压保持不变，负载电阻 R_L 减小，I_L 增大时，使流过限流电阻 R 上的电流增大而压降升高，输出电压 U_o 下降。由于稳压管并联在输出端，由伏安特性可以看出，当稳压管两端电压有所下降时，电流 I_Z 将急剧减小；流过限流电阻的电流也要减小，从而限流电阻上的压降 U_R 减小；因为 $U_o = U_i - U_R$，即抵消了 U_o 的减小。该调整过程可表示为：

$$R_L \downarrow \rightarrow U_o \downarrow \rightarrow U_Z \downarrow \rightarrow I_Z \downarrow\downarrow \rightarrow I_R \downarrow\downarrow \rightarrow U_R \downarrow\downarrow$$
$$U_o \uparrow$$

当负载电阻增大时，上述变化过程刚好相反，结果同样使 U_o 稳定。

由以上分析可见，电路稳压的实质在于通过稳压管调整电流的作用和通过电阻 R 的调压作用达到稳压的目的。

由稳压管组成的并联式稳压电路，因其结构简单，在输出电流不大（几毫安到几十毫安）、输出电压固定、稳压要求不高的场合应用较多。

习　　题

5.1　判断下列说法是否正确（在括号中打"√"或"×"）。

（1）在 N 型半导体中如果掺入足够量的三价元素，可将其改型为 P 型半导体。（　　）

（2）因为 N 型半导体的多子是自由电子，所以它带负电。（　　）

（3）PN 结在无光照、无外加电压时，结电流为零。（　　）

（4）半导体导电和导体导电相同，其电流的主体是电子。（　　）

（5）二极管的好坏和二极管的正、负极性可以用万用表来判断。（　　）

5.2　选择正确答案填入空内。

（1）PN 结加正向电压时，空间电荷区将_____。

A. 变窄　　　　　　B. 基本不变　　　　　C. 变宽

（2）二极管两端正向偏置电压大于_____电压时，二极管才导通。

A. 击穿电压　　　B. 死区　　　　　C. 饱和

（3）当环境温度升高时，二极管的正向压降_____，反向饱和电流_____。

A. 增大　　　　　B. 减小　　　　　C. 不变　　　　　D. 无法判定

（4）单相桥式整流电路中，每个二极管承受的最大反向工作电压等于_____。

A. U_2　　　　B. $\sqrt{2}U_2$　　　　C. $\frac{1}{2}U_2$　　　　D. $2U_2$

（5）滤波电路能把整流输出的_____成分滤掉。

A. 交流　　　　B. 直流　　　　C. 交、直流　　　　D. 干扰脉冲

（6）稳压管的稳压区是其工作在_____。

A. 正向导通　　　B. 反向截止　　　　C. 反向击穿

5.3　填空题。

（1）杂质半导体有_____型和_____型之分。

（2）二极管的两端加正向电压时，有一段"死区电压"，锗管约为_____，硅管约为_____。

（3）PN 结加正向电压，是指电源的正极接_____区，电源的负极接_____区，这种接法叫_____。

（4）二极管的类型按材料分有_____和_____两类。

（5）单相半波整流电路中，二极管承受的最大反向电压为_____，负载电压为_____。

（6）整流电路接入电容滤波后，二极管的导通角总是小于_____。但负载电压变得_____。

（7）硅稳压二极管主要工作在_____区。

5.4　电路如图 5 - 23 所示，设二极管为理想的，判断二极管是否导通，并求输出电压 U_o。

5.5　若稳压二极管 VZ1 和 VZ2 的稳定电压分别为 6V 和 10V，求图 5 - 24 所示电路的输出电压 U_o。（忽略二极管正向导通电压）。

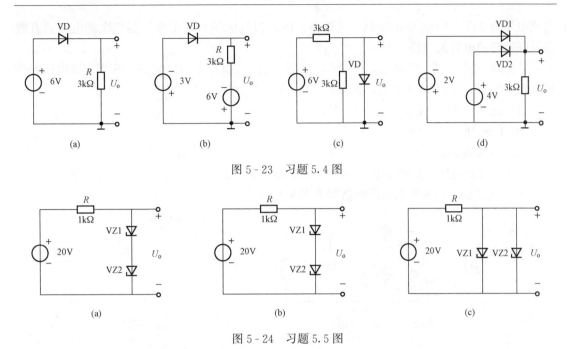

图 5 - 23　习题 5.4 图

图 5 - 24　习题 5.5 图

5.6　电路如图 5 - 25（a）、（b）所示，稳压管的稳定电压 $U_Z = 3V$，R 的取值合适，u_I 的波形如图 5 - 25（c）所示。试分别画出 u_{o1} 和 u_{o2} 的波形。

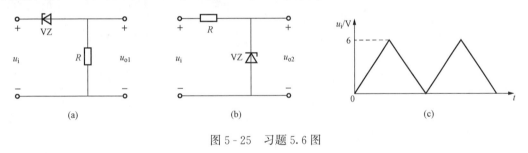

图 5 - 25　习题 5.6 图

5.7　电路如图 5 - 26（a）所示，其输入电压 u_{I1} 和 u_{I2} 的波形如图 5 - 26（b）所示，二极管导通电压 $U_{VD} = 0.7V$。试画出输出电压 u_o 的波形，并标出幅值。

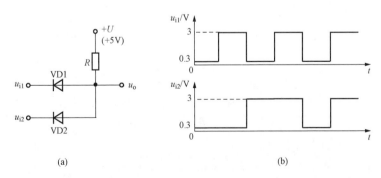

图 5 - 26　习题 5.7 图

5.8　220V、50Hz 的交流电压经降压变压器给桥式整流电容滤波电路供电，要求输出直流电压为 24V，电流为 400mA，试选择整流二极管的型号，求变压器二次侧电压的有效值及确定滤波电容的规格。

5.9 电路如图 5-27 所示，已知 $U_2=18V$，$R_L=50\Omega$，$C=1000\mu F$，现用直流电压表测量输出电压 U_o，问出现下列几种情况时，U_o 各为多大？

(1) 正常工作时，$U_o=$（　　）V；

(2) C 断开时，$U_o=$（　　）V；

(3) VD1 断开时，$U_o=$（　　）V。

5.10 已知稳压管的稳定电压 $U_Z=6V$，稳定电流的最小值 $I_{Zmin}=5mA$，最大功耗 $P_{ZM}=150mW$。试求图 5-28 所示电路中电阻 R 的取值范围。

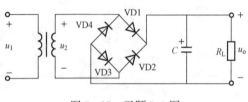

图 5-27 习题 5.9 图

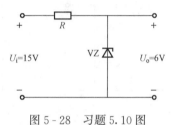

图 5-28 习题 5.10 图

第 6 章 双极型晶体管与基本放大电路

双极型晶体管（Bipolar Junction Transistor，BJT）是重要的半导体器件之一，它的放大作用和开关作用促使电子技术飞跃发展。本章主要研究其放大作用。

首先介绍 BJT 的结构、工作原理、特性和主要参数。其次，对 BJT 电路的静态和动态分析基本方法进行较详细的介绍，重点讨论放大电路的三种组态、功率放大器、差分式放大器、场效应管放大器等基本单元电路，以明确放大电路的基本知识、基本分析方法。

6.1 双极型晶体管

BJT 又简称晶体管。它是通过一定的制作工艺，将两个 PN 结背靠背地连接起来，就组成了 BJT，成为一个具有电流控制作用的半导体器件。利用 BJT 可以放大微弱的信号或作为无触点开关使用。

6.1.1 BJT 的结构及符号

从 BJT 的基本结构看，它是利用三层不同的杂质半导体制成两个相距很近的 PN 结。按三层杂质半导体的性质，BJT 可分为 NPN 型和 PNP 型，相应的三层杂质半导体分别称之为集电区（C 区）、基区（B 区）和发射区（E 区）。从集电区、基区、发射区引出的三个电极分别称为集电极（C 极）、基极（B 极）、发射极（E 极）。发射区和基区之间的 PN 结叫发射结，集电区和基区之间的 PN 结叫集电结。按照使用材料的不同，BJT 又可以分为硅管和锗管两类。BJT 的结构示意图和电路符号如图 6-1 所示。

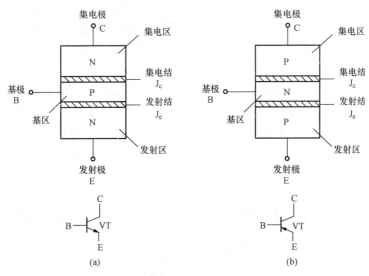

图 6-1 BJT 的结构示意图和电路符号

（a）NPN 型 BJT 结构与符号；（b）PNP 型 BJT 结构与符号

为了保证 BJT 有电流放大作用，从内部结构看，管子应具有以下三个特点。

（1）发射区掺杂浓度高，以保证发射更多的多子（电子或空穴）；

（2）基区薄，一般只有几微米到几十微米厚，且掺杂浓度低；

（3）集电结的面积大，保证尽可能多地收集发射区发射的多子。

从外部条件看，外加电源的极性应保证发射结必须正偏、集电结必须反偏。

在满足上述条件下，才可以分析 BJT 的放大过程。

6.1.2　BJT 的电流放大作用

1. 放大状态下 BJT 中载流子的传输过程

当 BJT 处在发射结正偏、集电结反偏的放大状态下，管内载流子的运动情况可用图 6-2 说明。这里按传输顺序分以下几个阶段进行描述。

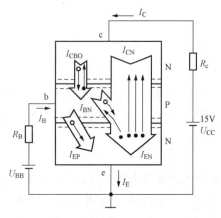

图 6-2　放大状态下 BJT 中
载流子的传输过程

（1）发射区向基区扩散电子。由于发射结正偏，内电场削弱，因而 PN 结两侧多子的扩散运动占优势，这时发射区电子源源不断地越过发射结扩散到基区，形成电子扩散电流 I_{EN}。与此同时，基区空穴也向发射区扩散，形成空穴扩散电流 I_{EP}。因为发射区相对基区是重掺杂，基区空穴浓度远低于发射区的电子浓度，所以满足 $I_{EP} \ll I_{EN}$，I_{EP} 可忽略不计。因此，发射极电流 $I_E \approx I_{EN}$，其方向与电子注入方向相反。

（2）电子在基区中扩散和复合。注入基区的电子，成为基区中的非平衡少子，它在发射结处浓度最大，而在集电结处浓度最小（因集电结反偏，电子浓度近似为零）。因此，在基区中形成了非平衡电子的浓度差。在该浓度差作用下，注入基区的电子将继续向集电结扩散。在扩散过程中，非平衡电子会与基区中的空穴相遇，使部分电子因复合而失去。但由于基区很薄且空穴浓度又低，所以被复合的电子数极少，而绝大部分电子都能扩散到集电结边沿。基区中与电子复合的空穴由基极电源提供，形成基区复合电流 I_{BN}，它是基极电流 I_B 的主要部分，I_B 的方向由外电源流入基区。

（3）扩散到集电结的电子被集电区收集。由于集电结反偏，在结内形成了较强的电场，因而，使扩散到集电结边沿的电子在该电场作用下漂移到集电区，形成集电区的收集电流 I_{CN}。该电流是构成集电极电流 I_C 的主要部分。另外，集电区和基区的少子在集电结反向电压的作用下，向对方漂移形成集电结反向饱和电流 I_{CBO}，并流过集电极和基极支路，构成 I_C、I_B 中的另一部分电流。

2. 电流分配关系

由以上分析可知，BJT 三个电极上的电流与内部载流子传输形成的电流之间的关系为

$$I_E \approx I_{EN} = I_{BN} + I_{CN}$$

$$I_B = I_{BN} - I_{CBO}$$

$$I_C = I_{CN} + I_{CBO}$$

由此可见，在 BJT 中发射极电流 I_E 等于集电极电流 I_C 和基极电流 I_B 之和，即

$$I_E = I_C + I_B \tag{6-1}$$

对于 PNP 管，三个电极产生的电流方向正好和 NPN 管相反。其内部载流子的运动情况读者可自己分析。

以上分析还表明，在发射结正偏、集电结反偏的条件下，BJT 三个电极上的电流不是孤立的，它们能够反映非平衡少子在基区扩散与复合的比例关系。这一比例关系主要由基区宽度、掺杂浓度等因素决定，管子做好后这种比例关系也就确定了。反之，一旦知道了这个比例关系，就不难得到 BJT 三个电极电流之间的关系，从而为定量分析 BJT 电路提供了方便。

为了反映扩散到集电区的电流 I_{CN} 与基区复合电流 I_{BN} 之间的比例关系，定义共发射极直流电流放大系数 $\bar{\beta}$ 为

$$\bar{\beta} = \frac{I_{CN}}{I_{BN}} = \frac{I_C - I_{CBO}}{I_B + I_{CBO}} \tag{6-2}$$

其含义是：基区每复合一个电子，则有 $\bar{\beta}$ 个电子扩散到集电区去。$\bar{\beta}$ 值一般在 $20 \sim 200$ 之间。

确定了 $\bar{\beta}$ 值之后，由式（6-1）和式（6-2）可得

$$I_C = \bar{\beta} I_B + (1+\bar{\beta}) I_{CBO} = \bar{\beta} I_B + I_{CEO}$$
$$I_E = (1+\bar{\beta}) I_B + (1+\bar{\beta}) I_{CBO} = (1+\bar{\beta}) I_B + I_{CEO}$$
$$I_B = I_E - I_C$$

其中
$$I_{CEO} = (1+\bar{\beta}) I_{CBO}$$

式中：I_{CEO} 为基极开路时集电极与发射极间的反向饱和电流，通常称为穿透电流。

因 I_{CBO} 很小，在忽略其影响时，有

$$I_C \approx \bar{\beta} I_B \tag{6-3}$$

$$I_E \approx (1+\bar{\beta}) I_B \tag{6-4}$$

为了反映扩散到集电区的电流 I_{CN} 与射极注入电流 I_{EN} 之间的比例关系，定义共基极直流电流放大系数 $\bar{\alpha}$ 为

$$\bar{\alpha} = \frac{I_{CN}}{I_{EN}} = \frac{I_C - I_{CBO}}{I_E} \tag{6-5}$$

显然，$\bar{\alpha} < 1$，一般为 $0.97 \sim 0.99$。由式（6-1）和式（6-5）不难求得

$$I_C = \bar{\alpha} I_E + I_{CBO} \approx \bar{\alpha} I_E \tag{6-6}$$

$$I_B = (1-\bar{\alpha}) I_E - I_{CBO} \approx (1-\bar{\alpha}) I_E \tag{6-7}$$

由于 $\bar{\alpha}$、$\bar{\beta}$ 都是反映 BJT 基区扩散与复合的比例关系，只是选取的参考量不同，所以两者之间必有内在联系。由 $\bar{\alpha}$、$\bar{\beta}$ 的定义可得

$$\bar{\beta} = \frac{I_{CN}}{I_{BN}} = \frac{I_{CN}}{I_E - I_{CN}} = \frac{\bar{\alpha} I_E}{I_E - \bar{\alpha} I_E} = \frac{\bar{\alpha}}{1-\bar{\alpha}} \tag{6-8}$$

$$\bar{\alpha} = \frac{I_{CN}}{I_{EN}} = \frac{I_{CN}}{I_{BN} + I_{CN}} = \frac{\bar{\beta} I_{BN}}{I_{BN} + \bar{\beta} I_{BN}} = \frac{\bar{\beta}}{1+\bar{\beta}} \tag{6-9}$$

对于图 6-3 所示电路，改变电位器 R_b 的阻值，就可以改变基极电流 I_B，集电极电流 I_C 和发射极电流 I_E 也将随之改变。经过实验可以发现，当 I_B 有微小变化时，I_C 即有较大的变化。例如，当 I_B 由 0.01mA 变到 0.02mA 时，集电极电流 I_C 则由 1.04mA 变为 2.03mA。这时基极电流 I_B 的变化量为 0.01mA，而对应的集电极电流的变化量为 0.99mA。

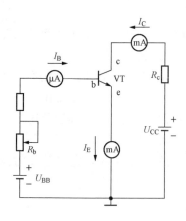

图 6-3　BJT 电流放大实验电路

这种用基极电流的微小变化来使集电极电流作较大变化的控制作用，就叫做 BJT 的电流放大作用。集电极电流变化量 ΔI_C 和基极电流变化量 ΔI_B 的比值，叫做 BJT 共发射极交流电流放大倍数，用 β 表示，即

$$\beta = \frac{\Delta I_C}{\Delta I_B} \qquad (6-10)$$

同样的，可以定义共基极交流电流放大倍数为集电极电流变化量和发射极电流变化量之比，即

$$\alpha = \frac{\Delta I_C}{\Delta I_E} \qquad (6-11)$$

若穿透电流可忽略不计，在 $|\Delta i_B|$ 不太大的条件下，可以认为

$$\beta \approx \bar{\beta}, \quad \alpha \approx \bar{\alpha} \qquad (6-12)$$

即在近似分析计算中不对 β 与 $\bar{\beta}$、α 与 $\bar{\alpha}$ 加以严格的区分。

6.1.3　BJT 的伏安特性曲线

BJT 伏安特性曲线是描述管子各电极电流与极间电压之间关系的曲线，通过特性曲线可以了解 BJT 的导电性能。

当用 BJT 组成放大电路时，对应三个电极，通常用其中两个分别作输入、输出端，第三个作为公共端，这样就构成了输入和输出两个回路。图 6-4 所示为三种基本接法（组态）的放大电路，分别称为共发射极、共集电极和共基极接法。由图 6-4（a）可见，输入信号从基极送入，输出信号从集电极取出，发射极作为输入信号和输出信号的公共端，此即共发射极（简称共射极）放大电路；由图 6-4（b）可见，输入信号从基极送入，输出信号从发射极取出，集电极作为输入信号和输出信号的公共端，此即共集电极放大电路；由图 6-4（c）可见，输入信号从发射极送入，输出信号从集电极取出，基极作为输入信号和输出信号的公共端，此即共基极放大电路。必须指出，无论组成何种放大电路，保证 BJT 的发射结正偏，集电结反偏的前提不能改变。由于三种放大电路中共发射极放大电路更具代表性，所以下面主要讨论共发射极放大电路的伏安特性曲线。

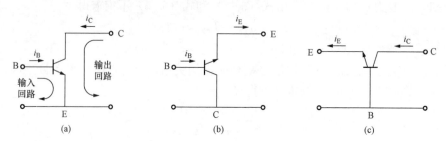

图 6-4　BJT 的三种基本接法

（a）共发射极；（b）共集电极；（c）共基极

对应两个回路，BJT 特性曲线包括输入和输出两组。这两组曲线可以通过晶体管特性图示仪直接显示出来，也可以通过实验测量得到。这里以 NPN 型硅 BJT 为例进行分析。

1. 输入特性曲线

它是指集—射极电压 u_{CE} 一定时，BJT 的基极电流 i_B 与发射结电压 u_{BE} 之间的关系曲线，即 $i_B = f(u_{BE})|_{u_{CE}=常数}$。实验测得 BJT 的输入特性曲线如图 6-5 所示。

（1）当 $U_{CE} = 0V$ 时，相当于发射结的正向伏安特性曲线；

（2）当 $U_{CE} \geqslant 1V$ 时，$u_{CB} = u_{CE} - u_{BE} > 0$，集电结已进入反偏状态，开始收集电子，基区复合减少，同样的 u_{BE} 下 i_B 减小，特性曲线右移；

（3）当 $u_{BE} < 0$ 时，BJT 截止，i_B 为反向电流。当反向电压超过某一值时，发射结也会发生反向击穿。

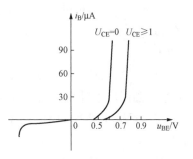

图 6-5　NPN 型硅 BJT 共射极
连接时的输入特性曲线

可见，BJT 的输入特性和二极管的伏安特性曲线相仿，也存在一段死区。NPN 型硅管死区电压约为 0.5V，PNP 型锗管死区电压约为 $-0.1V$。正常工作时的发射结电压，NPN 型硅管为 $0.6\sim0.7V$；PNP 型锗管为 $-0.2\sim-0.3V$。

2. 输出特性曲线

输出特性曲线如图 6-6 所示，该曲线是指当 i_B 一定时，输出回路中的 i_C 与 u_{CE} 之间的关系曲线，用函数式可表示为

$$i_C = f(u_{CE})|_{i_B=常数} \tag{6-13}$$

由图 6-6 可见，输出特性可以划分为三个区域，对应于三种工作状态。现分别讨论如下。

（1）截止区。BJT 工作在截止状态时，具有以下几个特点：发射结和集电结均反向偏置；若不计穿透电流 I_{CEO}，则 i_B、i_C、i_E 近似为 0，可见 BJT 截止时各电极之间的电流几乎为零，等效电阻很大，相当于一个开关断开。

（2）放大区。图 6-6 中，输出特性曲线近似平行等间距的区域称为放大区。BJT 工作在放大状态时，具有以下特点：BJT 的发射结正向偏置，集电结反向偏置；基极电流 i_B 的微小变化会引起集电极电流 i_C 的较大变化，即电流放大作用。i_C 与 i_B 之间满足关系式 $i_C = \beta i_B$。

（3）饱和区。BJT 工作在饱和状态时具有如下特点：BJT 的发射结和集电结均正向偏置；管子的电流放大能力下降，通常有 $i_C < \beta i_B$；u_{CE} 的值很小，称此时的电压 u_{CE} 为 BJT 的饱和压降，用 U_{CES} 表示。一般硅 BJT 的 U_{CES} 约为 0.3V，锗 BJT 的 U_{CES} 约为 0.1V。由于 U_{CES} 很小，BJT 的集—射极之间就相当于开关的接通。

在模拟电子电路中，BJT 通常作为放大元件使用，管子应工作在放大状态；而在数字电子电路中，BJT 通常作为开关元件使用，管子应工作在截止和饱和状态。

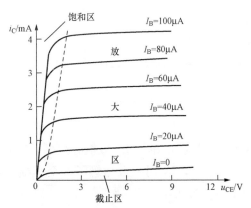

图 6-6　NPN 型硅 BJT 共射极
连接时的输出特性曲线

3. 温度对 BJT 特性曲线的影响

当温度升高后，由于管内载流子的运动加剧，对于要达到相同的基极电流，BJT 的发射结电压（即导通电压）将减小；而少子漂移电流 I_{CBO} 是热激发电流，它将随温度升高而增大；另外，随着温度的升高注入基区的载流子的扩散速度加快，从而减少了电子在基区和空穴复合的机会，即 i_B 减小，i_C 增大，β 增大。这些参数的变化对特性曲线的影响可表现为以下两点。

（1）对输入特性的影响：温度升高，发射结电压（即导通电压）将减小，且对于一定的 u_{BE} 时 i_B 随温度上升而增加，所以输入特性曲线将随温度的升高而左移。

（2）对输出特性的影响：温度升高，使 I_{CBO}、β 增大，导致输出特性曲线上移，间隔加大。

6.1.4　BJT 的主要参数

BJT 的参数有很多，如电流放大系数、反向饱和电流、耗散功率、集电极最大允许电流、反向击穿电压等，这些参数可以通过查半导体手册来得到。BJT 参数是正确选择与合理使用管子的重要依据，下面介绍 BJT 的几个主要参数。

1. 电流放大系数 β 和 α

它们均表示电流放大能力，两者间的关系如下：

$$\beta = \frac{\alpha}{1-\alpha} \quad \alpha = \frac{\beta}{1+\beta} \tag{6-14}$$

由于制造工艺的离散性，即使同一型号的 BJT，其值都有很大的差异。

常用 BJT 的 β 值在 20～200 之间。

2. 极间反向饱和电流 I_{CBO} 和 I_{CEO}

I_{CBO} 为发射极开路时，集—基极间的反向饱和电流。I_{CEO} 为基极开路时，集—射极间的穿透电流。穿透电流在输出特性曲线上对应于 $i_B = 0$ 时的 i_C 值。由于 I_{CBO} 和 I_{CEO} 均由本征激发的少子电流形成，所以，它们的大小直接反映了 BJT 的热稳定性。I_{CBO} 和 I_{CEO} 越小，管子的温度稳定性越好。

3. BJT 的极限参数

（1）击穿电压：

$U_{(BR)CBO}$——指发射极开路时，集—基极间的反向击穿电压；

$U_{(BR)CEO}$——指基极开路时，集—射极间的反向击穿电压；

$U_{(BR)EBO}$——指集电极开路时，射—基极间的反向击穿电压，普通晶体管该电压值比较小，只有几伏。

几个击穿电压的关系为

$$U_{(BR)CBO} > U_{(BR)CEO} > U_{(BR)EBO}$$

（2）集电极最大允许电流 I_{CM}。β 与 i_C 的大小有关，随着 i_C 的增大，β 值会减小。I_{CM} 一般指 β 下降到正常值的 2/3 时所对应的集电极电流。当 $i_C > I_{CM}$ 时，虽然管子不至于损坏，但 β 值已经明显减小。因此，BJT 线性运用时，i_C 不应超过 I_{CM}。

（3）集电极最大允许耗散功率 P_{CM}。表示集电结上允许损耗功率的最大值 P_{CM}。P_{CM} 值与环境温度有关，温度越高，P_{CM} 值越小。使用时应保证 $U_{CE}I_C < P_{CM}$。

6.2 共射极放大电路

所谓放大，从表面上看是将信号由小变大；实质上，放大的过程是实现能量转换的过程，即输入小信号通过 BJT 的控制作用，把电源供给的能量转换为较大信号输出。而基本共射极放大电路就是利用基极电流对集电极电流的控制作用构成放大电路，以便对微弱电信号进行放大。

6.2.1 共射极放大电路的工作原理

图 6-7 所示为一个常用 NPN 型 BJT 构成的低频（20Hz～10kHz）共射极放大电路。其输入端接交流信号源，输入电压为 u_i；输出端接负载，输出电压为 u_o。

1. 电路中各元件的作用

（1）BJT：起放大作用，是整个放大电路的核心元件。以基极电流的微弱变化控制集电极电流的较大变化，从而实现电流放大作用。

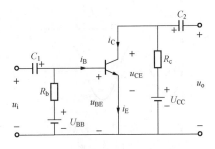

（2）基极电源 U_{BB}：保证 BJT 发射结处于正向偏置。无输入信号时，发射结电压为 U_{BE}，而当输入信号 u_i 作用时，只引起发射结电压 u_{BE} 的大小变化（即在直流电压 U_{BE} 基础上叠加一个小的交流电压信号），而无方向变化（即发射结始终处于正偏）。

图 6-7 基本共射极放大电路原理图

（3）基极电阻 R_b：和基极电源 U_{BB} 配合提供合适的静态基极电流 I_B。输入信号 u_i 只引起基极电流 i_B 的大小变化（在直流电流 I_B 基础上叠加一个小的交流电流信号），而无方向变化。基极电阻 R_b 的另一作用是防止输入信号短路。

（4）集电极电源 U_{CC}：保证 BJT 集电结处于反向偏置状态，同时它又为整个放大电路提供能量，是电路的能源。

（5）集电极电阻 R_c：把集电极电流的变化转换为电压的变化，从而实现电压放大。

（6）耦合电容 C_1、C_2：在放大电路的输入端和输出端分别接入电容 C_1、C_2，一方面起到隔直作用，C_1 隔断放大电路与交流输入信号源之间的直流通路，C_2 隔断放大电路与负载 R_L 之间的直流通路，使交流信号源、放大电路、负载三者之间无直流联系；另一方面又起到耦合交流的作用，沟通交流信号源、放大电路、负载三者之间的交流通路，保证交流信号畅通无阻。为使交流信号无损失地传递，C_1、C_2 取值要大，一般为几微法至几十微法，采用电解电容，使用时正负极性要连接正确。

2. 工作原理

输入信号 u_i 经电容 C_1 加在 BJT 的基极和发射极之间，从而引起管子基极和发射极间电压 u_{BE} 的变化，导致基极电流 i_B 随 u_i 的增减而做相应的增减变化，而集电极电流 i_C 受 i_B 控制变化更大，当 i_C 流经电阻 R_c 时就产生一个较大的电压变化 $R_c i_C$，而后经由 C_2 耦合输出，得到一个放大的输出电压信号 u_o。图 6-8 所示即为图 6-7 所示放大电路中各点电压、电流的工作波形。

3. 放大电路的电源简化

放大电路中同时使用两个直流电源 U_{BB} 和 U_{CC} 实际是很不方便的，故只要合理地选择 R_b

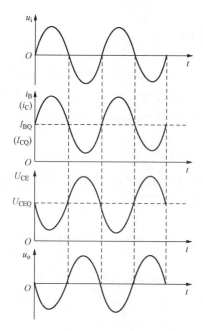

图 6-8　放大电路各点电压、
电流的工作波形

和 R_c 的大小，就可将直流电源 U_{BB} 省去，而只采用单个电源 U_{CC}，同样也能保证 BJT 的发射结正偏、集电结反偏，管子工作于放大区。

利用电位的概念，取共射极放大电路的公共端发射极作为电位参考点，可省去电源不画，只标出它对参考点的电位值。同样，电路中其他各点的电位也都以发射极作为参考点。于是可规定：电压的正方向以公共端为负端，其他各点为正；电流的正方向以 BJT 实际的电流方向作为正方向。简化后的放大电路如图 6-9 所示。

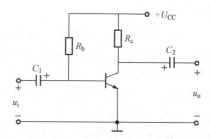

图 6-9　基本共射极放大电路

6.2.2　放大电路的静态分析

为了保证放大电路能够正常工作，且 BJT 具有电流放大作用，就必须使管子的发射结正偏，集电结反偏。因此，即使在无交流信号输入时（称为静态），BJT 也应该有合适的极间电压 U_{BE}、U_{CE} 和电流 I_B、I_C，它们都是直流量，称之为静态值；而在有交流信号输入时（称为动态），BJT 的极间电压和电流都将变化，但是，这种变化是在静态直流量的基础上进行的，只有量值大小的变化，没有方向（即正负极性）的变化。也就是说，始终维持发射结正偏，集电结反偏，BJT 处于放大状态。

可见，静态直流量的选择十分重要，直接关系到放大电路的性能，而静态直流量可以通过调整 U_{CC}、R_b、R_c 加以改变。常用的电路求解方法有图解法和估算法两种。

图解法：是利用 BJT 的特性曲线，通过作图的方法分析放大电路的静态工作情况。它也可以用于分析放大电路的动态工作情况。

估算法：在一定条件下，若忽略次要因素，进行适当的近似处理，就可利用公式迅速、简便地对放大电路的静态进行分析计算，且得到的结果仍能满足工程要求。

1. 直流通路

直流通路表示直流量传递的路径，可以由它来决定静态电压和电流，即 U_{BEQ}、I_{BQ}、I_{CQ}、U_{CEQ}。在画直流通路图时，由于电容的隔直作用使放大电路与信号源、负载间的直流联系被隔断，相当于开路，从而可绘出无输入信号时的直流通路，如图 6-10 所示。

2. 静态工作点的确定

BJT 的一组静态直流量 U_{BEQ}、I_{BQ}、I_{CQ}、U_{CEQ}，在 BJT 输入、输出特性曲线上以一个点来表示，称为静态工作点 Q(Quiescent operating point)。

（1）估算法。图 6-10 所示的直流通路包含两个独立回路：一个是由直流电源 U_{CC}、

基极电阻 R_b 和发射极组成的基极回路；另一个是由直流电源 U_{CC}、集电极负载电阻 R_c 和发射极组成的集电极回路。

对基极回路有

$$I_{BQ} = (U_{CC} - U_{BE})/R_b \approx U_{CC}/R_b \qquad (6\text{-}15)$$

式中：U_{BE} 为 BJT 发射结的正向压降。因管子在放大区正常工作时，发射结的正向偏置电压 $U_{BE}=0.6\sim0.7V$（NPN 型硅管），一般可取为 $0.7V$。而 U_{CC} 一般为几伏至几十伏，故 U_{BE} 可忽略不计。

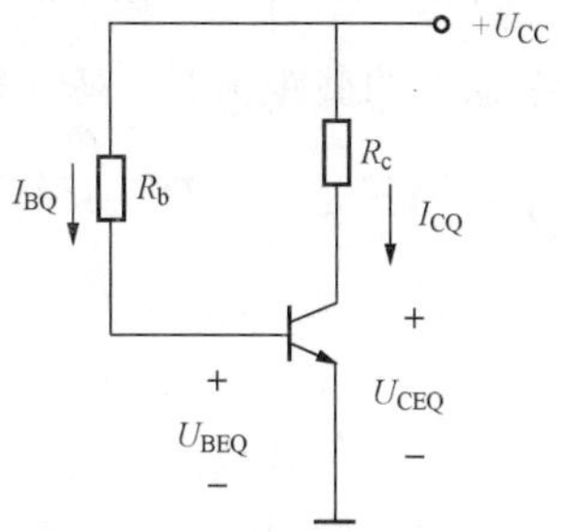

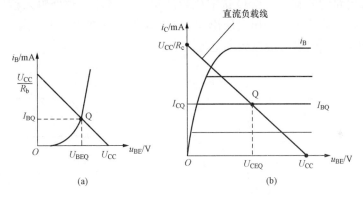

图 6-10　基本共射极放大电路的直流通路

由 I_{BQ} 可得出静态时的集电极电流 I_{CQ} 为

$$I_{CQ} = \beta I_{BQ} \qquad (6\text{-}16)$$

此时 BJT 集电极和发射极之间的电压 U_{CEQ} 为

$$U_{CEQ} = U_{CC} - R_c I_{CQ} \qquad (6\text{-}17)$$

（2）图解法。图解法是根据 BJT 的输入、输出特性曲线，通过作图的方法确定放大电路的静态值，若已知 BJT 的特性曲线如图 6-11 所示，则用图解法确定静态值的步骤如下。

图 6-11　静态工作点的图解分析

（a）输入回路的图解分析；（b）输出回路的图解分析

1）利用输入特性曲线确定 I_{BQ} 和 U_{BEQ}。利用图 6-10 所示的直流通路，可以列出输入回路的电压方程

$$U_{CC} = I_B R_b + U_{BE} \qquad (6\text{-}18)$$

同时关系式中的 I_B 和 U_{BE} 应符合 BJT 输入特性曲线。输入特性用函数式表示为

$$i_B = f(u_{BE})\big|_{u_{CE}=常数} \qquad (6\text{-}19)$$

联立式（6-18）和式（6-19），其解就是静态工作点，即图 6-11（a）中同一坐标系下两线的交点 $Q(U_{BEQ}, I_{BQ})$。

2）在输出特性曲线上作直流负载线。根据直流通路列出输出回路电压方程为

$$U_{CE} = U_{CC} - R_c I_C$$

或

$$I_C = -\frac{1}{R_c} U_{CE} + \frac{U_{CC}}{R_c}$$

这是一个直线方程，它在横轴上的截距为 U_{CC}（集—射极间开路工作点，$I_C = 0$ 时取得），在纵轴上的截距为 U_{CC}/R_c（集—射极间短路工作点，$U_{CE} = 0$ 时取得），直线的斜率为 $\tan\alpha = -\dfrac{1}{R_c}$，因其是由直流通路得出的，且与集电极负载电阻 R_c 有关，故称为直流负载线。

如图 6-11（b）所示，直流负载线与对应 I_B（即输入特性上确定的 I_B 值）的输出特性曲线的交点就是静态工作点 $Q(U_{CEQ}, I_{CQ})$。显然，当电路中元件参数改变时，静态工作点 Q 将在直流负载线上移动。

上述分析说明，静态基极电流 I_B 确定了直流负载线上静态工作点 Q 的位置，因而也就确定了 BJT 的工作状态。因此，静态 I_B 被称为偏置电流，简称偏流。产生偏流的路径对应直流通路中 U_{CC}—R_b—发射结—地，称为偏置电路。当 U_{CC} 和 R_b 确定后，静态基极电流 I_B 就固定了，所以这种偏置电路称为固定式偏置电路。

3. 静态工作点对波形失真的影响

对放大电路的基本要求之一就是输出波形不能失真，否则就失去了放大的意义。导致放大电路产生失真的原因很多，其中最基本的原因之一就是因静态工作点不合适而使放大电路的工作范围超出了 BJT 特性曲线的线性区，即进入非线性区域所引起的"非线性失真"。

（1）当放大电路的静态工作点 Q 选取比较低时，I_{BQ} 较小，致使输入信号的负半周进入截止区而造成 i_B、i_C 趋于零，输出电压出现正半周削波，此即为截止失真。图 6-12 所示为放大电路产生截止失真时对应的电压和电流波形。

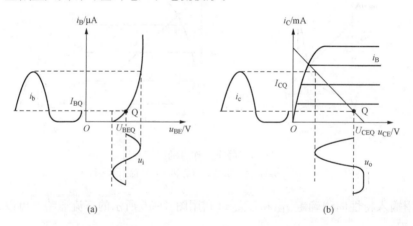

图 6-12 放大电路产生截止失真时对应的电压和电流波形
(a) 截止失真的 i_B 波形；(b) 截止失真的 i_B 及 u_{CE} 波形

要消除截止失真，唯有抬高静态工作点，增大静态基极电流 I_B，使 BJT 发射结的正向偏置电压始终大于死区电压，脱离截止区。

（2）当放大电路静态工作点 Q 选得太高时，基极电流 i_b 虽不失真，但在输入信号变至正半周时，BJT 工作进入饱和区，致使 u_{CE} 太小，集电结反向偏压极低，收集电子的能力削弱，i_c 不再增加，而趋于饱和，输出电压将维持饱和压降不变，导致负半周被削波，此即为饱和失真。图 6-13 所示为放大电路产生饱和失真时对应的电压和电流波形。

要消除饱和失真，就应降低静态工作点，使静态基极电流 I_B 减小，可通过改变电路参数予以实现，如增加 R_b 或减小 R_c。

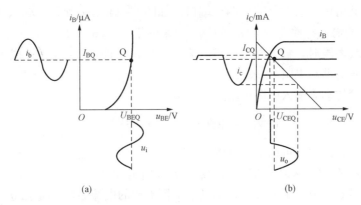

图 6-13　放大电路产生饱和失真时对应的电压和电流波形

(a) 饱和失真的 i_B 波形；(b) 饱和失真的 i_B 及 u_{CE} 波形

6.2.3　放大电路的动态分析

1. 放大电路的动态性能指标

放大电路放大的对象是变化量，研究放大电路时除了要保证放大电路具有合适的静态工作点外，更重要的是研究它的放大性能。对于放大电路的放大性能有两个方面的要求：一是放大倍数要尽可能大；二是输出信号要尽可能不失真。衡量放大电路性能的重要指标有电压放大倍数、输入电阻和输出电阻。

(1) 电压放大倍数 A_u。放大电路输出电压 $\dot{U}_o$ 和输入电压 $\dot{U}_i$ 之比称为放大电路的电压放大倍数，即

$$A_u = \frac{\dot{U}_o}{\dot{U}_i} \tag{6-20}$$

电压放大倍数反映了放大电路的放大能力。

(2) 输入电阻 r_i。放大电路对信号源或前级放大电路而言是负载，可等效为一个电阻，该电阻是从放大电路输入端看进去的等效动态电阻，称为放大电路的输入电阻。在电子电路中，往往要求放大电路具有尽可能高的输入电阻。

输入电阻 r_i 在数值上应等于输入电压的变化量与输入电流的变化量之比，即 $r_i = \Delta U_i / \Delta I_i$；当输入信号为正弦交流信号时，$r_i = U_i / I_i$。

(3) 输出电阻 r_o。放大电路对负载或后级放大电路而言是信号源，可以用一个理想电压源与内阻的串联电路来表示，这个内阻称为放大电路的输出电阻，记为 r_o。一般要求放大电路具有尽可能小的输出电阻，最好能远小于负载电阻 R_L。

输出电阻在数值上等于放大电路输出端开路电压的变化量与短路电流的变化量之比，即

$$r_o = U_{OC} / I_{SC}$$

2. 放大电路的微变等效电路

(1) BJT 的小信号电路模型。由于 BJT 是非线性元件，对放大电路进行动态分析的最直接方法是图解法。显然，这种方法非常麻烦，如果采用小信号模型分析法，即：当信号变化范围很小时，可以认为 BJT 这个非线性器件的电压与电流变化量之间的关系基本上是线性的，这样就可以给 BJT 建立一个小信号的线性模型，用处理线性电路的方法来处理 BJT 放大电路。

BJT 在采用共射极接法时，对应两个端口，如图 6-14（a）所示。输入端的电压与电流的关系可由 BJT 的输入特性 $i_B = f(u_{BE})|_{u_{CE}=常数}$ 来确定。在图 6-14（b）中，当 BJT 工作在输入特性曲线的线性段时，输入端电压与电流的变化量，即 ΔU_{BE} 与 ΔI_B 成正比例关系。因而可以用一个等效的动态电阻 r_{be} 来表示，即 $r_{be} = \Delta U_{BE}/\Delta I_B$ 称为 BJT 的输入电阻。常温下低频小功率晶体管的动态输入电阻 r_{be} 的计算式为

$$r_{be} = 200 + (1+\beta)\frac{26\text{mV}}{I_{EQ}} \tag{6-21}$$

输出端的电压与电流的关系可由 BJT 的输出特性 $i_C = f(u_{CE})|_{I_B=常数}$ 来确定，在图 6-14（c）中，由于 BJT 工作在放大区时，$\Delta I_C = \beta\Delta I_B$，与 ΔU_{CE} 几乎无关，因此，从 BJT 的输出端看进去，可用一个等效的恒流源来表示，不过这个恒流源的电流 ΔI_C 不是孤立的，而是受 ΔI_B 控制，故称为电流控制电流源，简称受控电流源。

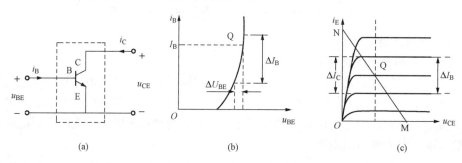

图 6-14 BJT 小信号模型的动态分析

（a）BJT；（b）BJT 输入特性；（c）BJT 的输出特性

由此可见，当输入为交流小信号时，BJT 可用如图 6-15（b）所示的电路模型来代替。这样就把 BJT 的非线性分析转化为线性分析。

（2）放大电路的微变等效电路。放大电路的微变等效电路只是针对交流分量作用的情况，也就是信号源单独作用时的电路。为得到微变等效电路，首先要画出放大电路的交流通路。其原则是：将放大电路中的直流电源和所有电容短路。需注意，这里所说的电源短路，是将直流电源的作用去掉，而只考虑信号单独作用的情况。

画出交流通路后，再将 BJT 用小信号模型代替，便得到放大电路的微变等效电路。交流通路和微变等效电路如图 6-16 所示。

用微变等效电路分析法分析放大电路的步骤如下：

1）用公式估算法计算 Q 值，并求出 Q 点处的参数 r_{be} 值。

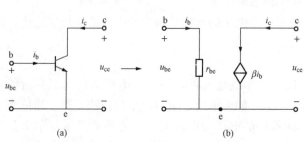

图 6-15 BJT 小信号模型的建立

（a）BJT；（b）BJT 的小信号电路模型

2）由放大电路的交流通路，画出放大电路的微变等效电路。

3）利用微变等效电路，可求出空载（即不接负载 R_L）时，有

$$\dot{U}_o = -R_c\dot{I}_C, \quad \dot{U}_i = r_{be}\dot{I}_b$$

$$A_u = \frac{\dot{U}_o}{\dot{U}_i} = -\beta\frac{R_c}{r_{be}} \tag{6-22}$$

接上 R_L 时，有

$$A_u = \frac{\dot{U}_o}{\dot{U}_i} = -\beta \frac{R'_L}{r_{be}} \quad (R'_L = R_c \; /\!/ \; R_L) \tag{6-23}$$

式（6-23）中，负号表示输出电压 u_o 与输入电压 u_i 反相位。

该电路的输入电阻为

$$r_i = R_b \; /\!/ \; r_{be} \tag{6-24}$$

一般基极偏置电阻 $R_b \gg r_{be}$，故式（6-24）可以近似为

$$r_i \approx r_{be} \tag{6-25}$$

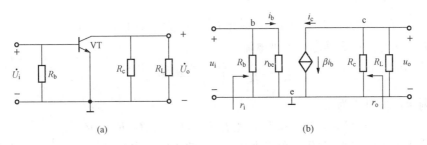

图 6-16　基本共射极放大电路的交流通路及微变等效电路

（a）交流通路；（b）微变等效电路

该电路的输出电阻为

$$r_o = R_c \tag{6-26}$$

6.2.4　分压式偏置共射极放大电路

放大电路的 Q 点易受电源波动、偏置电阻的变化、管子的更换、元件的老化等因素的影响，而环境温度的变化是影响 Q 点的最主要因素。因为 BJT 是一个对温度非常敏感的器件，随温度的变化，管子参数（U_{BE}、I_{CBO}、β）会受到影响，导致 Q 点变化。因此在一些要求比较高的放大电路中，必须要考虑静态工作点的稳定问题。

稳定静态工作点 Q 实际就是稳定静态电流 I_C，因为温度变化，使 BJT 参数变化最终都归结于 I_C 的变化。设法使 I_C 维持恒定，也就稳定了静态工作点。

为此，引入分压式偏置共射极放大电路，如图 6-17（a）所示。该电路稳定静态工作点的实质是：利用发射极电流 I_E 在电阻 R_e 上产生的压降 U_E 的变化去影响基极电流 I_B。

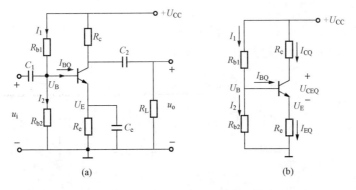

图 6-17　分压式偏置共射极放大电路及其直流通路

（a）基本电路；（b）直流通路

1. 电路特点

（1）利用基极分压电阻 R_{b1} 和 R_{b2} 固定静态基极电位 U_B。根据基尔霍夫电流定律（KCL）有 $I_1 = I_2 + I_B$，当满足 $I_2 \gg I_B$［一般取 $I_2 = (5\sim10) I_B$］时，则 $I_1 \approx I_2$。静态基极电位为

$$U_B = \frac{R_{b2}}{R_{b1} + R_{b2}} U_{CC} \tag{6-27}$$

此时，U_B 主要由电路中固定参数确定，几乎与 BJT 参数无关，不受温度影响。

（2）利用射极电阻 R_e 将静态集电极电流 I_C 的变化转化为电压的变化，回送到基极（输入）回路。根据基尔霍夫电压定律（KVL）有

$$U_E = U_B - U_{BE} = R_e I_E \approx R_e I_C \quad（因为 \beta \gg 1，所以 I_E \approx I_C）$$

如果满足 $U_B \gg U_{BE}$，那么静态集电极电流为

$$I_C \approx I_E = \frac{U_B - U_{BE}}{R_e} \approx \frac{U_B}{R_e} \tag{6-28}$$

静态集—射极间的电压为

$$U_{CE} = U_{CC} - I_C R_c - I_E R_e \approx U_{CC} - I_C (R_c + R_e) \tag{6-29}$$

这样，集电极电流 I_C 和集—射极电压 U_{CE} 主要由电路参数确定，几乎与 BJT 参数无关。

电路稳定静态工作点的过程为：当温度升高时，I_C 增加，电阻 R_e 上压降增大，由于基极电位 U_B 固定，则加到发射结上的电压减小，I_B 减小，从而使 I_C 减小，即 I_C 趋于恒定。

调节过程可以表示为：

$$T \uparrow \rightarrow I_C \uparrow \rightarrow I_E \uparrow \rightarrow R_e I_E \uparrow \rightarrow U_{BE} \downarrow \rightarrow I_B \downarrow \rightarrow I_C \downarrow$$

（3）R_e 两端并联一个发射极旁路电容 C_e，以免放大电路的电压放大倍数下降。

2. 静态分析

根据前面对电路特点的分析，很容易求出静态参数，即

$$U_B = \frac{R_{b2}}{R_{b1} + R_{b2}} U_{CC}$$

$$I_C \approx I_E = \frac{U_B - U_{BE}}{R_e} \approx \frac{U_B}{R_e}, \quad I_B = \frac{I_C}{\beta}$$

$$U_{CE} = U_{CC} - I_C R_c - I_E R_e \approx U_{CC} - I_C (R_c + R_e)$$

从而确定了放大电路的静态工作点。

3. 动态分析

（1）接有射极电容 C_e：因 C_e 一般较大，可达几十至几百微法，故可视为交流短路。其对应的交流通路和微变等效电路如图 6-18 所示。

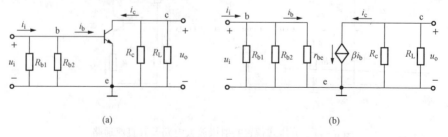

(a)　　　　　　　　　　　　　　(b)

图 6-18　分压式偏置共射极放大电路的交流分析

（a）交流通路；（b）微变等效电路

由微变等效电路可得到输入、输出电压的表达式为

$$\dot{U}_i = r_{be}\dot{I}_B$$

$$\dot{U}_o = -R'_L\dot{I}_C\,(R'_L = R_L \mathbin{/\mkern-5mu/} R_c)$$

所以

$$A_u = \frac{\dot{U}_o}{\dot{U}_i} = -\beta\frac{R'_L}{r_{be}} \tag{6-30}$$

输入电阻为

$$r_i = R_{b1} \mathbin{/\mkern-5mu/} R_{b2} \mathbin{/\mkern-5mu/} r_{be} \approx r_{be} \tag{6-31}$$

输出电阻为

$$r_o = R_c \tag{6-32}$$

（2）未接发射极电容 C_e 时，其对应的微变等效电路如图 6-19 所示。

由微变等效电路可得到输入、输出电压的表达式为

$$\dot{U}_i = r_{be}\dot{I}_B + R_e\dot{I}_E = [r_{be} + (1+\beta)R_e]\dot{I}_B$$

$$\dot{U}_o = -R'_L\dot{I}_C \quad (R'_L = R_L \mathbin{/\mkern-5mu/} R_c)$$

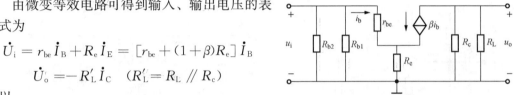

图 6-19　未接射极电容时对应
放大电路的微变等效电路

所以

$$A_u = \frac{\dot{U}_o}{\dot{U}_1} = -\frac{\beta R'_L}{r_{be} + (1+\beta)R_e} \tag{6-33}$$

可以看出，去掉发射极电容后，对电路的电压放大倍数影响很大，使得 A_u 急剧下降。

输入电阻为

$$r_i = R_{b1} \mathbin{/\mkern-5mu/} R_{b2} \mathbin{/\mkern-5mu/} [r_{be} + (1+\beta)R_e] \tag{6-34}$$

此时，提高了放大电路的输入电阻。

输出电阻为

$$r_o = R_c \tag{6-35}$$

【例 6-1】　在图 6-17（a）的分压式偏置放大电路中，已知 $U_{CC}=12V$，$R_c=2k\Omega$，$R_e=2k\Omega$，$R_{b1}=20k\Omega$，$R_{b2}=10k\Omega$，$R_L=6k\Omega$，晶体管的 $\beta=37.5$。

（1）试求静态值；

（2）画出微变等效电路；

（3）计算该电路的 A_u、r_i 和 r_o。

解　（1）
$$U_B = \frac{R_{b2}}{R_{b1}+R_{b2}}U_{CC} = \frac{10}{20+10}\times 12 = 4(V)$$

$$I_C \approx I_E = \frac{U_B - U_{BE}}{R_e} = \frac{4-0.6}{2\times 10^3}A = 1.7(mA)$$

$$I_B = \frac{I_C}{\beta} = \frac{1.7}{37.5} = 0.045(mA)$$

$$U_{CE} \approx U_{CC} - I_C(R_c + R_e) = 12 - (2+2)\times 10^3 \times 1.7\times 10^{-3} = 5.2(V)$$

（2）微变等效电路同图 6-18（b）。

（3）　$r_{be} = 200 + (1+\beta)\dfrac{26mV}{I_{EQ}} = 200 + (1+37.5)\times\dfrac{26}{1.7} = 0.79(k\Omega)$

$$A_u = -\beta \frac{R'_L}{r_{be}} = -37.5 \times \frac{2 /\!/ 6}{0.79} = -37.5 \times \frac{1.5}{0.79} = -71.2$$

$$r_i = R_{b1} /\!/ R_{b2} /\!/ r_{be} \approx r_{be} = 0.79(k\Omega)$$

$$r_o = R_c = 2k\Omega$$

【例 6 - 2】 在［例 6 - 1］中，如图 6 - 17（a）中的 R_e 未全被 C_e 旁路，而尚留一段 R_{e2}，$R_{e2} = 0.2k\Omega$，如图 6 - 20 所示。

（1）试求静态值；

（2）画出微变等效电路；

（3）计算该电路的 A_u、r_i 和 r_o，并与［例 6 - 1］比较。

解 （1）静态值和 r_{be} 与［例 6 - 1］相同。

（2）微变等效电路如图 6 - 21 所示。

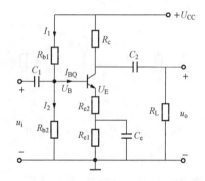
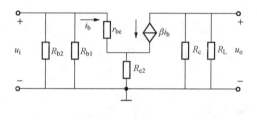

图 6 - 20　［例 6 - 2］的电路图　　　　图 6 - 21　［例 6 - 2］的微变等效电路

（3）由图 6 - 21 并根据式（6 - 33）～式（6 - 35）可得出

$$A_u = -\beta \frac{R'_L}{r_{be} + (1+\beta)R_{e2}} = -37.5 \times \frac{1.5}{0.79 + (1+37.5) \times 0.2} = -6.63$$

$$r_i = R_{b1} /\!/ R_{b2} /\!/ [r_{be} + (1+\beta)R_{e2}] = 3.74(k\Omega)$$

$$r_o = R_c = 2k\Omega$$

可见，留有一段发射极电阻 R_{e2} 而未被 C_e 旁路时，电路的电压放大倍数虽然降低了，但改善了放大电路的工作性能，使增益的稳定性提高，输入和输出电阻增大。这将在第 7 章的 7.2 详细介绍。

【例 6 - 3】 在图 6 - 17（a）所示的放大电路中，用万用表直流电压档测量各点的电位或 U_{BE} 和 U_{CE} 以判断下列故障：

（1）R_{b1} 开路；

（2）R_{b1} 短路；

（3）R_e 开路；

（4）C_e 击穿；

（5）BE 结开路；

（6）BE 结击穿；

（7）CE 间击穿。

解 （1）R_{b1} 开路：$U_B = 0$，$U_C \approx U_{CC}$；

（2）R_{b1} 短路：$U_B = U_{CC}$，$U_C \approx U_E$；

（3）R_e 开路：$U_C = U_{CC}$，$U_{BE} = 0$；

（4）C_e 击穿：$U_E = 0$，$U_C < U_{CC}$；

（5）BE 结开路：$U_E = 0$，$U_C = U_{CC}$；

（6）BE 结击穿：$U_E = U_B$，$U_{BE} = 0$；

（7）CE 间击穿：$U_C = U_E$，$U_{CE} = 0$。

6.3　共集电极放大电路

基本放大电路共有三种组态，前面讨论的放大电路均是共射极放大电路，这种电路的优点是电压放大倍数比较大，但缺点是输入电阻较小，输出电阻较大。本节讨论共集电极放大电路。

共集电极放大电路如图 6-22 所示。采用固定偏置电路使 BJT 工作在放大状态。交流输入信号 u_S（R_S 为信号源内阻）从基极送入，输出信号从发射极取出，由此得名为射极输出器。而集电极作为交流地，是输入、输出的公共端，故为共集电极放大电路。

1. 静态分析

共集电极放大电路的交、直流通路如图 6-23 所示。

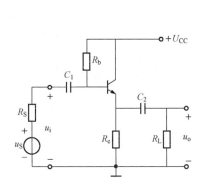

图 6-22　共集电极放大电路

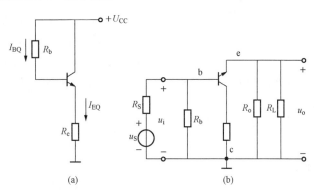

(a)　　　　　　　　　(b)

图 6-23　共集电极放大电路的交、直流通路
(a) 直流通路；(b) 交流通路

根据图 6-23（a）可得到

$$U_{CC} = R_b I_B + U_{BE} + R_e I_E$$

于是

$$I_B = \frac{U_{CC} - U_{BE}}{R_b + (1 + \beta)R_e} \tag{6-36}$$

$$I_E = (1 + \beta)I_B \tag{6-37}$$

$$U_{CE} = U_{CC} - R_e I_E \tag{6-38}$$

从而确定了放大电路的静态工作点。

2. 动态分析

由图 6-23（b）所示的共集电极电路的交流通路，便可得到图 6-24 所示的共集电极放大电路的微变等效电路。根据 KVL 可列出输入、输出回路电压方程：

输出回路为　　　　　　　$\dot{U}_o = (1+\beta)\dot{I}_b R'_L \quad (R'_L = R_L /\!/ R_E)$

输入回路为　　　　　　　$\dot{U}_i = \dot{I}_b r_{be} + (1+\beta)\dot{I}_b R'_L$

电压放大倍数的表达式为

$$A_u = \frac{(1+\beta)R'_L}{r_{be} + (1+\beta)R'_L} \tag{6-39}$$

在实际电路中，因为$(1+\beta)R'_L \gg r_{be}$，所以$A_u \approx 1$。

共集电极放大电路的电压放大倍数为正实数，且小于 1 而接近于 1，这说明：

（1）共集电极放大电路的输出电压和输入电压同相位；

（2）共集电极放大电路的输出电压大小接近于输入电压。

图 6-24　共集电极放大电路的微变等效电路

故共集电极放大电路的输出电压具有跟随输入电压变化的能力，因而又称为射极跟随器。

电路的输入电阻为

$$r_i = R_b /\!/ r'_i$$

根据图 6-24 求得

$$r'_i = r_{be} + (1+\beta)R'_L$$

所以

$$r_i = R_b /\!/ [r_{be} + (1+\beta)R'_L] \tag{6-40}$$

可见，与共射极放大电路相比，共集电极放大电路的输入电阻要高得多，可高出几十至几百倍。

电路的输出电阻

$$r_o = R_e /\!/ r'_o$$

根据图 6-24 求得

$$r'_o = \frac{R_S /\!/ R_b + r_{be}}{1+\beta}$$

所以

$$r_o = R_e /\!/ \frac{R_S /\!/ R_b + r_{be}}{1+\beta}$$

在实际电路中，通常有

$$R_e \gg \frac{R_S /\!/ R_b + r_{be}}{1+\beta}$$

所以

$$r_o = \frac{R_S /\!/ R_b + r_{be}}{1+\beta} \tag{6-41}$$

可见共集电极放大电路的输出电阻是很低的，远小于共射极放大电路的输出电阻（$r_o = R_c$），约为几十至几百欧。

3. 共集电极放大电路的应用

共集电极放大电路虽然没有电压放大作用，但有电流放大作用，因而也有功率放大作用。故仍属于放大电路之列，利用共集电极电路的特点，使它在放大电路的很多地方得到了广泛的应用。

（1）作放大电路、测量仪器的输入级，是利用其输入电阻高的特点。它可以降低输入电流，减轻信号源的负担；提高输入电压，减小信号损失；当它作为测量仪器的输入级接入被测电路时，由于其分流作用小，对被测电路的影响就小，提高了测量精确度。

（2）作放大电路的输出级，是利用其输出电阻低的特点。它可以提高放大器的带负载能力，增强输出电压的稳定性。

（3）作多级放大电路的中间级，起阻抗变换作用。其高输入电阻可提高前级的电压放大倍数，减小前级的信号损失；其低输出电阻可提高后级输入电压，这对输入电阻小的共射极放大电路十分有益。所以，共集电极电路作为中间级有利于提高整个电路的电压放大倍数。

6.4　多级放大电路

前面讲过的基本放大电路，其电压放大倍数一般只能达到几十至几百倍。然而在实际应用中，放大电路的输入信号通常很微弱（毫伏或微伏级），为了使放大后的信号能够驱动负载，仅仅通过一级放大电路进行信号放大，很难满足实际要求，故需要采用多级放大电路。

6.4.1　多级放大电路的组成

多级放大电路是指两个或两个以上的单级放大电路组成的电路。图 6-25 所示为多级放大电路的组成框图。通常称多级放大电路的第一级为输入级。对于输入级，一般采用输入阻抗较高的放大电路，以便从信号源获得较大的电压输入信号并对信号进行放大。中间级主要实现电压信号的放大，一般要用几级放大电路才能完成。而多级放大电路的最后一级称为输出级，也是功率放大级，与负载直接相连，要求带负载能力强，且具有足够的负载驱动能力。

图 6-25　多级放大电路的组成框图

6.4.2　多级放大电路的耦合方式

既然是多级放大电路，就必然存在级间连接方式，这种连接方式称为耦合方式。而级与级之间耦合时，必须满足：

（1）耦合后，各级电路仍具有合适的静态工作点；

（2）保证信号在级与级之间能够顺利地传输；

（3）耦合后，多级放大电路的性能指标必须满足实际的要求。

为了满足上述要求，常用的耦合方式有阻容耦合、直接耦合和变压器耦合。

1．阻容耦合

级与级之间通过电容连接靠电阻取信号的方式称为阻容耦合方式。图 6-26 所示为两级

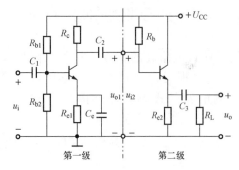

图 6 - 26　两级阻容耦合放大电路

阻容耦合放大电路，电容 C_2 将两级放大电路隔离开来。因级间耦合电容的隔直作用，各级的直流工作状态独立，静态工作点互不影响，且电容越大，容抗越小，对交流可视为短路，从而使得交流信号几乎无损失地在级间传递。

由图 6 - 26 可得阻容耦合放大电路的特点如下：

（1）优点：因电容具有隔直作用，所以各级电路的静态工作点相互独立，互不影响，避免了温漂信号的逐级传输和放大，且给放大电路的分析、设计和调试带来了很大的方便。

（2）缺点：因电容对交流信号具有一定的容抗，为了减小信号传输过程中的衰减，需将耦合电容尽可能加大。但电容加大，不利于电路实现集成化，因为集成电路中很难制造大容量的电容。另外，这种耦合方式无法传递缓慢变化的信号。

2. 直接耦合

为了避免电容对缓慢变化的信号在传输过程中带来不良影响，可以把级与级之间直接用导线连接起来，这种连接方式称为直接耦合。图 6 - 27 所示为直接耦合两级放大电路。前级的输出信号 u_{o1}，直接作为后一级的输入信号 u_{i2}。

直接耦合的特点如下：

（1）优点：频率特性好，既可以放大交流信号，也可以放大直流和变化非常缓慢的信号；电路中无大的耦合电容，便于实现集成化，所以集成电路中多采用这种耦合方式。

（2）缺点：由于是直接耦合，各级静态工作点将相互影响，不利于电路的设计、调试和维修；且输出端存在温度漂移。

3. 变压器耦合

各级放大电路之间通过变压器耦合传递信号。图 6 - 28 所示为两级变压器耦合放大电路。通过变压器 T1 把前级的输出信号 u_{o1}，耦合传送到后级，作为后一级的输入信号 u_{i2}。变压器 T2 将第二级的输出信号耦合传递给负载 R_L。

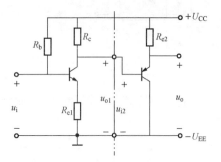

图 6 - 27　直接耦合两级放大电路

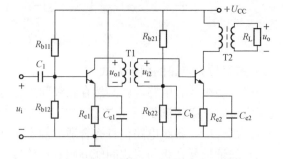

图 6 - 28　两级变压器耦合放大电路

变压器耦合的特点如下。

（1）优点：各级静态工作点相互独立，可实现阻抗变换，使后级获得最大功率。

（2）缺点：由于采用铁芯绕组，使电路体积加大，生产成本提高，无法实现集成化；

另外，变压器对直流或缓慢变化的信号不产生耦合作用，故这种耦合方式只能放大交流信号。

6.4.3　多级放大电路的分析计算

1. 静态工作点的分析计算

阻容耦合放大电路的各级放大电路间是通过电容互相连接的，由于电容的隔直作用，各级静态工作点彼此独立，互不影响。因此可以画出每一级的直流通路，分别计算各级的静态工作点。

直接耦合放大电路的各级静态工作点相互影响，因此静态工作点的分析计算要比阻容耦合复杂。我们可以运用电路理论的知识，通过列电压、电流方程组联立求解，从而确定各级的静态工作点。

2. 动态性能指标的分析计算

多级放大电路的动态分析仍可以利用微变等效电路来计算动态性能指标。

在分析多级放大电路的性能指标时，一般采用的方法是：通过计算每一级指标来分析多级指标。由于后级电路相当于前级的负载，该负载又是后级放大电路的输入电阻。所以在计算前级输出时，只要将后级的输入电阻作为其负载即可。同样，前级的输出信号又是后级的输入信号。

设多级放大电路的输入信号为 u_i，输出信号为 u_o，其级间为阻容耦合方式，如图 6-29 所示。

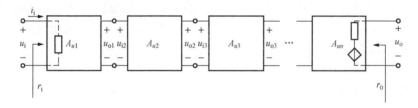

图 6-29　多级放大电路示意图

下面分析计算阻容耦合放大电路的动态指标。

（1）电压放大倍数 A_u。图 6-29 为多级放大电路示意图，可以看出，前一级的输出信号就是后一级的输入信号。因此，多级放大电路的电压放大倍数就等于各级电路的电压放大倍数的乘积，用公式表示为

$$A_u = \frac{u_{o1}}{u_i} \times \frac{u_{o2}}{u_{o1}} \times \cdots \times \frac{u_o}{u_{o(n-1)}} = A_{u1}A_{u2}\cdots A_{un} = \prod_{i=1}^{n} A_{ui} \qquad (6-42)$$

式中：$A_{ui}(i=1\sim n)$ 指第 i 级电路的放大倍数。

（2）输入电阻。多级放大电路的输入电阻，就是输入级的输入电阻，即等于从第一级放大电路的输入端看进去的等效输入电阻 r_{i1}。计算时要注意：当输入级为共集电极放大电路时，要考虑第二级的输入电阻作为前级负载时对输入电阻的影响。

（3）输出电阻。多级放大电路的输出电阻就是输出级的输出电阻，即等于从最后一级（末级）放大电路的输出端看进去的等效电阻 r_{on}。计算时要注意：当输出级为共集电极放大电路时，要考虑其前级对输出电阻的影响。

6.5　差 动 放 大 电 路

6.5.1　直接耦合放大电路中的主要问题

直接耦合放大电路可以放大直流信号。如果一个电路的输入信号为零，而输出信号却不为零，则将这种现象称为零点漂移，简称零漂。

零漂是直接耦合放大电路中存在的主要问题。当温度变化时，BJT 参数也随之变化，从而造成静态工作点的漂移。因温度变化引起的零点漂移称为温漂。由于直接耦合放大电路中各级静态工作点相互影响，故前级的漂移可经放大后送至末级，造成输出端产生较大的电压波动，即产生零漂。若零漂很严重，有用信号将完全淹没于噪声中，电路将不能正常工作。所以，零漂越小，电路性能越稳定。

在多级放大电路中，第一级电路的零漂决定整个放大电路的零漂指标，故为了提高放大电路放大微弱信号的能力，在提高放大倍数的同时，必须减小输入级的零点漂移。集成运算电路的输入级多采用差动放大电路，能有效抑制因温度变化引起的零点漂移。

6.5.2　差动放大电路的工作原理

差动放大电路是一种具有两个输入端且电路结构对称的放大电路，基本特点是只有两个输入端的输入信号间有差值时才能进行放大，即差动放大电路放大的是两个输入信号的差，所以称为差动放大电路，又称差分放大电路。

差动放大电路是模拟集成电路中应用最广泛的基本单元电路，几乎所有模拟集成电路中的多级放大电路都采用它作为输入级。差动放大电路不仅可以与后级放大电路直接耦合，而且能够很好地抑制零点漂移。

1. 基本电路结构

基本电路结构是由两个特性完全相同的 BJT 放大电路构成对称形式，信号分别从两个基极与地之间输入，从两个集电极之间输出，这种电路形式称之为双端输入、双端输出。图6-30 所示为基本的差动放大电路。

2. 零点漂移的抑制

由于电路的对称性，温度的变化对 VT1、VT2 两管组成的左右两个放大电路的影响是一致的，相当于给两个放大电路同时加入了大小和极性完全相同的输入信号。因此，在电路完全对称的情况下，两管的集电极电位始终相同，差动放大电路的输出为零，不会出现普通直接耦合放大电路中的漂移电压，可见，差动放大电路利用电路结构的对称性抑制了零点漂移。

静态时，输入信号电压为零，$u_{i1} = u_{i2} = 0$，两输入端与地之间可视为短路，电路的对称决定了左右两个 BJT 的静态工作点相同，而有

$$I_{B1} = I_{B2}, \quad I_{C1} = I_{C2}, \quad U_{CE1} = U_{CE2}$$

$$U_{BE} + 2R_e I_E = U_{EE}$$

$$I_E = \frac{U_{EE} - U_{BE}}{2R_e} \qquad (6-43)$$

$$I_B = \frac{I_E}{1 + \beta}, \quad I_C = \beta I_B$$

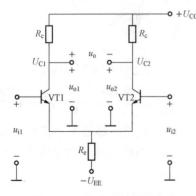

图 6-30　基本差动放大电路

$$U_{CE} = U_{CC} + U_{EE} - R_c I_C - 2R_e I_E \qquad (6-44)$$

由上述分析可知，在图 6-30 所示电压正方向下，静态时的双端输出电压 $U_o = U_{C1} - U_{C2} = 0$，当某种原因（例如温度）引起左右两管的静态工作点变化时，由于电路的完全对称性，使得这种变化完全相同，即 $\Delta I_{B1} = \Delta I_{B2}$，$\Delta I_{C1} = \Delta I_{C2}$，$\Delta U_{CE1} = \Delta U_{CE2}$，各管静态工作点变化产生的零点漂移是同相等量的。输出电压维持不变，从而有效地抑制零漂。

需要指出的是，利用电路结构的对称性，在两管集电极之间取输出，可有效地抑制两管的同相等量漂移，这是此电路的特点。然而它无法抑制每个管子的静态工作点变化，因而在单端输出时，即输出电压取自单个管子的集电极与地之间，零漂仍然存在。

3. 动态工作过程

（1）差模信号与共模信号。共模信号定义为：两输入端所加信号 u_{i1} 和 u_{i2} 大小相等、极性相同。在共模信号作用下差放两管输出端的电位变化也是大小相等、极性相同，因此输出电压 $u_o = u_{C1} - u_{C2} = 0$。

差模信号定义为：两输入端所加信号 u_{i1} 和 u_{i2} 大小相等、极性相反。在差模信号作用下差放两管输出端的电位变化同样是大小相等、极性相反，因此输出电压 $u_o = u_{C1} - u_{C2} = 2u_{C1} = -2u_{C2}$。

当两输入端所加信号 u_{i1} 和 u_{i2} 的大小和极性为任意时，为便于分析，可以将其分解成差模分量与共模分量。

差模分量定义为：差动放大电路两个输入端信号之差，即

$$u_{id} = u_{i1} - u_{i2} \qquad (6-45)$$

共模分量定义为差动放大电路两个输入端信号的算术平均值，即

$$u_{ic} = \frac{1}{2}(u_{i1} + u_{i2}) \qquad (6-46)$$

由式（6-45）和式（6-46）可以得到

$$u_{i1} = \frac{1}{2}u_{id} + u_{ic} \qquad (6-47)$$

$$u_{i2} = -\frac{1}{2}u_{id} + u_{ic} \qquad (6-48)$$

式（6-47）和式（6-48）说明：任意一对信号都可以分解为差模分量与共模分量的叠加。

（2）共模输入 $u_{i1} = u_{i2}$ 的情况。当差放输入共模信号时，由于电路对称，因而两管的集电极对地电压 $u_{C1} = u_{C2}$，差动放大电路的双端输出电压等于零。说明电路对共模信号是抑制的，即无放大作用，共模电压放大倍数 $A_{uc} = 0$。

实际上，前述差放电路对零漂的抑制就是该电路抑制共模信号的特例。因为折合到两个输入端的等效漂移电压如果相同，就相当于给放大电路加了一对共模信号。所以，差动放大电路抑制共模信号能力的大小，反映出它对零点漂移的抑制水平，电路的对称性越好，对共模信号的抑制能力就越强。

（3）差模输入 $u_{i1} = -u_{i2}$ 的情况。当差放输入差模信号时，等效交流通路如图 6-31 所示。

显然，差模信号使得完全对称的差分放大电路的左右两边产生等量、反相的电压和电流变化，即两管集电极电流一增一减，集电极电位一减一增，$u_{C1} = -u_{C2}$，从而导致双端输出

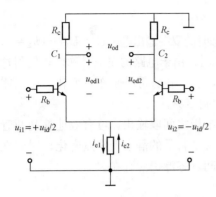

图 6-31　基本差动放大电路
差模输入时的交流通路

电压 $u_o = u_{C1} - u_{C2} = 2u_{C1} = -2u_{C2}$，为单端输出电压的 2 倍。这说明差动放大电路对差模信号具有放大作用，差模电压放大倍数 $A_{ud} \neq 0$。

由于在差模信号作用下引起的 $i_{e1} = -i_{e2}$，通过 R_e（恒流源等效交流电阻）的电流信号分量 $i_{Re} = i_{e1} + i_{e2} = 0$，$R_e$ 上的电压变化 $u_{Re} = i_{Re}R_e = 0$，即差模信号不会在 R_e 上产生电压降，R_e 对差模信号来说相当于短路，则差模电压放大倍数

$$A_{ud} = \frac{u_{od1} - u_{od2}}{u_{i1} - u_{i2}} = \frac{2u_{od1}}{2u_{i1}} = A_{ud1} = A_{ud2}$$

(6-49)

因而每个单管放大电路的电压放大倍数与共射放大电路相同，即

$$A_{ud1} = \frac{u_{od1}}{u_{i1}} = A_{ud2} = \frac{u_{od2}}{u_{i2}} = -\beta\frac{R'_L}{R_b + r_{be}}$$

(6-50)

负载电阻 $R'_L = \dfrac{R_L}{2} /\!/ R_c$。

由于输入回路可看成两个管子输入回路的串联，同样输出回路也可看成两个管子输出回路的串联，故差模输入电阻和输出电阻分别是单管放大电路输入、输出电阻的 2 倍，即

$$r_i = 2(r_{be} + R_b)$$

(6-51)

$$r_o = 2R_c$$

(6-52)

（4）共模抑制比 K_{CMR}。对差动放大电路而言，差模信号是有用的信号，要求对它有较大的电压放大倍数，而共模信号则是零点漂移或干扰等原因产生的无用信号，对它的电压放大倍数越小越好。为了衡量差动放大电路放大差模信号和抑制共模信号的能力，通常用差动放大电路的差模电压放大倍数 A_{ud} 与共模电压放大倍数的 A_{uc} 的比值作为评价其性能优劣的主要指标，称为共模抑制比，记作 K_{CMR}。

$$K_{CMR} = \left|\frac{A_{ud}}{A_{uc}}\right|$$

(6-53)

显然，共模抑制比越大越好，共模抑制比大则说明差动放大电路分辨差模信号的能力强，受共模信号（零点漂移）的影响小。对双端输出、电路完全对称的差放而言，因 $A_{uc} = 0$，所以 $K_{CMR} \to \infty$。但实际的差动放大电路不可能完全对称，因此 K_{CMR} 为有限值。

6.5.3　差动放大电路的输入—输出方式

当输入信号从单个管子的输入端输入时称为单端输入，从两个管子的输入端浮地输入时称为双端输入；当输出信号从单个管子的输出端输出时称为单端输出，从两个管子的输出端浮地输出时称为双端输出。因此，差动放大电路具有四种不同的输入—输出方式：双端输入—双端输出；双端输入—单端输出；单端输入—双端输出；单端输入—单端输出。这里就不详细介绍了。

6.6　功　率　放　大　电　路

多级放大电路的末级或末前级一般都是功率放大级，它将前置电压放大级送来的低频信

号进行功率放大，去推动负载工作。例如，使仪表指针偏转，使扬声器发声，驱动控制系统中的执行机构，等等。电压放大电路和功率放大电路都是利用 BJT 的放大作用将信号放大，所不同的是，前者的目的是输出足够大的电压，而后者主要是要求输出最大的功率；前者是工作在小信号状态，而后者工作在大信号状态。两者对放大电路的考虑有各自的侧重点。

6.6.1　对功率放大电路的基本要求

对功率放大电路的基本要求主要有以下几个方面。

（1）在电子元件参数允许的范围内，放大电路的输出电压和输出电流都要有足够大的变化量，以便根据负载的要求，提供足够的输出功率；

（2）具有较高的效率。放大电路输出给负载的功率是由直流电源提供的，在输出功率较大的情况下，如果效率不高，不仅造成能量消耗，而且消耗在电路内部的电能将转换为热量，使管子、元件等温度升高；

（3）尽量减小非线性失真。由于功率放大电路的工作点变化范围大，因此输出波形的非线性失真问题要比小信号放大电路严重得多，应对这个问题特别注意。

此外，由于 BJT 工作在大信号状态，要求它的极限参数 I_{CM}、P_{CM}、$U_{(BR)CEO}$ 等应满足电路正常工作并留有一定裕量，同时还要考虑 BJT 有良好的散热功能，以降低结温，确保 BJT 安全工作。

6.6.2　功率放大器的分类

根据放大电路中 BJT 静态工作点设置的不同，可将功率放大器分成甲类、乙类、甲乙类和丙类等，这里主要讨论甲类、乙类和甲乙类这三种，如图 6-32 所示。

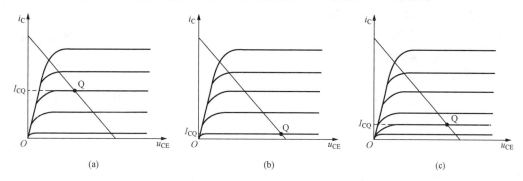

图 6-32　功率放大电路的工作状态

(a) 甲类功放；(b) 乙类功放；(c) 甲乙类功放

甲类放大器的工作点设置在放大区，这种电路的优点是在输入信号的整个周期内 BJT 都处于导通状态，输出信号失真较小（前面讨论的电压放大器都工作在这种状态）；缺点是 BJT 有较大的静态电流 I_{CQ}，这时管耗 P_C 较大，电路能量转换效率低。

乙类放大器的工作点设置在截止区，BJT 仅在信号的半个周期处于导通状态。这时，由于管子的静态电流 $I_{CQ}=0$，所以能量转换效率高。它的缺点是只能对半个周期的输入信号进行放大，非线性失真大。

甲乙类放大电路的工作点设在放大区但接近截止区，即 BJT 处于微导通状态，且在信号作用的多半个周期内导通，这样可以有效克服乙类放大电路出现的交越失真，且能量转换效率较高，目前使用广泛。

6.6.3 OCL 互补对称式功率放大电路（OCL 电路）

1. 电路和工作原理

图 6 - 33 所示为乙类双电源互补对称式功率放大电路，又称无输出电容功率放大电路，简称 OCL（Output Capacitor Less）电路。VT1、VT2 分别为 NPN 型和 PNP 型 BJT，要求 VT1 和 VT2 管特性对称，并且正负电源对称。

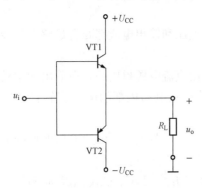

图 6 - 33 乙类双电源互补
对称式功率放大电路

该电路可以看成是两个射极输出器互补对称连接。下面分析电路的工作原理。

静态时：由于两管特性对称，供电电源对称，两管射极电位 $U_E=0$，VT1、VT2 均截止，电路中无功率损耗。

动态时：忽略发射结死区电压，在 u_i 的正半周内，VT1 导通，VT2 截止。负载 R_L 上流过由 VT1 提供的射极电流。即 i_{c1} 经 U_{CC} 自上而下流过负载，在 R_L 上形成正半周输出电压，$u_o>0$。其最大输出电压幅度约为 $+U_{CC}$（实际为 $U_{CC}-U_{CES1}$）。

在 u_i 的负半周内，VT1 截止，VT2 导通。负载 R_L 上流过由 VT2 提供的射极电流。即 i_{c2} 经 $-U_{CC}$ 自下而上流过负载，在 R_L 上形成负半周输出电压，$u_o<0$。其最大输出电压幅度约为 $-U_{CC}$。

由此可见，该电路实现了在静态时，管子不取用电流；而在有信号作用时，VT1 和 VT2 轮流导通，组成推挽式电路，从而在负载上得到一个完整的信号波形。由于两管互补对方的不足，工作性能对称，故称该电路为互补对称电路。

该电路的优点是简单、效率高、低频响应好、易于实现集成化；缺点是电路的输出波形在信号过零的附近产生失真。

2. 输出功率和效率

（1）输出功率。当输入正弦信号时，每只 BJT 只在半个周期内工作，若忽略交越失真，并设 BJT 饱和压降 $U_{CES}=0$，则 $U_{om}\approx U_{CC}$，输出电压幅度最大。其输出功率为

$$P_{om}\approx I_o U_o=\frac{U_{om}I_{om}}{2} \tag{6 - 54}$$

式中：I_{om} 为集电极交流电流最大值；U_{om} 为 BJT 集—射极间交流电压最大值。

或有

$$P_{om}=\frac{1}{2}U_{om}\frac{U_{om}}{R_L}=\frac{1}{2}\frac{U_{om}^2}{R_L} \tag{6 - 55}$$

（2）效率。直流电源送入电路的功率，一部分转换为输出功率，另一部分则消耗在 BJT 上。OCL 电路的效率为

$$\eta=\frac{P_o}{P_E} \tag{6 - 56}$$

式中：P_o 为电路输出功率；P_E 为直流电源提供的功率。

每个直流电源只提供半个周期的电流，其电流平均值为

$$I_{av}=\frac{1}{2\pi}\int_0^\pi I_{om}\sin(\omega t)\,\mathrm{d}(\omega t)=\frac{I_{om}}{\pi}=\frac{U_{om}}{\pi R_L} \tag{6 - 57}$$

故两个电源提供的功率为

$$P_{\rm E} = 2I_{\rm av}U_{\rm CC} = \frac{2}{\pi R_{\rm L}}U_{\rm om}U_{\rm CC} \approx \frac{2}{\pi}\frac{U_{\rm CC}^2}{R_{\rm L}} \tag{6-58}$$

输出电压幅值最大时，电路输出的功率最大，同时电源提供的功率也最大。

在理想情况下，电路的最大效率为

$$\eta_{\max} = \frac{P_{\rm om}}{P_{\rm Emax}} = \frac{\pi}{4} \approx 78.5\% \tag{6-59}$$

（3）管耗 $P_{\rm C}$。直流电源提供的功率与输出功率之差就是消耗在 BJT 上的功率，即

$$P_{\rm C} = P_{\rm E} - P_{\rm o} = \frac{2}{\pi R_{\rm L}}U_{\rm om}U_{\rm CC} - \frac{1}{2}\frac{U_{\rm om}^2}{R_{\rm L}} \tag{6-60}$$

可求得当 $U_{\rm om} \approx 0.64U_{\rm CC}$ 时，BJT 消耗的功率最大，其值为

$$P_{\rm Cmax} = \frac{2U_{\rm CC}^2}{\pi^2 R_{\rm L}} \approx 0.4P_{\rm om} \tag{6-61}$$

每个管子的最大功耗为

$$P_{\rm C1max} = P_{\rm C2max} = \frac{1}{2}P_{\rm Cmax} \approx 0.2P_{\rm om} \tag{6-62}$$

6.6.4　交越失真的产生及其消除

由于 BJT 输入特性存在死区，在输入信号的电压低于导通电压期间，VT1 和 VT2 都截止，输出电压为零，出现了两只 BJT 交替波形衔接不好的现象，这种失真现象称为交越失真。

演示电路如图 6-34 （a）所示，在放大器的输入端加入一个 1000Hz 的正弦信号，用示波器观察其输出端的信号波形，发现输出波形在正、负半周的交界处产生了失真，观察到的输出波形如图 6-34 （b）所示。

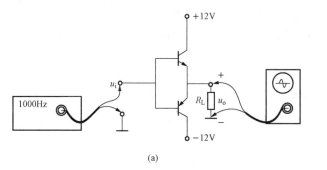

图 6-34　交越失真现象的演示

（a）演示电路；（b）输出波形

为了克服交越失真，可给 BJT 加适当的基极偏置电流，即使之工作在甲乙类放大状态。如图 6-35 所示，图中的 R_1、R_2、R_3、VD1、VD2 用来作为 VT1、VT2 的偏置电路，使之在静态时保证 VT1、VT2 发射结电压略大于死区电压，管子处于微导通状态，即有一个微小的静态基极电流。静态调整时可调节 R_1 和 R_3，使 VT1、VT2 的发射极电位为零（即 $V_{\rm E}=0$）。这样，当交流信号作用时 BJT 可在信号作用的全部时间内正常放大，消除了交越失真。

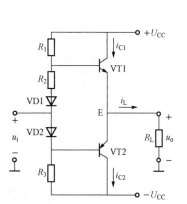

图 6-35　交越失真的克服

6.7 场效应管及其放大电路

晶体 BJT 是利用输入电流来控制输出电流的半导体器件，因而称为电流控制型器件。场效应管是一种电压控制型器件，它是利用电场效应来控制输出电流的大小的。场效应管工作时，内部参与导电的只有一种载流子，因此又称为单极性器件。它与晶体 BJT 相比输入电阻很高，因而不吸收信号源电流，不消耗信号源功率，具有温度稳定性好、抗辐射能力强、噪声低、制造工艺简单、易于集成等优点，在电子电路中得到了广泛的应用。

根据结构不同，场效应管可分为两大类，即绝缘栅型场效应管和结型场效应管。

6.7.1 绝缘栅型场效应管

绝缘栅型场效应管是由金属（Metal）、氧化物（Oxide）和半导体（Semiconductor）材料构成的，因此又叫 MOS 管，可以用 MOSFET 表示。绝缘栅场效应管按工作方式可分为增强型和耗尽型两种，每一种又有 N 沟道和 P 沟道之分。

增强型和耗尽型 MOS 管的区别是：当 $u_{GS}=0$ 时，存在导电沟道的称为耗尽型，不存在导电沟道的称为增强型。

1. N 沟道增强型 MOSFET 的结构与符号

以 N 沟道增强型 MOS 管为例，它是以 P 型半导体作为衬底，用半导体工艺技术制作两个高浓度的 N^+ 型区，两个 N^+ 型区分别引出一个金属电极，作为 MOS 管的源极 S 和漏极 D；另外，在 P 型衬底的表面生长一层很薄的 SiO_2 绝缘层，绝缘层上引出一个金属电极称为 MOS 管的栅极 G。B 为从衬底引出的金属电极，一般工作时，衬底与源极相连。图 6 - 36 所示为 N 沟道增强型 MOS 管的结构与符号。

图 6 - 36（b）所示电路符号中的箭头表示从 P 区（衬底）指向 N 区（N 沟道），虚线表示增强型。

2. N 沟道增强型 MOSFET 的工作原理

以 N 沟道增强型 MOSFET 为例，简单介绍一下它的工作原理。

如图 6 - 37 所示，在栅极 G 和源极 S 之间加电压 U_{GS}，漏极 D 和源极 S 之间加电压 U_{DS}，衬底 B 与源极 S 相连。

（1）u_{GS} 对沟道的控制作用。当 $u_{GS} \leqslant 0$ 时，无导电沟道，DS 间加电压时，无电流产生。当 $0 < u_{GS} < U_{GS(th)}$ 时，在 u_{GS} 作用下，会产生一个垂直于 P 型衬底的电场，这个电场将吸引一部分 P 区中的自由电子到衬底表面。但由于 u_{GS} 不够大，不足以形成导电沟道（感生沟道），DS 间加电压后，仍无电流产生。

当 $u_{GS} > U_{GS(th)}$ 时，在电场作用下自由电子在 P 型衬底表面形成一个 N 型区域（反型层），它连通了两个 N^+ 区，使漏源之间产生导电沟道。此时在 DS 间加电压后，将有电流产生。u_{GS} 越大，导电沟道越厚，电流越大。

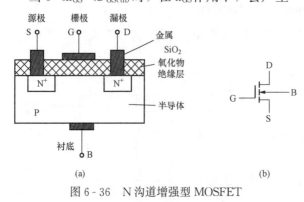

图 6 - 36 N 沟道增强型 MOSFET

(a) 内部结构示意图；(b) 电路符号

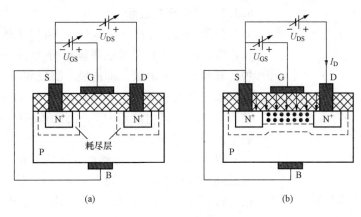

图 6-37　N 沟道增强型场效应管工作原理

(a) $U_{GS}=0$；(b) $U_{GS}>0$

　　所以，把漏源电压作用下开始导电时的栅源电压称为开启电压，用 $U_{GS(th)}$ 表示。

　　(2) u_{DS} 对沟道的控制作用。当 u_{GS} 一定 $[u_{GS}>U_{GS(th)}]$ 时，如图 6-38 所示。

　　u_{DS} 增加，一方面使 i_D 增大；另一方面，使沿着沟道从源极到漏极的电位梯度上升。由于靠近漏极 d 处的电位高，电场强，耗尽层宽而使沟道变薄，使整个沟道呈楔形分布。当 u_{DS} 增加到一定值时，在紧靠漏极处出现预夹断。

　　预夹断后，随着 u_{DS} 增加，夹断区向源极延长，沟道电阻增大，i_D 基本不变。

　　3. N 沟道增强型 MOSFET 的特性曲线

　　(1) 输出特性曲线。N 沟道增强型 MOSFET 的输出特性曲线如图 6-39 所示。

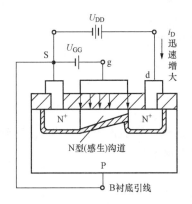

图 6-38　u_{DS} 对沟道的控制作用

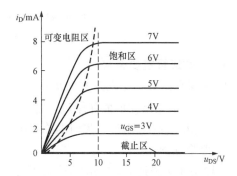

图 6-39　N 沟道增强型 MOSFET 的
输出特性曲线

　　由图 6-39 可见，N 沟道增强型 MOSFET 的输出特性曲线有四个区域，即可变电阻区、饱和区、截止区、击穿区。其含义就不做详细说明了。

　　(2) 转移特性曲线。N 沟道增强型 MOSFET 的转移特性曲线如图 6-40 所示。当 $u_{GS} \geqslant U_{GS(th)}$ 时，i_D 与 u_{GS} 的关系表示为

$$i_D = I_{Do}\left[\frac{u_{GS}}{U_{GS(th)}} - 1\right]^2 \qquad (6-63)$$

式中：I_{Do} 为 $u_{GS}=2U_{GS(th)}$ 时的 i_D 值。

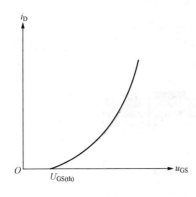

图 6-40　N 沟道增强型 MOSFET 的
转移特性曲线

6.7.2　结型场效应管

结型场效应管（Junction Field Effect Transistor, JFET），根据导电沟道的不同可分为 N 沟道和 P 沟道两种。其具有 3 个电极，即栅极、源极和漏极，分别与 BJT 的基极、发射极和集电极对应。图 6-41 给出了 JFET 的结构示意图及其电路符号，结型场效应管符号中的箭头，表示由 P 区指向 N 区。

以 N 沟道 JFET 为例，其结构为在 N 型半导体两侧通过高浓度扩散，制造两个重掺杂 P^+ 型区，形成两个 PN 结，将两个 P^+ 区接在一起引出一个电极，称为栅极（Gate），而在 N 型本体材料的两端各引出一个欧姆电极，分别称为源极（Source）和漏极（Drain）。两个 PN 结之间的 N 型区域称为导电沟道。由于场效应管结构的对称，源极和漏极可以互换。

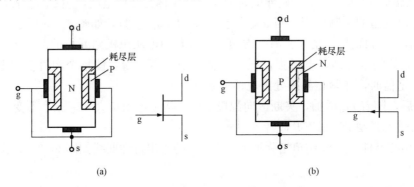

(a) 　　　　　　　　　　　　　(b)

图 6-41　JFET 结构示意图及电路符号
(a) N 沟道；(b) P 沟道

6.7.3　场效应管主要参数

1. 夹断电压 $U_{GS(off)}$ 或开启电压 $U_{GS(th)}$

$U_{GS(th)}$ 的定义已在前面介绍过，它适合于增强型 MOS 管。而夹断电压是当 U_{GS} 达到某一数值 $U_{GS(off)}$ 时，导电沟道消失时的临界电压，它适合于耗尽型管。

2. 跨导 g_m

跨导是用来描述 u_{GS} 对 i_D 的控制能力的，其定义为

$$g_m = \frac{di_D}{du_{GS}} \bigg|_{u_{DS}=常数} \tag{6-64}$$

式中：g_m 的单位是 S（西门子）。

3. 漏源击穿电压 $U_{(BR)DS}$

$U_{(BR)DS}$ 是漏极与源极之间的反向击穿电压，为极限参数。

4. 饱和漏极电流 I_{DSS}

当 u_{DS} 为某固定值时，栅源电压为零的漏极电流称为饱和漏极电流 I_{DSS}。

5. 最大耗散功率 P_{DM}

P_{DM} 是管子允许的最大耗散功率，类似于 BJT 中的 P_{CM}，是决定管子温升的参数。使用

时，管耗功率 P_D 不允许超过 P_{DM}，否则会烧坏管子。

习　　　题

6.1　分别测得两个放大电路中 BJT 的各电极电位如图 6-42 所示，试判断：

(1) BJT 的管脚，并在各电极上注明 e、b、c；

(2) 是 NPN 管还是 PNP 管，是硅管还是锗管。

6.2　在两个放大电路中，测得 BJT 各极电流分别如图 6-43 所示。求另一个电极的电流，并在图中标出其实际方向及各电极 e、b、c。试分别判断它们是 NPN 管还是 PNP 管。

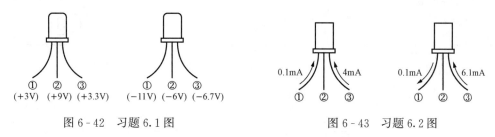

<table>
<tr><td>图 6-42　习题 6.1 图</td><td>图 6-43　习题 6.2 图</td></tr>
</table>

6.3　试根据 BJT 各电极的实测对地电压数据，试分别判断图 6-44 中各 BJT 的工作区域（放大区、饱和区、截止区）。

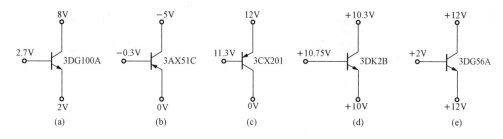

图 6-44　习题 6.3 图

6.4　判断图 6-45 所示各电路能否对交流信号实现正常的放大。若不能，试说明原因。

6.5　试画出图 6-46 所示各电路的直流通路和交流通路，并将电路进行化简。

6.6　根据图 6-47 所示各放大电路的直流通路，试计算其静态工作点，并判断 BJT 的工作情况。

6.7　放大电路如图 6-48 (a) 所示，当输入交流信号时，出现图 6-48 (b) 所示的输出波形，试判断是何种失真？如何才能使其不失真？

6.8　在习题 6.7 中，当输出波形如图 6-49 所示时，试判断是何种失真？产生该种失真的原因是什么？如何消除？

6.9　在习题 6.7 所示电路中，当 $R_b = 400\text{k}\Omega$，$R_c = R_L = 5.1\text{k}\Omega$，$\beta = 40$，$U_{CC} = 12\text{V}$，BJT 为 NPN 型硅管。

(1) 估算静态工作点（I_{BQ}、I_{CQ} 和 U_{CEQ}）；

(2) 画出其微变等效电路；

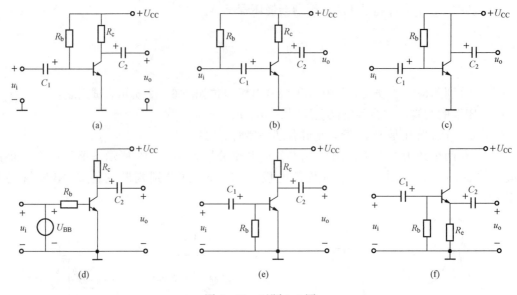

图 6-45　习题 6.4 图

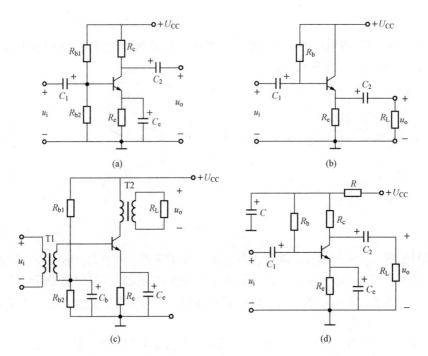

图 6-46　习题 6.5 图

（3）估算空载电压放大倍数 A_u' 以及输入电阻 r_i 和输出电阻 r_o；

（4）当负载 $R_L=5.1\text{k}\Omega$ 时，试求 A_u 的值。

6.10　分压式共射放大电路如图 6-50 所示，$U_{\text{BEQ}}=0.7\text{V}$，$\beta=50$，其他参数如图中标注值。

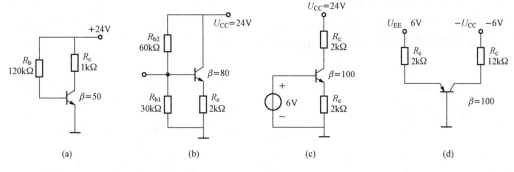

图 6 - 47　习题 6.6 图

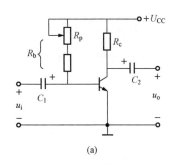

图 6 - 48　习题 6.7 图

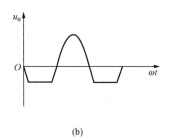

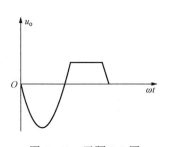

图 6 - 49　习题 6.8 图

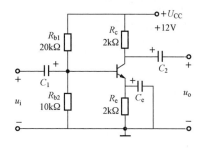

图 6 - 50　习题 6.10 图

（1）试估算静态工作点（I_{BQ}、I_{CQ} 和 U_{CEQ}）；

（2）试画出其微变等效电路；

（3）试估算空载电压放大倍数 A_u' 以及输入电阻 r_i 和输出电阻 r_o；

（4）当在输出端接上 $R_L=2\text{k}\Omega$ 时，求 A_u 的值。

6.11　某射极输出器的电路如图 6 - 51 所示，已知 $U_{CC}=10\text{V}$，$R_b=200\text{k}\Omega$，$R_e=2\text{k}\Omega$，$R_L=2\text{k}\Omega$，BJT 的 $\beta=100$，$r_{be}=1.2\text{k}\Omega$。信号源 $U_S=200\text{mV}$，$r_S=1\text{k}\Omega$。

（1）试画出放大器的直流通路，并求静态工作点（I_{BQ}、I_{CQ} 和 U_{CEQ}）；

（2）试画出放大电路的微变等效电路；

（3）试计算 A_u、r_i 和 r_o。

6.12　两级放大电路如图 6 - 52 所示，$\beta_1=\beta_2=50$，其他参数如图中标注值。

（1）试求各级电路的静态工作点；

（2）试画出放大电路的微变等效电路；

（3）试估算电路总的电压放大倍数 A_u；

（4）试计算电路总的输入电阻 r_i 和总的输出电阻 r_o。

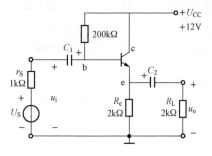

图 6-51　习题 6.11 图　　　　　　　　　　图 6-52　习题 6.12 图

6.13　电路如图 6-53 所示，电路参数完全对称，已知 $\beta_1 = \beta_2 = 60$，$U_{BEQ1} = U_{BEQ2} = 0.7V$，试求：

（1）电路的静态工作点；

（2）差模电压放大倍数 A_{ud}；

（3）差模输入电阻 r_{id} 和差模输出电阻 r_{od}；

（4）共模抑制比 K_{CMR}。

6.14　电路如图 6-54 所示，已知 $\beta_1 = \beta_2 = 80$，$U_{BEQ1} = U_{BEQ2} = 0.7V$，试求：

（1）电路的静态工作点；

（2）差模电压放大倍数 A_{ud}；

（3）差模输入电阻 r_{id} 和差模输出电阻 r_{od}。

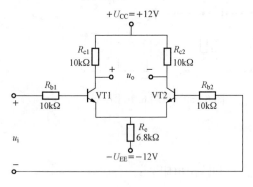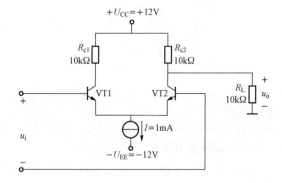

图 6-53　习题 6.13 图　　　　　　　　　　图 6-54　习题 6.14 图

6.15　一个单端输入、双端输出的差动放大电路如图 6-55 所示。已知晶体管的 $\beta_1 = \beta_2 = 100$，U_{BE} 均为 0.6V，r'_{bb} 均为 200Ω，试求：

（1）VT1、VT2 静态时的集电极电压（即对地电位）U_{C1}、U_{C2}；

（2）该电路的差模电压放大倍数 A_{ud}。

6.16　在图 6-56 所示的差动放大电路中，设 $u_{i2} = 0$（接地），试选择正确的答案填空：

（1）若希望负载电阻 R_L 的一端接地，输出电压 u_o 与输入电压 u_{i1} 极性相同，则 R_L 的另一端应接＿＿＿＿＿＿（C_1，C_2）；

（2）若希望 R_L 的一端接地，而 u_o 与 u_{i1} 极性相反，则 R_L 的另一端应接_____（C_1，C_2）；

（3）当输入电压有一变化量时，R_e 两端_____（也存在，不存在）变化电压，对差模信号而言，发射极_____（仍然是，不再是）交流接地点。

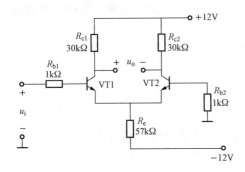

图 6 - 55 习题 6.15 图

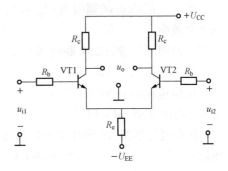

图 6 - 56 习题 6.16 图

6.17 在图 6 - 57 所示的恒流源差放电路中，晶体管 $\beta_1 = \beta_2 = 60$，$r'_{bb} = 300\Omega$，输入电压 $U_{i1} = 1\text{V}$，$U_{i2} = 1.01\text{V}$，试求双端输出时的 u_o 和从 VT1 单端输出时的 u_{o1}。

6.18 一双电源互补对称电路如图 6 - 58 所示，设已知 $U_{CC} = 12\text{V}$，$R_L = 16\Omega$，u_i 为正弦波。试求：

（1）在 BJT 的饱和压降 U_{CES} 可以忽略不计的条件下，负载上可能得到的最大输出功率 P_{om}。

（2）每个管子允许的管耗 P_{CM} 至少应为多少？

（3）每个管子的耐压 $|U_{(BR)CEO}|$ 应大于多少？

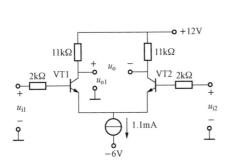

图 6 - 57 习题 6.17 图

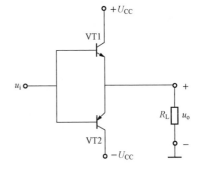

图 6 - 58 习题 6.18 图

6.19 在图 6 - 58 中所示电路中，设 u_i 为正弦波，$R_L = 8\Omega$，要求最大输出功率 $P_{om} = 9\text{W}$。在 BJT 的饱和压降 U_{CES} 可以忽略不计的条件下，试求：

（1）正、负电源 U_{CC} 的最小值；

（2）根据所求 U_{CC} 的最小值，计算相应的 I_{CM}、$|U_{(BR)CEO}|$ 的最小值；

（3）输出功率最大（$P_{om} = 9\text{W}$）时，电源供给的功率 P_V；

（4）每个管子允许的管耗 P_{CM} 的最小值；

（5）当输出功率最大（$P_{om} = 9\text{W}$）时的输入电压有效值。

6.20　设电路如图 6 - 58 所示，管子在输入信号 u_i 的作用下，在一周期内 VT1 和 VT2 轮流导电约 180°，电源电压 $U_{CC}=20V$，负载 $R_L=8\Omega$，试计算：

（1）在输入信号 $U_i=10V$（有效值）时，电路的输出功率、管耗、直流电源供给的功率和效率；

（2）当输入信号 u_i 的幅值为 $U_{im}=U_{CC}=20V$ 时，电路的输出功率、管耗、直流电源供给的功率和效率。

6.21　说明场效应管的夹断电压 $U_{GS(off)}$ 和开启电压 $U_{GS(th)}$ 的意义。试画出：

（1）N 沟道增强型 MOSFET；

（2）N 沟道耗尽型 MOSFET；

（3）P 沟增强型 MOSFET；

（4）P 沟道耗尽型 MOSFET 的转移特性曲线，并总结出何者具有夹断电压何者具有开启电压以及它们的正负。耗尽型和增强型的区别在哪里？

第7章 集成运算放大器及其应用

利用半导体制造工艺，把整个电路中的元器件和连接导线等集合在一小块半导体晶片上，使之成为一个不可分割的、具有特定功能的电子电路，称为集成电路。

由于集成电路具有体积小、质量轻、功耗小、特性好、可靠性强等一系列优点，在电子电路中得到广泛的应用。它可分为模拟集成电路和数字集成电路两大类，模拟集成电路主要有集成功率放大器、集成运算放大器、集成稳压器等；数字集成电路主要有集成门电路、编码器、译码器、触发器、寄存器、计数器等。本章介绍的集成运算放大器（简称集成运放）是应用极为广泛的一种模拟集成电路。

7.1 集成运算放大器的基础知识

7.1.1 集成运算放大器的组成

集成运算放大器实际上是具有高电压放大倍数的多级直接耦合放大电路，其输入电阻高、输出电阻低。从 20 世纪 60 年代发展至今已经历了四代产品，类型和品种相当丰富，但在结构上基本一致，其内部通常包含四个基本组成部分，即输入级、中间级、输出级以及偏置电路，如图 7 - 1 所示。

输入级：输入级是提高运算放大器质量的关键部分，要求其输入电阻高。为了能减少零点漂移和抑制共模干扰信号，输入级采用具有恒流源的差动放大电路，也称差动输入级。

中间级：中间级的主要作用是提供足够大的电压放大倍数，故而也称为电压放大级。要求中间级本身具有较高的电压增益，故常采用多级放大电路。

输出极：输出级的主要作用是输出足够的电流以满足负载的需要，同时还需要有较低的输出电阻和较高的输入电阻，以起到将放大级和负载隔离的作用。

偏置电路：偏置电路的作用是为各级提供合适的工作电流，一般由各种恒流源电路组成。

总之，集成运放是一种电压放大倍数高、输入电阻大、输出电阻小、零点漂移小、抗干扰能力强、可靠性高、体积小、耗电少的通用电子器件。

图 7 - 2 所示为集成运算放大器的电路符号。

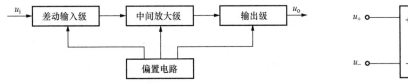

图 7 - 1 集成运算放大器的组成

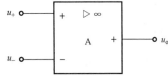

图 7 - 2 集成运算放大器的电路符号

图 7 - 2 中，u_o 端为输出端，输出信号在此端对地取输出。u_- 端为反相输入端，当信号由此端对地输入时，输出信号与输入信号相位相反，这种输入方式称为反相输入。u_+ 端为

同相输入端，当信号由此端对地输入时，输出信号与输入信号相位相同，这种输入方式称为同相输入。

如果将两个输入信号分别从 u_- 和 u_+ 两端对地输入，则信号的这种输入方式称为差动输入。而输出信号此时将与两个输入信号的差值成正比。

反相输入、同相输入和差动输入是运算放大器最基本的信号输入方式。

常见的集成运算放大器有圆形、扁平形、双列直插式等，对应管脚有 8 脚、14 脚等，如图 7-3 所示。

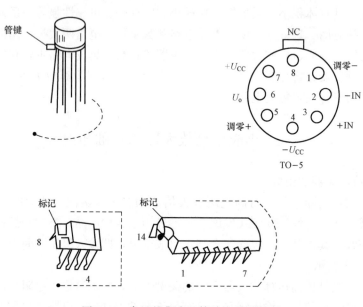

图 7-3 常见的集成运算放大器的外形

7.1.2 电压传输特性

集成运放的输出电压 u_o 与输入电压 u_d（$u_d = u_+ - u_-$）之间的关系 $u_o = f(u_d)$ 称为集成运放的电压传输特性，包括线性区和饱和区两部分，如图 7-4 所示。

在线性区内 u_o 与 u_d 成正比关系，即

$$u_o = A_o u_d = A_o(u_+ - u_-) \tag{7-1}$$

线性区的斜率取决于 A_o 的大小。由于受电源电压的限制，u_o 不可能随 u_d 的增加而无限增加，因此，当 u_o 增加到一定值后进入了正负饱和区。正饱和区 $u_o = +U_{om} \approx +U_{CC}$，负饱和区 $u_o = -U_{om} \approx -U_{EE}$。

集成运放在应用时，工作于线性区的称为线性应用，工作在饱和区的称为非线性应用。由于集成运放的 A_o 非常大，线性区很陡，即使输入电压很小，也很容易使输出达到饱和。由于外部干扰等原因不可避免，若不引入深度负反馈，集成运放很难在线性区稳定工作。

集成运放的主要参数有开环电压放大倍数、差模输入电阻、输出电阻、共模抑制比等，需要时可查阅相关手册。

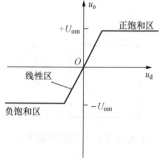

图 7-4 集成运算放大器的
电压传输特性

7.2 负反馈放大电路

在放大电路中广泛采用着各种类型的反馈。例如，为改善放大电路的工作性能，而采用负反馈；在振荡电路中为使电路能够自激，而采用正反馈。因此，在讨论集成运放的应用之前，先要介绍反馈的基本概念及其作用。

7.2.1 反馈的概念

将放大电路输出量（电压或电流）的一部分或全部，通过某些元件或网络（称为反馈网络），反向送回到输入端，来影响原输入量（电压或电流）的过程称为反馈。而带有反馈的放大电路称为反馈放大电路。

任意一个反馈放大电路都可以表示为一个基本放大电路和反馈网络组成的闭环系统，其构成如图 7-5 所示。

图 7-5 中，x_i、x_{id}、x_f、x_o 分别表示放大电路的输入信号、净输入信号、反馈信号和输出信号，它们可以是电压量，也可以是电流量。箭头表示信号的传递方向；比较环节说明反馈放大电路中的输入信号和反馈信号在输入端按一定极性比较后可得净输入信号，亦即差值信号 $x_{id} = x_i - x_f$。

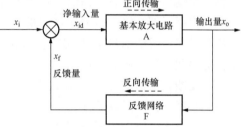

图 7-5 反馈放大电路的组成框图

反馈信号和输出信号之比定义为反馈系数 F。反馈电路无放大作用，多为电阻和电容元件构成，其 F 值恒小于 1。

没有引入反馈时的基本放大电路叫做开环放大电路，其中的 A 表示基本放大电路的放大倍数，也称为开环放大倍数，为输出信号和净输入信号之比。

引入负反馈以后的放大电路叫做闭环放大电路，其放大倍数称为闭环放大倍数，记作 A_f，为输出信号和输入信号之比。

由图 7-5 可得各信号量之间的基本关系式为

$$x_{id} = x_i - x_f \tag{7-2}$$

$$A = \frac{x_o}{x_{id}} \tag{7-3}$$

$$F = \frac{x_f}{x_o} \tag{7-4}$$

$$A_f = \frac{x_o}{x_i} = \frac{x_o}{x_{id} + x_f} = \frac{A}{1 + AF} \tag{7-5}$$

式（7-5）表明，闭环放大倍数 A_f 是开环放大倍数 A 的 $1/(1+AF)$。其中，$(1+AF)$ 称为反馈深度，它的大小反映了反馈的强弱。乘积 AF 称为环路增益。

7.2.2 反馈类型的判别方法

反馈电路是多种多样的，反馈可以存在于本级内部，也可以存在于级与级（或多级）之间。

1. 反馈类型的划分

（1）按照反馈信号极性的不同，反馈可以分为正反馈和负反馈。

正反馈：若引入的反馈信号 x_f 增强了外加输入信号的作用，使放大电路的净输入信号增加，导致放大电路的放大倍数增加，则为正反馈。正反馈主要用于振荡电路、信号产生电路。

负反馈：若引入的反馈信号 x_f 削弱了外加输入信号的作用，使放大电路的净输入信号减小，导致放大电路的放大倍数减小，则为负反馈。一般放大电路中经常引入负反馈，来改善放大电路的性能指标。

（2）根据反馈信号的性质不同，可以分为交流反馈和直流反馈。

如果反馈信号是静态直流分量，则这种反馈称为直流反馈；如果反馈信号是动态交流分量，则这种反馈称为交流反馈。

（3）根据反馈在输出端的取样方式不同，可以分为电压反馈和电流反馈。

从输出端看，若反馈信号取自输出电压，且反馈信号正比于输出电压，则为电压反馈；若反馈取自输出电流，且反馈信号正比于输出电流，则为电流反馈。

（4）根据反馈在输入端的连接方式不同，可以分为串联反馈和并联反馈。

串联反馈：反馈信号 x_f 与输入信号 x_i 在输入回路中以电压的形式相加减，即在输入回路中彼此串联，则为串联反馈。

并联反馈：反馈信号 x_f 与输入信号 x_i 在输入回路中以电流的形式相加减，即在输入回路中彼此并联，则为并联反馈。

由于在放大电路中主要采用负反馈，所以在此只讨论负反馈。由以上所述可知负反馈组态有四种形式，即电压串联负反馈、电流串联负反馈、电压并联负反馈、电流并联负反馈。

2. 反馈在放大电路中的判别方法

（1）判定反馈的有无。只要在放大电路的输入和输出回路间存在起联系作用的元件（或电路网络）——反馈元件（或反馈网络），那么该放大电路中必存在反馈。

（2）判定反馈的极性，采用瞬时极性法。常用电压瞬时极性法判定电路中引入反馈的极性，具体步骤如下：

1）先假定放大电路的输入信号电压处于某一瞬时极性。如用"＋"号表示该点电压的变化是增大，用"－"号表示电压的变化是减小。

2）按照信号单向传输的方向，同时根据各级放大电路输出电压与输入电压的相位关系，确定电路中相关各点电压的瞬时极性。

3）根据反送到输入端的反馈电压信号的瞬时极性，确定是增强还是削弱了原来输入信号的作用。如果是增强，则引入的为正反馈；反之，为负反馈。

判定反馈的极性时，一般有这样的结论：在放大电路的输入回路，输入信号电压 u_i 和反馈信号电压 u_f 相比较，当输入信号 u_i 和反馈信号 u_f 在同一端点时，如果引入的反馈信号 u_f 和输入信号 u_i 同极性，则为正反馈；若二者的极性相反，则为负反馈。当输入信号 u_i 和反馈信号 u_f 不在同一端点时，若引入的反馈信号 u_f 和输入信号 u_i 同极性，则为负反馈；若二者的极性相反，则为正反馈。图 7-6 所示为反馈极性的判定方法。

如果反馈放大电路是由单级运算放大器构成的，则反馈信号送回到反相输入端时，为负反馈；反馈信号送回到同相输入端时，为正反馈。

（3）判定反馈的交、直流性质。交流反馈和直流反馈的判定，可以通过画反馈放大电路的交、直流通路来完成。在直流通路中，如果反馈回路存在，即为直流反馈；在交流通路中，如果反馈回路存在，即为交流反馈；如果在交、直流通路中，反馈回路都存在，即为交、直流反馈。

（4）判定反馈的组态。

1）反馈在输出端的取样方式。在判断电压反馈时，根据电压反馈的定义，反馈信号与输出电压成正比，可以假设将负载 R_L 两端短路（$u_o=0$，但 $i_o \neq 0$），判断反馈量是否为零，如果是零，就是电压反馈，如图 7 - 7（a）所示。

电压反馈的重要特点是能稳定输出电压。无论反馈信号是以何种方式引回到输入端，实际上都是利用输出电压本身通过反馈网络来对放大电路起自动调整作用的，这是电压反馈的实质。

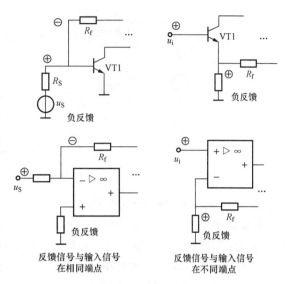

图 7 - 6　反馈极性的判断方法

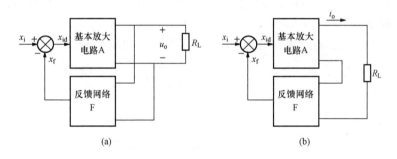

图 7 - 7　电压、电流反馈的判断
(a) 电压反馈；(b) 电流反馈

在判断电流反馈时，根据电流反馈的定义，反馈信号与输出电流成正比，可以假设将负载 R_L 两端开路（$i_o=0$，但 $u_o \neq 0$），判断反馈量是否为零，如果是零，就是电流反馈，如图 7 - 7（b）所示。

电流反馈的重要特点是能稳定输出电流。无论反馈信号是以何种方式引回到输入端，实际都是利用输出电流本身通过反馈网络来对放大器起自动调整作用的，这是电流反馈的实质。

由上述分析可知，判断电压反馈、电流反馈的简便方法是用负载短路法和负载开路法。由于输出信号只有电压和电流两种，输出端的取样不是取自输出电压便是输出电流，因此利用其中一种方法就能判定。常用的方法是负载短路法，具体表述为：假设将负载 R_L 短路，即 $u_o=0$，此时若反馈量为零，就是电压反馈，否则为电流反馈。

2）反馈在输入端的连接方式。判断串联反馈、并联反馈的简便方法是：如果输入信号 x_i 与反馈信号 x_f 分别在输入回路的不同端点，则为串联反馈；若输入信号 x_i 与反馈信号 x_f 在输入回路的相同端点，则为并联反馈，如图 7 - 8 所示。

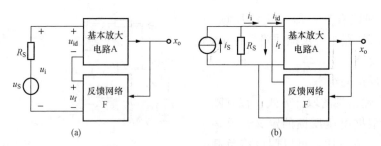

图 7-8　串联、并联反馈的判断

(a) 串联反馈；(b) 并联反馈

7.2.3　负反馈放大电路的四种组态

根据输出端的取样方式和输入端的连接方式不同，可以组成四种不同类型的负反馈电路，即电压串联负反馈、电压并联负反馈、电流串联负反馈、电流并联负反馈。

1. 电压串联负反馈放大电路

图 7-9 所示负反馈放大电路中，反馈极性的判别采用瞬时极性法，各相关点的电压极性如图中所示，可见反馈信号 u_f 削弱了净输入，即为负反馈；采样点和输出电压同端点，将负载短路即输出电压 $u_o=0$ 时，反馈信号不存在，为电压反馈；反馈信号与输入信号在不同端点，为串联反馈。因此电路引入的反馈为电压串联负反馈。

引入电压串联负反馈后，可使电路输出电压稳定。其过程如下：

$$R_L \downarrow \longrightarrow u_o \downarrow \longrightarrow u_f \downarrow \left(= \frac{R_1}{R_1 + R_2} u_o \right) \longrightarrow u_{id} \uparrow$$
$$u_o \uparrow \longleftarrow $$

2. 电压并联负反馈

图 7-10 所示为由运放构成的负反馈放大电路，反馈极性的判别采用瞬时极性法，各相关点的电压、电流极性如图中所示，可见反馈信号 i_f 削弱了净输入，即为负反馈；采样点和输出电压在同端点，将负载短路即输出电压 $u_o=0$ 时，反馈信号不存在，为电压反馈；反馈信号与输入信号在同端点，为并联反馈。因此电路引入的反馈为电压并联负反馈。

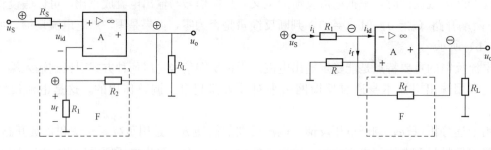

图 7-9　电压串联负反馈　　　　　　　图 7-10　电压并联负反馈

3. 电流串联负反馈

图 7-11 所示为由运放构成的负反馈放大电路，反馈极性的判别采用瞬时极性法，各相关点的电压、电流极性如图 7-10 所示，可见反馈信号 u_f 削弱了净输入，即为负反馈；采样点和输出电压不在同一端点，将负载短路即输出电压 $u_o=0$ 时，反馈信号依然存在，为电流反馈；反馈信号与输入信号不在同一端点，为串联反馈。因此电路引入的反馈为电流串联负反馈。

引入电流串联负反馈后，可使输出电流稳定。其过程如下：

$$温度\uparrow \longrightarrow i_o\uparrow \longrightarrow u_f\uparrow(=R_i i_o)\longrightarrow u_i(=R_1 i_o)\longrightarrow u_{id}\downarrow$$
$$i_o\downarrow \longleftarrow$$

4. 电流并联负反馈

图 7-12 所示为由运放构成的负反馈放大电路，反馈极性的判别采用瞬时极性法，各相关点的电压、电流极性如图中所示，可见反馈信号 i_f 削弱了净输入，即为负反馈；将负载短路即输出电压 $u_o=0$ 时，反馈信号依然存在，为电流反馈；反馈信号与输入信号在同一端点，为并联反馈。因此电路引入的反馈为电流并联负反馈。

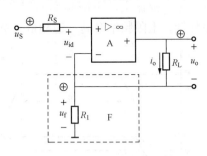
图 7-11 电流串联负反馈

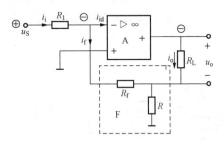
图 7-12 电流并联负反馈

7.2.4 负反馈对放大电路性能的影响

对于负反馈放大电路，负反馈的引入会造成增益的下降，但放大电路的其他性能会得到改善，如提高放大倍数的稳定性、减小非线性失真、抑制噪声干扰、扩展通频带等。

1. 提高放大倍数的稳定性

可以证明，负反馈的引入使放大电路闭环增益的相对变化量为开环增益相对变化量的 $1/(1+AF)$，可表示为

$$\frac{dA_f}{A_f}=\frac{1}{1+AF}\frac{dA}{A} \tag{7-6}$$

式（7-6）表明，负反馈放大电路的反馈越深，放大电路的增益也就越稳定。

如前面分析的那样，电压负反馈可使输出电压稳定，电流负反馈可使输出电流稳定，即在输入一定的情况下，可以维持放大电路增益的稳定。

2. 减小环路内的非线性失真

BJT 是一个非线性器件，放大电路在对信号进行放大时不可避免地会产生非线性失真。假设放大电路的输入信号为正弦信号，没有引入负反馈时，开环放大电路产生如图 7-13 所示的非线性失真，即输出信号的正半周幅度变大，而负半周幅度变小。

现在引入负反馈，假设反馈网络为不会引起失真的线性网络，则反馈回来的信号将反映输出信号的波形失真。当反馈信号在输入端与输入信号相比较时，使净输入信号 $x_{id}=x_i-x_f$ 的波形正半周幅度变小，而负半周幅度变大，如图 7-14 所示。再经基本放大电路放大后，输出信号趋于正、负半周对称，从而减小了非线性失真。

注意，引入负反馈减小的是环路内的失真。如果输入信号本身就有失真，此时引入负反馈

图 7-13 开环放大电路产生的非线性失真

则不起作用。

3. 抑制环路内的噪声和干扰

在反馈环内，放大电路本身产生的噪声和干扰信号，可以通过负反馈进行抑制，其原理与减小非线性失真的原理相同。但对反馈环外的噪声和干扰信号，引入负反馈也不能达到抑制目的。

4. 扩展频带

频率响应是放大电路的重要特性之一。在多级放大电路中，级数越多，增益越大，频带越窄。引入负反馈后，可有效扩展放大电路的通频带。

图 7-15 所示为放大器引入负反馈后通频带的变化。根据上、下限频率的定义，从图 7-15 中可见，放大器引入负反馈以后，其下限频率降低，上限频率升高，通频带变宽。

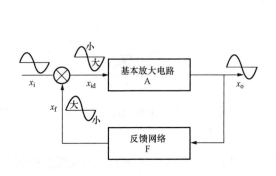

图 7-14　负反馈减小了非线性失真

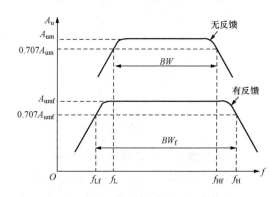

图 7-15　负反馈使通频带变宽

5. 负反馈对输入和输出电阻的影响

（1）负反馈对放大电路输入电阻的影响。

图 7-16（a）所示为串联负反馈电路的方框图。由图可知，开环放大电路的输入电阻为

$$r_{\mathrm{i}} = \frac{u_{\mathrm{id}}}{i_{\mathrm{i}}} \qquad (7-7)$$

引入负反馈后，闭环输入电阻 r_{if} 为

$$r_{\mathrm{if}} = \frac{u_{\mathrm{i}}}{i_{\mathrm{i}}} = \frac{u_{\mathrm{id}} + u_{\mathrm{f}}}{i_{\mathrm{i}}} = \frac{u_{\mathrm{id}} + AF u_{\mathrm{id}}}{i_{\mathrm{i}}} = r_{\mathrm{i}}(1 + AF) \qquad (7-8)$$

式（7-8）表明，引入串联负反馈后，输入电阻是无反馈时输入电阻的（1+AF）倍。这是由于引入负反馈后，输入信号与反馈信号串联连接。从图 7-16（a）中可以看出，等效的输入电阻相当于原开环放大电路的输入电阻与反馈网络的输出电阻串联，其结果必然是增加了。因此串联负反馈使放大电路的输入电阻增大。

图 7-16（b）所示并联负反馈电路的方框图。由图可知，开环放大电路的输入电阻为

$$r_{\mathrm{i}} = \frac{u_{\mathrm{i}}}{i_{\mathrm{id}}} \qquad (7-9)$$

引入负反馈后，闭环输入电阻 r_{if} 为

$$r_{\mathrm{if}} = \frac{u_{\mathrm{i}}}{i_{\mathrm{i}}} = \frac{u_{\mathrm{i}}}{i_{\mathrm{id}} + i_{\mathrm{f}}} = \frac{u_{\mathrm{i}}}{i_{\mathrm{id}} + AF i_{\mathrm{id}}} = r_{\mathrm{i}} \frac{1}{1 + AF} \qquad (7-10)$$

式（7-10）表明，引入并联负反馈后，输入电阻是无反馈时输入电阻的 $1/(1+AF)$。这是由于引入负反馈后，输入信号与反馈信号并联连接。从图 7-16（b）中可以看出，等效的输入电阻相当于原开环放大电路的输入电阻与反馈网络的输出电阻并联，其结果必然是减小了。因此并联负反馈使输入电阻减小。

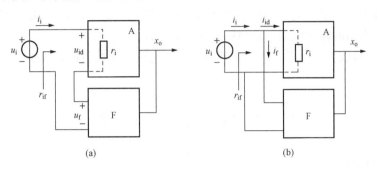

图 7-16　串联、并联负反馈框图
（a）串联负反馈；（b）并联负反馈

（2）负反馈对放大电路输出电阻的影响。

图 7-17（a）所示为电压负反馈的方框图。从放大电路输出端看进去，等效的输出电阻相当于原开环放大电路输出电阻与反馈输入网络电阻的并联，其结果必然使输出电阻减小。两者的关系为

$$r_{of} = r_o \frac{1}{1+AF} \tag{7-11}$$

即电压负反馈使放大电路的输出电阻减小。

图 7-17（b）所示为电流负反馈的方框图。从放大电路输出端看进去，等效的输出电阻相当于原开环放大电路输出电阻与反馈网络输入电阻的串联，其结果必然使输出电阻增大。两者的关系为

$$r_{of} = r_o(1+AF) \tag{7-12}$$

即电流负反馈使输出电阻增大。

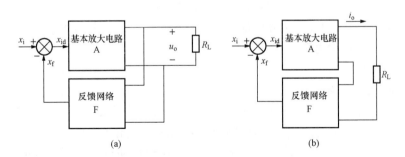

图 7-17　电压、电流负反馈框图
（a）电压负反馈；（b）电流负反馈

以上分析说明，引入负反馈能改善放大电路的性能，那么在实际电路中应如何引入负反馈呢？可将放大电路引入负反馈的一般原则归纳为以下几点。

1）要稳定放大电路的静态工作点 Q，应该引入直流负反馈。

2）要改善放大电路的动态性能（如提高增益的稳定性、稳定输出量、减小失真、扩展频带等），应该引入交流负反馈。

3）要稳定输出电压，减小输出电阻，提高电路的带负载能力，应该引入电压负反馈。

4）要稳定输出电流，增大输出电阻，应该引入电流负反馈。

5）要提高电路的输入电阻，减小电路向信号源索取的电流，应该引入串联负反馈。

6）要减小电路的输入电阻，应该引入并联负反馈。

注意，在多级放大电路中，为了达到改善放大电路性能的目的，所引入的负反馈一般为级间反馈。

7.3　基本运算电路

7.3.1　理想运算放大器

理想运放可以理解为实际运放的理想化模型，就是将集成运放的各项技术指标理想化，得到一个理想的运算放大器。理想运算放大器的主要条件是：

（1）开环电压放大倍数 $A_{od}\to\infty$；

（2）输入电阻 $r_{id}\to\infty$；

（3）输出电阻 $r_{od}\to 0$；

（4）共模抑制比 $K_{CMR}\to\infty$。

集成运算放大器外接深度负反馈电路后，便可构成信号的比例、加减、微分、积分等基本运算电路。它是运算放大器线性应用的一部分，而放大器线性应用的必要条件是引入深度负反馈。

当集成运放工作在线性区时，输出电压在有限值之间变化，而集成运放的 $A_{od}\to\infty$，则 $u_{id}=u_{od}/A_{od}\approx 0$，由 $u_{id}=u_+-u_-$，得 $u_+\approx u_-$。说明，同相端和反相端电压几乎相等，所以称为虚假短路，简称"虚短"。

由集成运放的输入电阻 $r_{id}\to\infty$，得 $i_+=i_-=\dfrac{u_{id}}{r_{id}}\approx 0$。说明，流入集成运放的同相端和反相端电流几乎为零，所以称为虚假断路，简称"虚断"。

"虚短"和"虚断"的概念是分析理想放大器在线性区工作的基本依据。运用这两个概念会使电路的分析计算大为简化。

7.3.2　比例运算电路

1. 反相比例运算电路

图 7-18 所示为反相输入比例运算电路。图中，输入信号 u_i 经外接电阻 R_1 接到运放的反相输入端，反馈电阻 R_f 接在输出端与反相输入端之间，引入电压并联负反馈。同相输入端经平衡电阻 R' 接地，R' 的作用是保证运放输入级电路的对称性，从而消除偏置电流及其温漂的影响。为此，静态时运放同相端与反相端的对地等效电阻应该相等，即 $R'=R_1\!/\!/R_f$。由于 R' 中电流 $i_+=0$，故 $u_-=u_+=0$。反相输入端虽然未直接接地但其电位却为零，这种情况称为"虚地"。"虚地"是反相

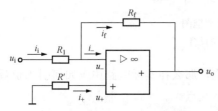

图 7-18　反相输入比例运算电路

输入电路的共同特征。

根据"虚断"有 $i_i \approx i_f$，又因为 $i_i = \dfrac{u_i}{R_1}$，$i_f = \dfrac{0-u_o}{R_f} = -\dfrac{u_o}{R_f}$，所以 $\dfrac{u_i}{R_1} = -\dfrac{u_o}{R_f}$，即

$$A_{uf} = \frac{u_o}{u_i} = -\frac{R_f}{R_1} \tag{7-13}$$

或

$$u_o = -\frac{R_f}{R_1} u_i \tag{7-14}$$

可见，输出电压与输入电压成正比，比值与运放本身的参数无关，只取决于外接电阻 R_1 和 R_f 的大小。且输出电压与输入电压相位相反。由于反相端和同相端的对地电压都接近于 0，所以运放输入端的共模输入电压极小，这是反相输入电路的特点。

当 $R_1 = R_f = R$ 时，$u_o = -\dfrac{R_f}{R_1} u_i = -u_i$，输入电压与输出电压大小相等、相位相反，称为反相器。

2. 同相比例运算电路

在图 7-19 中，输入信号 u_i 经过外接电阻 R' 接到集成运放的同相端，反相输入端经电阻 R_1 接地，反馈电阻 R_f 接在输出端与反相输入端之间，引入电压串联负反馈。由图 7-19 可得

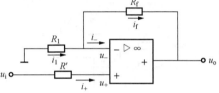

$$u_+ = u_i,\ u_i \approx u_- = u_o \frac{R_1}{R_1 + R_f}$$

所以

$$A_{uf} = \frac{u_o}{u_i} = 1 + \frac{R_f}{R_1} \tag{7-15}$$

图 7-19　同相比例运算电路（一）

或

$$u_o = \left(1 + \frac{R_f}{R_1}\right) u_i \tag{7-16}$$

可见，u_o 与 u_i 成正比关系，且同相位。

由同相比例运算电路的分析可知：因为同相输入电路的两输入端电压相等且不为零（不存在"虚地"），故有共模输入电压存在，应当选用共模抑制比高的运算放大器。

如图 7-20 所示，当 $R_f = 0$ 或 $R_1 \to \infty$ 时，有

$$u_o = \left(1 + \frac{R_f}{R_1}\right) u_i = u_i \tag{7-17}$$

即输出电压与输入电压大小相等、相位相同，该电路称为电压跟随器。

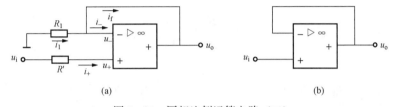

(a)　　　　　　　　　　　　　　　　　(b)

图 7-20　同相比例运算电路（二）

(a) $R_f = 0$ 时；(b) $R_f = 0$ 且 $R_1 \to \infty$ 时

7.3.3　加法运算电路

在自动控制电路中，往往需要将多个采样信号按一定的比例叠加起来输入到放大电路

中，这就需要用到加法运算电路，如图 7‐21 所示。

图 7‐21 中有两个输入信号 u_{i1}、u_{i2}（实际应用中可以根据需要增减输入信号的数量），分别经电阻 R_1、R_2 加在反相输入端；反馈电阻 R_f 引入深度电压并联负反馈；R' 为平衡电阻，$R'=R_f /\!/ R_1 /\!/ R_2$。

根据"虚断"的概念可得 $i_i \approx i_f$，其中 $i_i = i_1 + i_2$，根据"虚地"的概念可得 $i_1 = \dfrac{u_{i1}}{R_1}$，$i_2 = \dfrac{u_{i2}}{R_2}$，则有

$$u_o = -R_f i_f = -R_f\left(\frac{u_{i1}}{R_1} + \frac{u_{i2}}{R_2}\right) \tag{7‐18}$$

实现了各信号按比例进行加法运算。若取 $R_1 = R_2 = R_f$，则

$$u_o = -(u_{i1} + u_{i2}) \tag{7‐19}$$

即实现了真正意义上的加法运算。但输入与输出信号反相。

7.3.4　减法运算电路

能实现减法运算的电路如图 7‐22 所示。

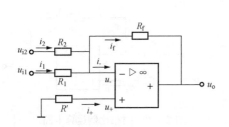

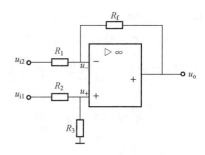

图 7‐21　加法运算电路　　　　　　　图 7‐22　减法运算电路

根据叠加定理，首先令 $u_{i1}=0$，u_{i2} 单独作用，电路成为反相比例运算电路，其输出电压为

$$u_{o2} = -\frac{R_f}{R_1} u_{i2} \tag{7‐20}$$

再令 $u_{i2}=0$，u_{i1} 单独作用，电路成为同相比例运算电路，同相端电压为

$$u_+ = \frac{R_3}{R_2 + R_3} u_{i1}$$

其输出电压为

$$u_{o1} = \left(1 + \frac{R_f}{R_1}\right)\left(\frac{R_3}{R_2 + R_3}\right) u_{i1} \tag{7‐21}$$

这样

$$u_o = u_{o1} + u_{o2} = \left(1 + \frac{R_f}{R_1}\right)\left(\frac{R_3}{R_2 + R_3}\right) u_{i1} - \frac{R_f}{R_1} u_{i2} \tag{7‐22}$$

当 $R_1 = R_2 = R_3 = R_f = R$ 时，$u_o = u_{i1} - u_{i2}$。在理想情况下，它的输出电压等于两个输入信号电压之差，具有很好地抑制共模信号的能力。但是，该电路作为差动放大器有输入电阻低和增益调节困难两大缺点。因此，为了满足输入阻抗和增益可调的要求，在工程上常采用多级运放组成的差动放大器来完成对差模信号的放大。

7.3.5　积分和微分运算电路

1.　积分运算电路

积分运算电路可以完成对输入信号的积分运算。这里介绍的是常用基本反相积分电路，如图 7 - 23 所示。电容 C 作为反馈元件引入电压并联负反馈，运放工作在线性区。

根据"虚地"的概念，$u_- \approx 0$，再根据"虚断"的概念，$i_- \approx 0$，则 $i_i = i_C$，即电容 C 以 $i_C = u_i/R$ 进行充电。设电容 C 的初始电压为零，那么

$$u_o = -u_C = -\frac{1}{C}\int i_C \mathrm{d}t = -\frac{1}{C}\int i_i \mathrm{d}t$$

即

$$u_o = -\frac{1}{RC}\int u_i \mathrm{d}t \qquad\qquad (7 - 23)$$

式（7 - 23）表明，输出电压与输入电压对时间的积分成正比，且相位相反。

积分电路的波形变换作用如图 7 - 24 所示，可将矩形波变成三角波输出。积分电路在自动控制系统中用以延缓过渡过程的冲击，使被控制的电动机外加电压缓慢上升，避免其机械转矩猛增，造成传动机械的损坏。积分电路还常用作显示器的扫描电路，以及模/数转换器、数学模拟运算等。

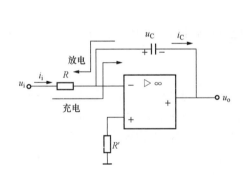

图 7 - 23　积分运算电路

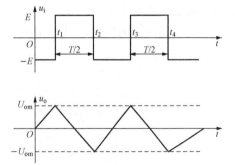

图 7 - 24　积分电路的输入与输出波形图

2.　微分运算电路

将积分运算电路中的 R 和 C 互换，就可得到微分运算电路，如图 7 - 25 所示。微分是积分的逆运算。图 7 - 25 中 R 引入电压并联负反馈，使运放工作在线性区。

根据理想运放特性可知

$$u_C = u_i, \quad i_C = C\frac{\mathrm{d}u_C}{\mathrm{d}t} = C\frac{\mathrm{d}u_i}{\mathrm{d}t}, \quad i_C = i_R = -\frac{u_o}{R}$$

故得输出电压 u_o 与输入电压 u_i 的关系为

$$u_o = -RC\frac{\mathrm{d}u_i}{\mathrm{d}t} \qquad\qquad (7 - 24)$$

式（7 - 24）表明，输出电压与输入电压对时间的微分成正比，且相位相反。

微分电路的波形变换作用如图 7 - 26 所示，可将矩形波变成尖脉冲输出。微分电路在自动控制系统中可用作加速环节，例如电动机出现短路故障时，起加速保护作用，迅速降低其供电电压。

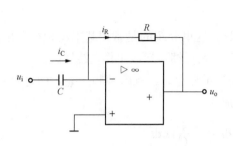

图 7 - 25　微分运算电路

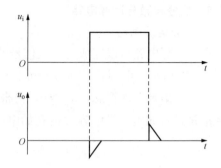

图 7 - 26　微分电路的输入与输出波形图

7.4　电　压　比　较　器

电压比较器是一种常见的模拟信号处理电路，它将一个模拟输入电压与一个参考电压进行比较，并由输出端的高电平或低电平来表示比较结果。这个高、低电平即为数字量；所以电压比较器可作为模拟电路和数字电路的"接口"，实现模/数转换。

电压比较器是运算放大器工作在非线性区的典型应用。从电路构成上看，此时运放应工作在开环状态或加入正反馈。

根据比较器的传输特性不同，可分为单门限电压比较器、滞回电压比较器及双限电压比较器。

7.4.1　单门限电压比较器

单门限电压比较器是指只有一个门限电压的比较器。其基本电路如图 7 - 27（a）所示。U_{REF} 是参考电压，加在运放的同相输入端，输入信号 u_i 加在反相输入端。运放工作在开环状态时，由于开环电压放大倍数很高，即使输入端只有一个很小的差值信号，也会使输出电压饱和。因此，构成电压比较器的运放工作在饱和区，即非线性区。当 $u_i < U_{REF}$ 时，$u_o = U_{OL}$（负饱和电压）；当 $u_i > U_{REF}$ 时，$u_o = U_{OH}$（正饱和电压）。图 7 - 27（b）所示为单门限电压比较的传输特性。

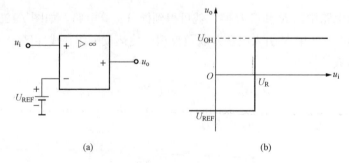

(a)　　　　　　　　　　　　　　　(b)

图 7 - 27　单门限电压比较器电路及其传输特性
（a）基本电路；（b）传输特性

电压比较器的输出电压发生跳变时对应的输入电压通常称为阈值电压或门限电压，用 U_{TH} 表示。可见，图 7 - 27（a）所示电路是一种单门限电压比较器，其阈值 $U_{TH} = U_{REF}$。

若 $U_{REF}=0$，即运放反相输入端接地，则电压比较器的阈值电压 $U_{TH}=0$。这种单限比较器也称为过零比较器。利用过零比较器可以将正弦波转变为方波，其输入、输出波形如图 7 - 28 所示。

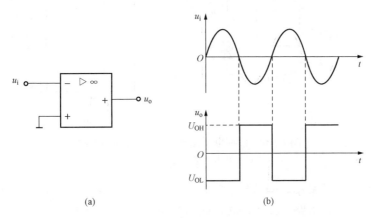

图 7 - 28　过零比较器基本电路及其波形转换作用

(a) 基本电路；(b) 波形转换

7.4.2　滞回电压比较器

单门限电压比较器电路简单，灵敏度高，但抗干扰能力差。如果输入电压受到干扰或噪声的影响在门限电平上下波动时，则输出电压将在高、低两个电平之间反复跳变，如图 7 - 29 所示。若用此输出电压控制电机等设备，将出现误操作。为解决这一问题，常采用滞回电压比较器。

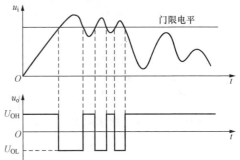

图 7 - 29　存在干扰时单门限电压比较器的输入、输出波形

滞回电压比较器通过引入上、下两个门限电压，从而获得正确、稳定的输出电压。在电路构成上以单门限电压比较器为基础，增加了正反馈电阻 R_2 和 R_f，使它的电压传输特性呈现滞回性，如图 7 - 30（b）所示。图 7 - 30（a）所示电路中的两个稳压管将比较器的输出电压稳定在 $+U_Z$ 和 $-U_Z$ 之间。

当输出电压为 $+U_Z$ 时，对应运放的同相端电压称为上门限电压，用 U_{TH1} 表示，则有

$$U_{TH1} = u_+ = U_{REF} \frac{R_f}{R_f + R_2} + U_Z \frac{R_2}{R_f + R_2} \tag{7 - 25}$$

当输出电压为 $-U_Z$ 时，对应运放的同相端电压称为下门限电压，用 U_{TH2} 表示，则有

$$U_{TH2} = u_+ = U_{REF} \frac{R_f}{R_f + R_2} - U_Z \frac{R_2}{R_f + R_2} \tag{7 - 26}$$

通过式（7 - 25）和式（7 - 26）可以看出，上门限电压 U_{TH1} 的值比下门限电压 U_{TH2} 的值大。

滞回电压比较器的传输特性如图 7 - 30（b）所示，当输入信号 u_i 从小于或等于零开始增加时，电路输出为 $+U_Z$，此时运放同相端对地电压为 U_{TH1}。u_i 增至刚超过 U_{TH1} 时，电路翻转，输出跳变为 $-U_Z$，此时运放同相端对地电压变为 U_{TH2}。u_i 继续增加时，输出保持 $-U_Z$ 不变。

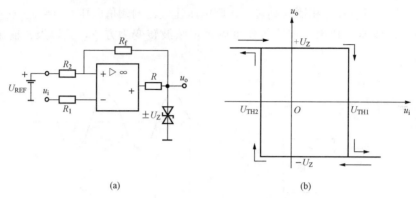

图 7 - 30　滞回电压比较器电路及其传输特性

(a) 基本电路；(b) 传输特性

　　若 u_i 从最大值开始减小，当减到上门限电压 U_{TH1} 时，输出并不翻转，只有减小到略小于下门限电压 U_{TH2} 时，电路才发生翻转，输出变为 $+U_z$。

　　由以上分析可以看出，该比较器具有滞回特性。

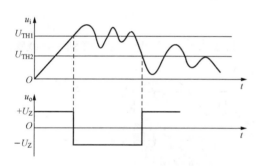

图 7 - 31　存在干扰时滞回比较器的
输入、输出波形

上门限电压 U_{TH1} 与下门限电压 U_{TH2} 之差称为回差电压，用 ΔU_{TH} 表示，即

$$\Delta U_{TH} = U_{TH1} - U_{TH2} = 2U_z \frac{R_2}{R_2 + R_f}$$

(7 - 27)

　　滞回电压比较器用于控制系统时的主要优点是抗干扰能力强。当输入信号受干扰或噪声的影响而上下波动时，只要根据干扰或噪声电平适当调整滞回电压比较器两个门限电压 U_{TH1} 和 U_{TH2} 的值，就可以避免比较器的输出电压在高、低电平之间反复跳变，如图 7 - 31 所示。

7.5　RC 正弦波振荡电路

　　信号产生电路是一种不需要外接输入信号，就能够产生特定频率和幅值交流信号的波形发生电路，也叫自激振荡电路。它的基本构成是在放大电路中引入正反馈来产生稳定的振荡，输出的交流信号是由直流电源的能量转换来的。

　　根据输出信号波形的不同，振荡电路可分为正弦波振荡电路和非正弦波振荡电路。

7.5.1　正弦波振荡电路的基本原理

　　1. 自激振荡形成的条件

　　扩音系统在使用中有时会发出刺耳的啸叫声，其形成过程如图 7 - 32 所示。

　　扬声器发出的声音传入话筒，话筒将声音转化为电信号，送给扩音机放大，再由扬声器将放大了的电信号转化为声音，声音又返送回话筒，形成正反馈，如此反复循环，就产生了自激振荡啸叫。显然，自激振荡是扩音系统应该避免的，而信号发生器正是利用自激振荡的原理来产生正弦波的。

由此可见，自激振荡电路是一个没有输入信号的正反馈放大电路。可用图 7 - 33 所示的方框图来分析自激振荡形成的条件。

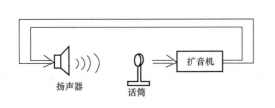

图 7 - 32　扩音系统形成的自激振荡

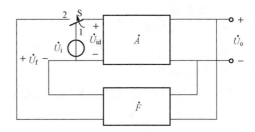

图 7 - 33　自激振荡电路的方框图

自激振荡形成的基本条件是反馈信号与输入信号大小相等、相位相同，即 $\dot{U}_\text{f} = \dot{U}_\text{i}$，而 $\dot{U}_\text{f} = \dot{A} \dot{F} \dot{U}_\text{i}$，可得

$$\dot{A} \dot{F} = 1 \tag{7 - 28}$$

这包含着两层含义：

（1）反馈信号与输入信号大小相等，表示 $|\dot{U}_\text{f}| = |\dot{U}_\text{i}|$，即

$$|\dot{A} \dot{F}| = 1 \tag{7 - 29}$$

称为幅度平衡条件。

（2）反馈信号与输入信号相位相同，表示输入信号经过放大电路产生的相移 φ_A 和反馈网络的相移 φ_F 之和为 0，2π，4π，…，2nπ，即

$$\varphi_\text{A} + \varphi_\text{F} = 2n\pi \quad (n = 0, 1, 2, 3, \cdots) \tag{7 - 30}$$

称为相位平衡条件。

2. 正弦波振荡的形成过程

放大电路在接通电源的瞬间，随着电源电压由零开始的突然增大，电路受到扰动，在放大电路的输入端产生一个微弱的扰动电压 u_i，这个扰动电压包括从低频到甚高频的各种频率的谐波成分。u_i 经放大器放大、正反馈，再放大、再反馈……如此反复循环，输出信号的幅度很快增加。为了能得到所需频率的正弦波信号，必须增加选频网络，只有在选频网络中心频率上的信号能通过，其他频率的信号被抑制。这样，在输出端就会得到如图 7 - 34 中 ab 段所示的起振波形。

那么，振荡电路在起振以后，振荡幅度会不会无休止地增长下去呢？这就需要增加稳幅环节，当振荡电路的输出达到一定幅度后，稳幅环节就会使输出减小，维持一个相对稳定的稳幅振荡，如图 7 - 34 中的 bc 段所示。也就是说，在振荡建立的初期，必须使反馈信号大于原输入信号，反馈信号一次比一次大，才能使振荡幅度逐渐增大；当振荡建立后，还必须使反馈信号等于原输入信号，才能使建立的振荡得以维持下去。

由上述分析可知，起振条件应为

$$|\dot{A} \dot{F}| > 1 \tag{7 - 31}$$

稳幅后的幅度平衡条件为

$$|\dot{A} \dot{F}| = 1$$

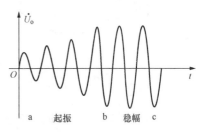

图 7 - 34　自激振荡的输出波形图

3. 振荡电路的组成

要形成振荡，电路中必须包含以下组成部分：

（1）放大器；

（2）正反馈网络；

（3）选频网络；

（4）稳幅环节。

根据选频网络组成元件的不同，正弦波振荡电路通常可分为 RC 振荡电路、LC 振荡电路和石英晶体振荡电路。

4. 振荡电路的分析方法

（1）检查电路是否具有振荡电路的 4 个组成部分。

（2）分析放大电路的静态偏置是否能保证放大电路正常工作。

（3）分析放大电路的交流通路是否能正常放大交流信号。

（4）检查电路是否满足相位平衡条件和幅度平衡条件。

7.5.2 RC 正弦波振荡电路

RC 正弦波振荡电路结构简单，性能可靠，用来产生几兆赫兹以下的低频信号。常用的 RC 振荡电路有 RC 桥式振荡电路和移相式振荡电路。这里只介绍由 RC 串并联网络构成的桥式振荡电路。

1. RC 串并联网络的选频特性

RC 串并联网络由 R_2 和 C_2 并联后与 R_1 和 C_1 串联组成，如图 7-35 所示。

设 R_1、C_1 的串联阻抗用 Z_1 表示，R_2 和 C_2 的并联阻抗用 Z_2 表示，那么

$$Z_1 = R_1 + \frac{1}{j\omega C_1}, \quad Z_2 = \frac{R_2}{1 + j\omega C_2 R_2}$$

输入电压 $\dot{U}_1$ 加在 Z_1 与 Z_2 串联网络的两端，输出电压 $\dot{U}_2$ 从 Z_2 两端取出。将输出电压 $\dot{U}_2$ 与输入电压 $\dot{U}_1$ 之比作为 RC 串并联网络的传输系数，记为 $\dot{F}$，那么

$$\dot{F} = \frac{\dot{U}_2}{\dot{U}_1} = \frac{Z_2}{Z_1 + Z_2} \tag{7-32}$$

在实际电路中，取 $C_1 = C_2 = C$，$R_1 = R_2 = R$，由数学推导得

$$\dot{F} = \frac{1}{3 + j\left(\omega RC - \frac{1}{\omega RC}\right)} = \frac{1}{3 + j\left(\frac{\omega}{\omega_0} - \frac{\omega_0}{\omega}\right)} \tag{7-33}$$

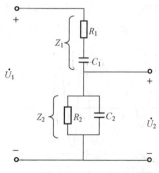

图 7-35 RC 串并联网络

令 $\omega_0 = \frac{1}{RC}$。设输入电压 $\dot{U}_1$ 为振幅恒定、频率可调的正弦信号。由式（7-33）可知：

当 $\omega \ll \omega_0$ 时，传输系数 $\dot{F}$ 的模值 $F \to 0$，相角 $\varphi_F \to +90°$；

当 $\omega \gg \omega_0$ 时，传输系数 $\dot{F}$ 的模值 $F \to 0$，相角 $\varphi_F \to -90°$；

当 $\omega = \omega_0$ 时，传输系数 $\dot{F}$ 的模值 $F = \frac{1}{3}$，且为最大，相角 $\varphi_F = 0$。

由此可以看出，ω 在整个增大的过程中，F 的值先从 0

逐渐增加，然后又逐渐减小到 0。其相角也从 $+90°$ 逐渐减小经过 $0°$ 直至 $-90°$。

可见，RC 串并联网络只在

$$\omega = \omega_0 = \frac{1}{RC} \tag{7-34}$$

即

$$f = f_0 = \frac{\omega_0}{2\pi} = \frac{1}{2\pi RC} \tag{7-35}$$

此时，输出幅度最大，而且输出电压与输入电压同相，即相位移为 $0°$，所以 RC 串并联网络具有选频特性，如图 7-36 所示。

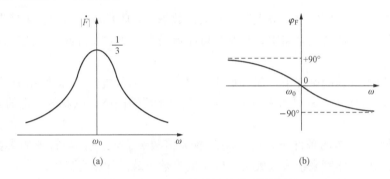

图 7-36　RC 串并联网络的选频特性

(a) 幅频特性；(b) 相频特性

2. RC 桥式振荡电路

将 RC 串并联选频网络和放大器结合起来即可构成 RC 振荡电路，放大器件可采用集成运算放大器，也可采用分离元件构成。图 7-37 所示为由集成运算放大器构成的 RC 桥式振荡电路，图中 RC 串并联选频网络接在运算放大器的输出端和同相输入端之间，构成正反馈；R_f 和 R_1 接在运算放大器的输出端和反相输入端之间，构成负反馈。正反馈电路与负反馈电路构成一个文氏电桥，运算放大器的输入端和输出端分别跨接在电桥的对角线上，形成四臂电桥。所以，把这种振荡电路称为 RC 桥式振荡电路。

在图 7-37 中，集成运放组成一个同相放大器，它的输出电压 u_o 作为 RC 串并联网络的输入电压，而将 RC 串并联网络的输出电压作为放大器的输入电压。当 $f=f_0$ 时，RC 串并联网络的相位移为零，放大器是同相放大器，电路的总相位移是零，满足相位平衡条件。而对于其他频率的信号，RC 串并联网络的相位移不为零，不满足相位平衡条件。由于 RC 串并联网络在 $f=f_0$ 时的传输系数 $F=1/3$，因此要求放大器的总电压增益 A_u 应大于 3，这对于集成运放组成的同相放大器来说是很容易满足的。

又知，同相输入比例运算放大电路的电压增益为

$$A_u = \frac{u_o}{u_i} = 1 + \frac{R_f}{R_1} \tag{7-36}$$

只要选择合适的 R_f 和 R_1 的比值，就能满足 A_u 大于 3 的要求。

由集成运算放大器构成的 RC 桥式振荡电路，具有性

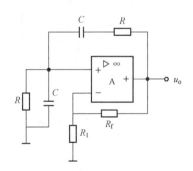

图 7-37　RC 桥式振荡电路

能稳定、电路简单等优点。其振荡频率由 RC 串并联正反馈选频网络的参数决定，即

$$f_0 = \frac{1}{2\pi RC} \tag{7-37}$$

习　　题

7.1　判断下列说法是否正确（在括号中打×或√）。

（1）由于接入负反馈，则反馈放大电路的 A 就一定是负值，接入正反馈后 A 就一定是正值。　　　　　　　　　　　　　　　　　　　　　　　　　　　　　　（　　）

（2）在负反馈放大电路中，放大器的放大倍数越大，闭环放大倍数就越稳定。　（　　）

（3）在深度负反馈放大电路中，只有尽可能地增大开环放大倍数，才能有效地提高闭环放大倍数。　　　　　　　　　　　　　　　　　　　　　　　　　　　　　　（　　）

（4）在深度负反馈的条件下，闭环放大倍数 $A_{uf} \approx 1/F$，它与反馈网络有关，而与放大器开环放大倍数 A 无关，故可省去放大通路，仅留下反馈网络，以获得稳定的放大倍数。

（　　）

（5）在深度负反馈的条件下，由于闭环放大倍数 $A_{uf} \approx 1/F$，与管子的参数几乎无关，因此可以任意选择晶体管来组成放大级，管子的参数也就没什么意义了。　　　（　　）

（6）若放大电路负载固定，为使其电压放大倍数稳定，可以引入电压负反馈，也可以引入电流负反馈。　　　　　　　　　　　　　　　　　　　　　　　　　　　　（　　）

7.2　试分别判断图 7-38 所示各电路的反馈极性及交、直流反馈。

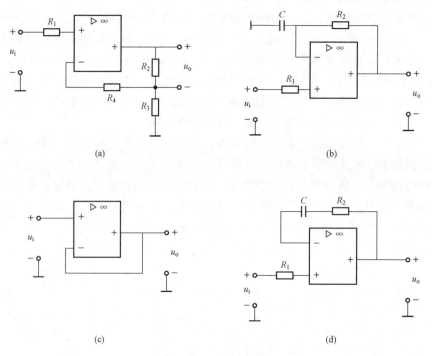

图 7-38　习题 7.2 图

7.3　试分别判断图 7-39 所示各电路级间反馈极性。

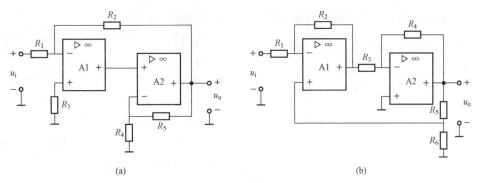

图 7 - 39　习题 7.3 图

7.4　试分别判断图 7 - 40 所示各电路中的反馈类型。

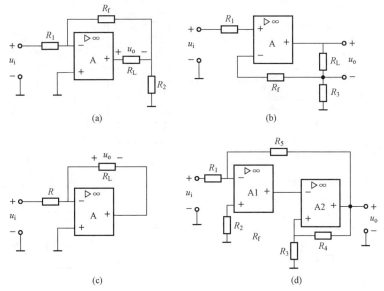

图 7 - 40　习题 7.4 图

7.5　有一负反馈放大器，其开环增益 $A=100$，反馈系数 $F=1/10$。试问它的反馈深度和闭环增益各为多少？

7.6　有一负反馈放大器，当输入电压为 0.1V 时，输出电压为 2V，而在开环时，对于 0.1V 的输入电压，其输出电压则为 4V。试计算其反馈深度和反馈系数。

7.7　由理想运放构成的电路如图 7 - 41 所示。试计算输出电压 u_o 的值。

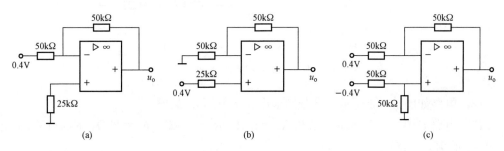

图 7 - 41　习题 7.7 图

7.8　电路如图 7-42 所示，已知 $R_f = 5R_1$，$u_i = 10\text{mV}$，试求 u_o 的值。

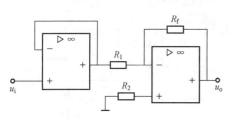

图 7-42　习题 7.8 图

7.9　电路如图 7-43 所示，已知 $u_i = 10\text{mV}$，试求 u_{o1}、u_{o2} 和 u_o 的值。

7.10　电路如图 7-44 所示，试写出 u_o 与 u_{i1} 和 u_{i2} 的关系，并求出当 $u_{i1} = +1.5\text{V}$，$u_{i2} = -0.5\text{V}$ 时 u_o 的值。

7.11　电路如图 7-45 所示，$R_f = R_1$，试分别画出各比较器的传输特性曲线。

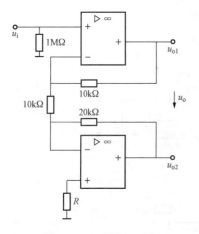

图 7-43　习题 7.9 图

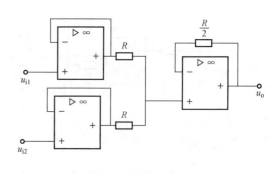

图 7-44　习题 7.10 图

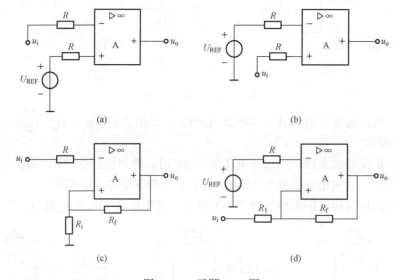

图 7-45　习题 7.11 图

7.12　电路如图 7-46 所示，试分别求出输出电压 u_o 的值。

7.13　电路如图 7-47 所示，已知 $R_1 = 2\text{k}\Omega$，$R_f = 10\text{k}\Omega$，$R_2 = 2\text{k}\Omega$，$R_3 = 18\text{k}\Omega$，$u_i = 1\text{V}$，求 u_o 的值。

7.14　如果要求运算放大电路的输出电压 $u_o = -5u_{i1} + 2u_{i2}$，已知反馈电阻 $R_f = 50\text{k}\Omega$，

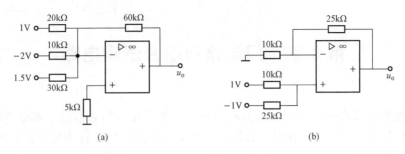

图 7-46　习题 7.12 图

试画出电路图并求出各电阻值。

7.15　电路如图 7-48 所示，试分别画出各电压比较器的传输特性曲线。

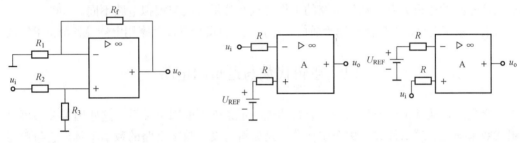

图 7-47　习题 7.13 图　　　　　　　　　　图 7-48　习题 7.15 图

7.16　电路如图 7-49 所示，其中双向稳压管的电压 $U_Z = \pm 6V$，输入信号 $u_i = 12\sin\omega t\,V$，在参考电压 U_{REF} 为 3V 和 $-3V$ 两种情况下，试画出电压比较器的传输特性曲线和输出电压波形。

7.17　电路如图 7-50 所示，A 为理想集成运放，$R_1 = 5k\Omega$，$R_2 = R_3 = 1k\Omega$，试分析确定在 $u_i = 2V$ 及 $u_i = -2V$ 时的 u_o 值。

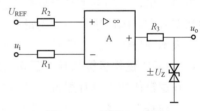

图 7-49　习题 7.16 图

7.18　某音频信号发生器的原理电路如图 7-51 所示，已知图中 $R = 22k\Omega$，$C = 6600pF$。

（1）分析电路的工作原理；

（2）若 R_P 从 1kΩ 调到 10kΩ，计算电路振荡频率的调节范围；

（3）确定电路中电阻 R_f/R_1 的比值。

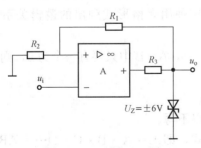

图 7-50　习题 7.17 图

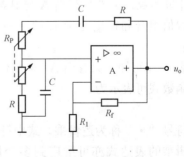

图 7-51　习题 7.18 图

第8章 门电路和组合逻辑电路

电子电路所处理的电信号可以分为两大类：一类是在时间和数值上都是连续变化的信号，称为模拟信号；另一类是在时间和数值上都是离散的信号，称为数字信号或脉冲信号。如果脉冲跃变后的值高于初始值，则称为正脉冲；反之为负脉冲。

对模拟信号进行处理的电子电路称为模拟电路，传送和处理数字信号的电路，称为数字电路。前者电路中的 BJT 工作在放大状态，后者电路中的 BJT 则工作在饱和状态和截止状态；模拟电路研究的是输出和输入信号间的大小、相位等问题，而数字电路则主要研究输出和输入信号间的逻辑关系。数字电路的工作特点及分析方法与模拟电路不同。

目前，数字电路已经广泛应用于通信、计算机、自动控制以及家用电器等各个技术领域。

8.1 逻辑代数与逻辑门电路

数字电路，从其工作原理来看，总是体现一定条件下的因果关系，这些因果关系可以用逻辑代数来描述。逻辑代数又称布尔代数，是分析与设计数字电路的数学工具。它与普通代数一样也用字母（A、B、C、$\cdots$）表示变量，但必须指出，只有这样的事物才可定义为一个逻辑变量，它的发生与否只有完全对应的两种可能性，即要么发生，要么不发生，没有中间状态可言，因此这是一个逻辑"1"和逻辑"0"的二值变量，它们不表示数量的大小，而是代表不同逻辑状态的符号。

8.1.1 基本逻辑运算和基本逻辑门电路

在逻辑代数中只有逻辑乘（与逻辑运算）、逻辑加（或逻辑运算）和逻辑反（非逻辑运算）三种基本运算，实现这三种逻辑关系的电子电路称为基本逻辑门电路。门电路是构成数字电路的一个基本组成单元。

1. 与逻辑运算及与门电路

决定某一事件发生的多个条件必须同时具备，事件才能发生，这样的逻辑关系称为与逻辑。若定义开关接通为"1"，开关断开为"0"；电灯亮为"1"，电灯灭为"0"，那么由若干个开关和电灯就能组成基本的逻辑关系。图 8-1 为两个开关 A、B 和电灯 L 及电源 E 组成的一个串联电路。显然只有当 A 与 B 都接通时，灯 L 才亮，表 8-1 列出了输入变量 A、B 的各种取值组合和输出变量 L 的一一对应关系。这种用表格形式列出的逻辑关系，叫做"真值表"。

由表 8-1 可知，只有当 A=1、B=1，L 才等于 1，A、B 中只要有一个为 0，则 L=0，用逻辑函数式可表示为

$$L = A \cdot B \tag{8-1}$$

式中：符号"·"称为逻辑乘，式中符号"·"可以不写。

逻辑乘的表达式亦可推广到多变量的一般形式，即 $L = A \cdot B \cdot C \cdot D \cdots = ABCD \cdots$。"与"运算的规则为：$0 \cdot 0 = 0$；$0 \cdot 1 = 0$；$1 \cdot 0 = 0$；$1 \cdot 1 = 1$。

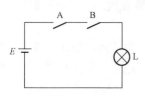

图 8-1　与逻辑电路

A	B	L
0	0	0
0	1	0
1	0	0
1	1	1

表 8-1　　　　　　　与 逻 辑 真 值 表

实现与逻辑的电路叫与门，图 8-2 所示为由二极管构成的与门电路及其逻辑符号。与门电路中 A、B 为与门的输入端，L 为与门的输出端。若 A、B 输入电平为 0V（逻辑"0"）或 3V（逻辑"1"），当输入全为 1 时，两个二极管全导通，输出端 L 的电位略高于 3V，输出 L 为 1；当输入有一个或两个全为 0 时，输入为 0 的二极管优先导通或全导通，输出 L 的电位也在 0 附近，输出 L 为 0，即有低出低、全高出高，符合与逻辑的运算规则。

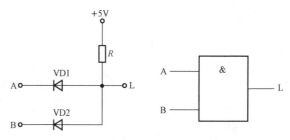

图 8-2　二极管与门电路和与门逻辑符号

2. 或逻辑运算及或门电路

决定某一事件的条件中只有一个或一个以上成立，该事件就发生，否则就不发生，这样的逻辑关系称为或逻辑（或称为逻辑加）。图 8-3 所示为两个开关的并联电路，其真值表如表 8-2 所示。

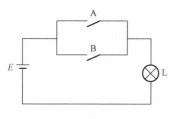

图 8-3　或逻辑电路

A	B	L
0	0	0
0	1	1
1	0	1
1	1	1

表 8-2　　　　　　　或 逻 辑 真 值 表

该电路只要一个开关通，灯就亮，即只要 A=1 或 B=1，则 L=1，其表达式为

$$L = A + B \tag{8-2}$$

式（8-2）中符号"+"叫做逻辑加。这种逻辑关系可以推广到多输入变量的一般形式为 L=A+B+C+…。"或"运算的规则为：0+0=0；0+1=1；1+0=1；1+1=1。

实现或逻辑的电路叫"或"门。图 8-4 所示为由二极管构成的或门电路及其逻辑符号。若 A、B 输入电平为 0V（逻辑"0"）或 3V（逻辑"1"），经分析可知该电路输入中有 3V 时，相对应的二极管导通，使输出端电位为 3V，输出 L 为 1；只有在输入全为 0V 时，输出端电

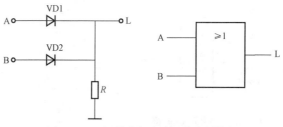

图 8-4　二极管或门电路及其逻辑符号

位为 0V，输出 L 才为 0，即有高出高、全低出低，符合或逻辑的运算规则。

3. 非逻辑运算及非门电路

某事件的发生取决于某个条件的否定，即该条件成立，事件不发生；而该条件不成立，事件反而会发生，这样的逻辑关系称为非逻辑。图 8-5 所示为逻辑非电路，真值表如表 8-3 所示。其逻辑关系是当开关 A 接通时，灯 L 不亮；当开关 A 断开时，灯 L 亮，即 A=0，L=1；A=1，L=0。其表达式为

$$L = \overline{A} \tag{8-3}$$

这种逻辑关系称为非逻辑。其中 A 叫原变量，$\overline{A}$ 叫反变量。非运算的基本规则为 $\overline{0}=1$；$\overline{1}=0$。

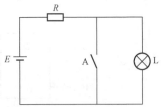

图 8-5　逻辑非电路

表 8-3　　　非 逻 辑 真 值 表

A	L
1	0
0	1

实现逻辑非运算的电路叫非门。图 8-6 所示为非门电路及其逻辑符号。当 A 为高电平时，晶体管饱和，其集电极电位在 0V 附近，即输出端 L 为 0；当 A 为低电平时，晶体管截止，其集电极电位在电源值附近，即输出端 L 为 1。所以非门又称为反相器，输入"1"，输出为"0"；输入"0"，输出为"1"。

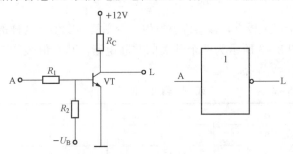

图 8-6　非门电路及其逻辑符号

4. 复合逻辑运算

与、或、非运算是逻辑代数中最基本的三种运算，任何复杂的逻辑关系都离不开这三种运算。如果我们将三种基本运算中的其中两种或三种组合起来，用一个单元电路来对应，将有利于数字电路或系统的简化。

与非逻辑关系式为

$$L = \overline{A \cdot B} = \overline{AB} \tag{8-4}$$

或非逻辑关系为

$$L = \overline{A + B} \tag{8-5}$$

与非和非逻辑运算的图形符号如图 8-7 和图 8-8 所示，其对应的真值表见表 8-4 和表 8-5。

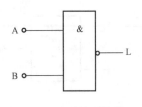

图 8-7　与非门逻辑符号

表 8-4　　　　　　　　与 非 逻 辑 真 值 表

A	B	L
0	0	1
0	1	1
1	0	1
1	1	0

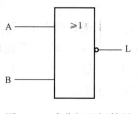

图 8 - 8　或非门逻辑符号

表 8 - 5	或 非 逻 辑 真 值 表	
A	B	L
0	0	1
0	1	0
1	0	0
1	1	0

5. 正逻辑与负逻辑

在前面讨论的门电路中均规定：高电平（U_H）为逻辑"1"，低电平（U_L）为逻辑"0"，这就是正逻辑的规定。反之，若规定低电平（U_L）为逻辑"1"，高电平（U_H）为逻辑"0"，这种规定与正逻辑的规定正好相反，此规定称为负逻辑。在本书中若没有特殊的说明，通常指的是正逻辑，即逻辑"1"表示高电平，逻辑"0"表示低电平。

8.1.2　集成逻辑门电路

随着电子技术的发展，在绝大部分实际应用中，分立元件门电路已被集成逻辑门电路所取代。与分立元件电路相比，集成逻辑门电路除了具有高可靠性、微型化等优点外，更为突出的优点是转换速度快，便于多级串接使用。

集成逻辑门电路的种类繁多，按其制造工艺划分为 TTL 和 CMOS 两大类。TTL 为 Transistor Transistor Logic（晶体管—晶体管逻辑）的简称；CMOS 为 Complementary Metal Oxide Semiconductor（互补对称金属氧化物半导体）的简称。

TTL 电路的特点是运行速度快，电源电压低（仅 5V），有较强的带负载能力。在 TTL 门电路中以与非门应用最为普遍。因此本节只讨论 TTL 集成与非门。

1. TTL 与非门电路

（1）电路结构及工作原理。图 8 - 9 是典型的晶体管—晶体管逻辑与非门电路，简称 TTL 与非门。这是一种小规模集成电路，使用极其广泛，该电路由三部分组成。即由多发射极晶体管 VT1 和电阻 R_1 构成的输入级电路，对输入信号实现"与"的功能；由晶体管 VT2 和电阻 R_2、R_3 组成的中间级电路，VT2 的集电极和发射极输出反相；由 VT3、VT4、VT5、R_4、R_5 组成的推挽式输出级电路。

设输入信号的高电平为 3.6V（"1"），低电平信号为 0.3V（"0"）。当 A、B、C 输入信号至少有一个为低电平 0.3V 时，VT1 中必有一个与低电平相连的发射结导通，$U_{BE1} = 0.7V$，故 $V_{B1} = 0.7 + 0.3 = 1V$，由于 VT1 的集电极回路电阻为 R_2 和 VT2 的 B-C 结反向电阻之和，阻值非常大，故 U_{C1} 很低，使 VT1 处于深度饱和状态，$U_{CE1} \approx 0.1V$，$U_{C1} = 0.3 + 0.1 = 0.4V$，因此 VT2 和 VT5 截止，$U_{CC}$ 经 R_2 使 VT3、VT4 导通，则 $u_o = U_{OH} = U_{CC} - I_{C2}R_2 - U_{BE3} - U_{BE4} \approx 5 - 1.4 = 3.6V$，即输出为"1"。由于 VT5 截止，当接负载后，有电流从 U_{CC} 经 R_4 流向每个负载门，这种电流称为拉电流，所带的负载

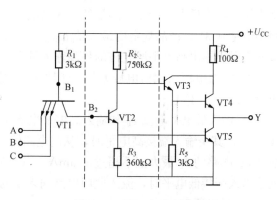

图 8-9　TTL 与非门电路

称为拉电流负载。

当输入 A、B、C 皆为高电平，电源 U_{CC} 通过 R_1 和 VT1 的集电结向晶体管 VT2 和 VT5 提供基极电流，在参数设计上使 VT2、VT5 能饱和导通，输出 $u_o = U_{OL} = 0.3V$，即输出为"0"。此时 VT2 的集电极电位 $U_{C2} = U_{BE5} + U_{CE2} = 0.7 + 0.3 = 1V$，$V_{B1} = U_{BC1} + U_{BE2} + U_{BE5} = 0.7 + VT3$、VT4 必然截止，当接负载后，VT5 的集电极电流全部由外接负载门灌入，这种电流称为灌电流，所带的负载称为灌电流负载。

由此可见，该电路输入输出关系为"全高出低、有低出高"，按正逻辑规定此电路满足"与非"逻辑关系。

（2）TTL 与非门的电压传输特性。电压传输特性是指输出电压随输入电压变化的特性，即 $u_o = f(u_i)$，如图 8-10 所示。

ab 段：当 $u_i < 0.7V$ 时，VT1 正向饱和导通，VT2、VT5 截止，VT3、VT4 导通，$u_o = U_{OH} = 3.6V$，输出呈高电平。

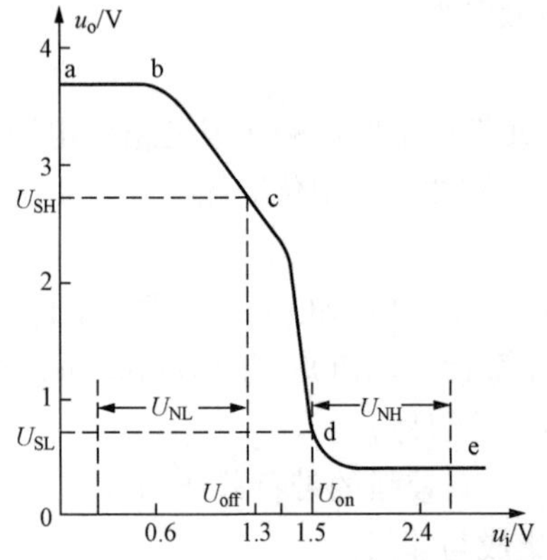

bc 段：当 $0.7V < u_i < 1.3V$ 时，VT1 仍饱和导通，VT5 截止，VT2 随 u_i 的增大而工作于放大状态，其集电极电压随 u_i 的增大而下降，这个变化通过 VT3、VT4 送到输出端。

cd 段：对应于 $1.3V < u_i < 1.5V$，当 u_i 等于 1.4V 时，VT5 开始导通，输出电压急剧下降为低电平，1.4V 称为 TTL 与非门的门槛电压（或称阈值电压）U_T。

de 段：当 $u_i > 1.5V$ 时，VT2、VT5 饱和导通，VT3、VT4 截止，随着输入电压升高，输出电压继续保持低电平 0.3V。

图 8-10　TTL 与非门的电压传输特性

（3）TTL 与非门的主要参数。

1）输出高电平 U_{OH} 和输出低电平 U_{OL}。U_{OH} 对应于 ab 段的输出电压，它是当门的输入端有一个或几个为低电平时的输出电平，U_{OH} 的典型值是 3.6V。U_{OL} 对应于 de 段的输出电压，它是当门的输入端全为高电平且输出端接有额定负载时的输出电平，U_{OL} 的典型值是 0.3V，产品规定的最大值 $U_{OL(max)} = 0.4V$。

2）输入高电平 U_{IH} 和输入低电平 U_{IL}。U_{IH} 是与输入逻辑 1 对应的输入电平，U_{IH} 的典型值是 3.6V，产品规定的最小值 $U_{IH(min)} = 1.8V$。通常把 $U_{IH(min)}$ 称为开门电平，记作 U_{on}，含义为保证输出低电平所允许的最低输入高电平。U_{IL} 是与输入逻辑 0 对应的输入电平，U_{IL} 的典型值是 0.3V，产品规定的最大值 $U_{IL(max)} = 0.8V$。通常把 $U_{IL(max)}$ 称为关门电平，记 U_{off}，含义为保证输出高电平所允许的最高输入低电平。

3）门槛电压（阈值电压）U_T。门槛电压是指电压传输特性 cd 段中点所对应的输入电压值，$U_T = 1.4V$。

4）输入低电平电流 I_{IL} 和输入高电平电流 I_{IH}。当 TTL "与非"门某一输入端接低电平（0.3V），其余输入端接高电平时，从门电路输入端流入的电流就是输入低电平电流 I_{IL}，一般 TTL 电路的 I_{IL} 最大值不超过 1.6mA。当 TTL "与非"门某一输入端接高电平（3.6V），其余输入端接低电平时，流入此门电路输入端的电流就是输入高电平电流 I_{IH}，一般 TTL 电路的 I_{IH} 不超过 $70\mu A$。

5）抗干扰容限。从电压传输特性上可以看到，当输入信号偏离标准低电平 0.3V 而上升时，输出的高电平并不立即下降。同样，当输入信号偏离标准高电平 3.6V 而下降时，输出的低电平也并不立刻上升，因此，数字系统中，即使有噪声电压叠加到输入信号的高、低电平上，只要噪声电压的幅度不超过允许的界限，就不会影响输出的逻辑状态，通常把这个界限叫做噪声容限。电路的噪声容限愈大，其抗干扰能力就愈强。

低电平噪声容限为

$$U_{NL} = U_{off} - U_{IL} = 0.8 - 0.3 = 0.5(V)$$

U_{NL}越大，表明与非门输入低电平时抗正向干扰的能力越强。

高电平噪声容限为

$$U_{NH} = U_{IH} - U_{on} = 3.6 - 1.8 = 1.8(V)$$

U_{NH}越大，表明与非门输入高电平时抗负向干扰的能力越强。

6）扇出系数。一个门电路能够驱动同类型门电路的个数称为扇出系数，用 N_0 表示。扇出系数是反映门电路负载能力的重要指标，它表示此门电路在标准工作状态下，如果接上与扇出系数 N_0 相同的下级同类门电路的话，这个门电路的输出电平仍在正常工作范围内。门电路的驱动能力在输出高电平或低电平时是不同的。对 TTL 与非门，$N_0 > 8$。

7）平均传输延迟时间 t_{pd}。与非门的输入端加上一个方波电压，输出电压变化较输入变化有一定的时间延迟，从输入方波上升沿的 50% 处起到输出方波下降沿的 50% 处止所对应的时间，称为导通延迟时间 t_{pdL}；从输入方波下降沿的 50% 处起到输出方波上升沿的 50% 处止所对应的时间，称为截止延迟时间 t_{pdH}。一般 $t_{pdH} > t_{pdL}$，平均延迟时间 t_{pd} 为两个延迟时间的平均值。TTL 门的 t_{pd} 一般在 3~40ns 之间。它是表示门电路开关速度的一个参数，该值愈小，开关速度就愈快，所以 t_{pd} 愈小愈好。

（4）常用 TTL 与非门集成电路。常用的 TTL 与非门集成电路有 7400 和 7420 等芯片，如图 8-11 所示，7400 是一种有四个二输入与非门的集成电路，7420 是有两个四输入与非门的集成电路，其引线端子中未标注的端子为空端，U_{CC} 为电源端，GND 为接地端，与非门的主要参数可查有关手册。

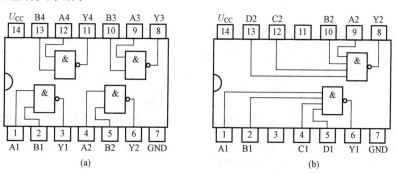

图 8-11　TTL 与非门外引线排列图

(a) 7400；(b) 7420

2. TTL 电路系列产品

不同的使用场合，对集成电路的工作速度和功耗等性能有不同的要求，可选用不同系列的产品。TTL 的典型产品为 54/74 系列产品，54 系列为军用产品，工作环境温度为 −55~+125℃；74 系列为民用产品，工作环境温度为 0~70℃，其有以下几个产品系列：①CT74

系列为标准系列，相当早期的国标 CT1000 系列，为 TTL 的中速器件；②CT74H 系列为高速系列，相当早期的国标 CT2000 系列；③CT74S 系列为高速型肖特基系列，相当早期的国标 CT3000 系列；④CT74LS 系列为低功耗肖特基系列，相当早期的国标 CT4000 系列。此外还有许多更先进的系列产品，如 74ALS 系列、74AS 系列、74F 系列等，它们在速度或功耗上都较前述系列有较大改进。

3. CMOS 门电路

CMOS 门电路是由一对 PMOS 和 NMOS 管构成的一种互补对称场效应管集成门电路，由于其性能优越，应用领域十分广阔，尤其在大规模集成电路中更显出它的优越性。

图 8-12 所示为二输入 CMOS 与非门电路。

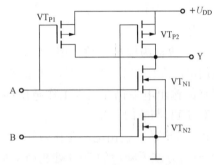

图 8-12 CMOS 与非门电路

CMOS 门电路的主要优点包括以下几方面。

（1）功耗低。CMOS 电路工作时，几乎不吸取静态电流，所以功耗极低。

（2）电源电压范围宽。目前国产的 CMOS 集成电路、按工作电源电压范围分为两个系列，即 3～18V 的 CC4000 系列和 7～15V 的 C000 系列。由于电源电压范围宽，因此选择电源电压灵活方便，便于和其他电路接口。

（3）抗干扰能力强，制作工艺较简单。

（4）带负载能力强，在低频工作时，一个输出端可驱动 50 个以上的 CMOS 器件，当工作速度较高时，扇出系数一般只有 10～20。

（5）集成度高，宜于实现大规模集成。

由于 CMOS 门电路具有上述优点，因而在数字电路、电子计算机及数字仪表等许多方面获得了广泛应用。但是 CMOS 电路的延迟时间较长，所以开关速度较慢。

在逻辑功能方面，CMOS 门电路与 TTL 门电路是相同的。CMOS 及 TTL 两大类门混合使用时，必须采用适当的接口技术。但 CMOS 电路的电源电压为 5V 时，它可以与低功耗 TTL 电路直接兼容。

4. 使用集成门的注意事项

（1）多余输入端的处理。原则上与非门的多余输入端应接高电平，或非门的多余输入端应接低电平，以保证有正常的逻辑功能。具体来说，多余输入端接高电平时，TTL 门可有三种处理方式：①悬空（虽然悬空相当于高电平，但容易接受干扰，有时会造成电路的误动作）；②直接接 $+U_{CC}$；③通过 1～3kΩ 电阻接 $+U_{CC}$。CMOS 门不允许输入端悬空，应接 $+U_{DD}$。欲接低电平时，两种门均直接接地。当工作速度不高、驱动级负载能力富裕时，两种门电路的多余输入端均可与使用输入端并联。

（2）供电电源的选用。TTL 门对直流电源的要求是，电压为 5V，但不能超过 5.5V，电压稳定度高，纹波小；CMOS 门对电源的要求比 TTL 低很多，只要不超过电路允许电源电压极限值即可，一般宜向偏高一方选定电源电压，以提高门电路的抗干扰能力。

（3）输入电压范围。输入电压的容许范围是 $-0.5V \leqslant u_i \leqslant U_{CC}(U_{DD})+0.5V$。

（4）输出端的连接。除三态门（输出有高电平、低电平和高阻态三种状态）、OC 门（一种 TTL 集电极开路门）能将其输出端连接在一起，以实现线与）以外，门电路的输出端不得并联；输出端不许直接接电源或地端，否则可能造成器件损坏；每个门输出端所带负载，不得超过其本身的负载能力。

8.1.3　逻辑代数化简

1. 逻辑代数的基本定律和公式

根据逻辑代数三种基本运算可以推导出逻辑运算的一些基本定律，由基本定律可推出逻辑代数的一些常用公式，这些定律和公式为逻辑函数的化简提供了依据，是分析和设计数字逻辑电路的一个数学工具。逻辑代数的定律和公式如表 8-6 所示。

表 8-6　　　　　　　　　　　　逻辑代数的定律和公式

定律名称	逻辑关系表达式		说　　明
0～1 律	$A \cdot 1 = A$	$A + 1 = 1$	变量与常量关系
	$A \cdot 0 = 0$	$A + 0 = A$	
互补律	$A \cdot \overline{A} = 0$	$A + \overline{A} = 1$	
交换律	$A \cdot B = B \cdot A$	$A + B = B + A$	与普通代数相似的定律
结合律	$A(BC) = (AB)C$	$A + (B+C) = (A+B) + C$	
分配律	$A(B+C) = AB + AC$	$A + BC = (A+B)(A+C)$	
重叠律	$A \cdot A = A$	$A + A = A$	逻辑代数中的特殊定律
反演律	$\overline{AB} = \overline{A} + \overline{B}$	$\overline{A+B} = \overline{A}\,\overline{B}$	
还原律	$\overline{\overline{A}} = A$		
吸收律	$(A+B)(A+\overline{B}) = A$	$AB + A\overline{B} = A$	逻辑代数中的常用公式
	$A(A+B) = A$	$A + AB = A$	
	$A(\overline{A}+B) = AB$	$A + \overline{A}B = A + B$	
包含律	$(A+B)(\overline{A}+C)(B+C)$ $= (A+B)(\overline{A}+C)$	$AB + \overline{A}C + BC$ $= AB + \overline{A}C$	

公式证明的方法常用的是真值表法，即通过分别作出等式两边的真值表，再检验其结果是否相同来证明，这个方法是最有效也是最准确的。

2. 逻辑函数的化简

通过与、或、非等逻辑运算把各个变量联系起来，就构成了一个逻辑函数式。一个逻辑函数式，可以用若干门电路的组合来实现，并有许多种不同的表达式。

例如：

$$F = AB + \overline{A}C \qquad\qquad 与或表达式$$
$$= (A + C)(\overline{A} + B) \qquad\qquad 或与表达式$$
$$= \overline{\overline{AB}\ \overline{\overline{A}C}} \qquad\qquad 与非与非表达式$$

这些表达式是同一个逻辑函数的不同表达形式，反映的是同一逻辑关系。在数字电路中，用逻辑符号表示的实现逻辑关系的电路称为逻辑电路图，简称逻辑图。显然这些电路组成形式各不相同，但逻辑功能却是相同的。一般来讲，表达式越简单，实现它的逻辑电路就越简单。同样，如果已知一个逻辑电路，则按其列出的逻辑表达式越简单，也越有利于简化对电路逻辑功能的分析，所以必须对逻辑函数进行化简。

化简时，力图得到最简单的与或表达式，使得乘积项中的乘积因子最少，以减小与门的输入端及连线数；乘积项最少，以减少或门的输入端和连线数。下面举例说明如何利用逻辑代数运算法则对逻辑函数进行化简和变换。

【例 8 - 1】 化简 $F = AB + \overline{A}C + BC$。

解

$$\begin{aligned}
F &= AB + \overline{A}C + (A + \overline{A})BC \\
&= AB + \overline{A}C + ABC + \overline{A}BC \\
&= AB(1 + C) + \overline{A}C(1 + B) \\
&= AB + \overline{A}C
\end{aligned}$$

【例 8 - 2】 化简 $F = \overline{(\overline{A} + A\,\overline{B})\,\overline{C}}$。

解

$$\begin{aligned}
F &= \overline{(\overline{A} + A\,\overline{B})\,\overline{C}} \\
&= \overline{(\overline{A} + A\,\overline{B})} + C \\
&= \overline{(\overline{A} + \overline{B})} + C \\
&= AB + C
\end{aligned}$$

8.2 组合逻辑电路的分析与设计

数字电路按记忆功能可分为两大类，一类为组合逻辑电路，另一类为时序逻辑电路。组合逻辑电路在逻辑功能上的特点是：任意时刻的输出仅取决于该时刻的输入，而与电路的过去状态无关，即无记忆功能。组合逻辑电路可以有多个输入、多个输出，输出与输入之间的关系可用 M 个逻辑函数式来表示。

8.2.1 组合逻辑电路的分析

组合逻辑电路的分析是指，已知某一组合逻辑电路的电路图，分析其输出与输入之间的逻辑关系。

组合逻辑电路分析的常用步骤如下：首先，根据逻辑电路图，写出输出变量对应于输入变量的逻辑函数表达式，可由输入级逐级向后递推，写出每个门输出对应于输入的逻辑关系式，推出最终输出对应于输入的逻辑关系式，并运用逻辑代数化简或变换逻辑函数；其次，列出真值表；最后分析真值表，说明电路的逻辑功能。

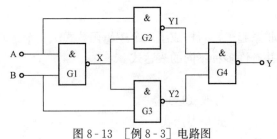

图 8 - 13 ［例 8 - 3］电路图

【例 8 - 3】 分析图 8 - 13 所示电路的逻辑功能。

解 由逻辑图可写出逻辑式

G1 门　$X = \overline{AB}$

G2 门　$Y_1 = \overline{A\,\overline{AB}}$

G3 门　$Y_2 = \overline{B\,\overline{AB}}$

G4 门　$Y = \overline{Y_1 Y_2} = \overline{\overline{A\,\overline{AB}}\,\overline{B\,\overline{AB}}} = \overline{\overline{A\,\overline{AB}}} + \overline{\overline{B\,\overline{AB}}} = A\,\overline{AB} + B\,\overline{AB}$

即　　　　　　　　　　$Y = A\,\overline{AB} + B\,\overline{AB} = A(\overline{A} + \overline{B}) + B(\overline{A} + \overline{B})$

再化简为

$$Y=A\overline{A}+A\overline{B}+B\overline{A}+B\overline{B}=A\overline{B}+B\overline{A}$$

由逻辑式列出逻辑真值表如表 8-7 所示。从逻辑真值表中可以看出，当 A、B 相同时，输出为 0；相异时，输出为 1。这种逻辑关系称为异或关系，用逻辑函数式可表示为

$$Y=A\oplus B$$

同或运算是异或运算的非运算，其逻辑函数式可表示为 $Y=A\odot B=\overline{A\oplus B}$。读者可自行证明。

表 8-7　　　[例 8-3] 的真值表

A	B	Y
0	0	0
0	1	1
1	0	1
1	1	0

8.2.2　组合逻辑电路的设计

组合逻辑电路的设计是根据给出的逻辑功能要求，设计能实现该功能的简单而又可靠的逻辑电路。

组合逻辑电路的设计也有常用的步骤可以遵循。首先，根据设计要求，确定输入、输出变量数，并列出满足逻辑要求的真值表；其次，根据真值表写出逻辑表达式，并对输出的逻辑函数化简；最后选定逻辑门并作出逻辑电路图。

【例 8-4】 某单位举办军民联欢会，军人持红票入场，群众持黄票入场，持蓝票的军民均可入场。试设计合乎此要求的电路图。

解　首先，按题意输入变量有三个，分别为 A、B、C，输出变量有一个为 L，其对应关系如下：

A=1　军人，　　A=0　　群众
B=1　红票，　　B=0　　黄票
C=1　有蓝票，　C=0　　无蓝票
L=1　可入场，　L=0　　不可入场

列出真值表如表 8-8 所示。

表 8-8　　　　　　　[例 8-4] 的 真 值 表

A	B	C	L	A	B	C	L
0	0	0	1	1	0	0	0
0	0	1	1	1	0	1	1
0	1	0	0	1	1	0	1
0	1	1	1	1	1	1	1

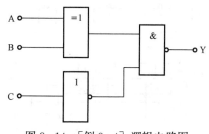

图 8-14　[例 8-4] 逻辑电路图

其次，根据真值表列出逻辑表达式，并化简。取 Y=0 列逻辑式较为方便，即

$$\overline{Y}=\overline{A}B\overline{C}+A\overline{B}\,\overline{C}=\overline{C}(\overline{A}B+A\overline{B})=\overline{C}(A\oplus B)$$

即

$$Y=\overline{\overline{C}\ (A\oplus B)}$$

若本题用与非门和异或门实现，画出逻辑电路图如图 8-14 所示。

8.3 常见组合逻辑电路

组合逻辑电路的特点是：输出状态仅取决于当时的输入条件，与电路原来所处的状态无关，即输入信号作用以前的电路所处的状态对输出信号没有影响。故组合逻辑电路在电路结构上的特点是由门电路组成。实用的组合逻辑电路，种类繁多，由于其用途极为广泛，因而都有相对应中规模的集成电路产品，还有少数的大规模集成电路产品。这里只讨论几种常见的组合逻辑电路的功能及其应用。

8.3.1 编码器

一般的讲，用数字或某种文字和符号来表示某一对象或信号的过程，称为编码。在数字电路中，二进制只有 0 和 1 两个数码，可以把若干个 0 和 1 按一定规律编排起来组成不同的代码（二进制数）来表示某一对象或信号。一位二进制代码有 0 和 1 两种，可以表示两个信号；两位二进制代码有 00、01、10、11 四种，可以表示四个信号，n 位二进制代码有 2^n 种，可以表示 2^n 个信号，对应的电路叫做二进制编码器。而二—十进制编码器是将十进制的十个数码 0、1、2、3、4、5、6、7、8、9 编成二进制代码的电路。输入的是 0~9 十个数码，输出的是对应的二进制代码。四位二进制代码共有十六种状态，其中任何十种状态都可表示 0~9 十个数码，方案很多。最常用的是 8421 编码方式，就是在四位二进制代码的十六种状态中取出前面十种状态，表示 0~9 十个数码，后面六种状态去掉。这种二进制代码又称二—十进制代码，简称 BCD 码，8421BCD 码编码表见表 8-9。

表 8-9　8421BCD 码编码表

输　入	输　　出			
十进制数	D	C	B	A
0 (I0)	0	0	0	0
1 (I1)	0	0	0	1
2 (I2)	0	0	1	0
3 (I3)	0	0	1	1
4 (I4)	0	1	0	0
5 (I5)	0	1	0	1
6 (I6)	0	1	1	0
7 (I7)	0	1	1	1
8 (I8)	1	0	0	0
9 (I9)	1	0	0	1

可以根据编码表按照组合逻辑电路的设计步骤设计出编码器。图 8-15 所示为集成 8421BCD 编码器 C304 内部电路图。

图 8-15 中 1~9 为按键。当某一键按下，该输入端向电路输入高电平，输出端输出四位代码。如 2 键按下，则 DCBA＝0010。数字 0 是隐含的，当无键按下时 DCBA＝0000。某些计算机键盘中的编码电路就用的是 C304 编码器。

8.3.2 译码器和数字显示

1. 通用译码器

译码是编码的逆过程。编码是将某种信号或十进制数的十个数码（输入）编成二进制代码（输出）。译码是将二进制代码（输入）按其编码时的原意译成对应的信号或十进制数码（输出）。实现译码功能的逻辑电路称为译码器，按其功能特点可分为通用译码器和显示译码器两大类。通

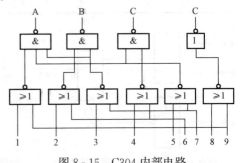

图 8-15　C304 内部电路

用译码器可以将 n 位二进制代码的 2^n 种组合译成电路的 2^n 种输出状态。2-4 线译码器是把 2 位二进制输入代码译成 4 种输出状态，如 CT74139/CT54139 等；3-8 线译码器是把 3 位二进制输入代码译成 8 种输出状态，如 CT74138/CT54138 等；此外还有 4-16 线译码器和 4-10 线译码器等。输入的代码被译成相应的电平信号。高电平信号用原变量表示，低电平信号用反变量表示。表 8-10 是 2 位二进制低电平输出的译码器的状态表。

同样，读者可以根据表 8-10 自己设计 2 位二进制译码器。

图 8-16 是集成双 2-4 线译码器 74LS139 的 1/2 电路图。$\overline{S}$ 是使能端，低电平有效，当 $\overline{S}=0$ 时，可以译码；$\overline{S}=1$ 时，输出全为高电平。

表 8-10　　2 位二进制译码器的状态表

输　　入		输　　　出			
A	B	$\overline{Y0}$	$\overline{Y1}$	$\overline{Y2}$	$\overline{Y3}$
0	0	0	1	1	1
0	1	1	0	1	1
1	0	1	1	0	1
1	1	1	1	1	0

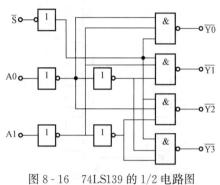

图 8-16　74LS139 的 1/2 电路图

由图 8-16 可见，当输入代码为 01 时，即 A0＝0，A1＝1，$\overline{Y2}$ 为 0，其余输出为 1；当输入代码为 11 时，$\overline{Y3}$ 为 0，其余输出为 1，这样就实现了把输入代码译成低电平输出。其功能表与表 8-10 一致。

2. 二—十进制显示译码器

在数字仪表、计算机和其他数字系统中，常常要把测量数据和运算结果用十进制数显示出来，这就要用显示译码器，它能够把二—十进制代码译成能用显示器件显示出的十进制数。

常用的显示器件有半导体数码管、液晶数码管和荧光数码管等。下面只介绍半导体数码管一种。

（1）半导体数码管。半导体数码管（或称 LED 数码管）的基本单元是发光二极管，多个发光二极管可以按分段式封装成半导体数码管，其字形结构如图 8-17（b）所示。发光二极管的工作电压为 1.5～3V，工作电流为几毫安到十几毫安，使用寿命很长。

半导体数码管将十进制数码分成七段，每段为一发光二极管，小数点用另一个发光二极管显示，其结构如图 8-17（a）所示，选择不同字段发光，可显示出不同的字形。例如，当 a，b，c，d，e，f，g 七段全亮时，显示出 8；b，c 段亮时，显示出 1。

半导体数码管中七个发光二极管有共阴极和共阳极两种接法。前者某一段接高电平时发光，后者某一段接低电平时发光。使用时每个管要串联限流电阻。

（2）七段显示译码器。七段显示译码器的功能是把

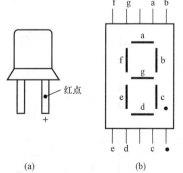

图 8-17　半导体数码管

（a）发光二极管；（b）半导体数码管

二—十进制代码译成对应于数码管的七字段信号，驱动数码管显示出相应的十进制数码。

图 8-18 是七段显示译码器 74LS247 的外引线排列图。74LS247 驱动的是共阳数码管。图中 $\overline{BI}$ 为灭灯输入端，当 $\overline{BI}$ 端为 0 时，七个输出均为 1，数码管熄灭；$\overline{LT}$ 为灯测试输入，当 $\overline{LT}$ 端为 0 时，7 个输出均为 0，数码管各段点亮；$\overline{RBI}$ 为灭零输入，当 $\overline{RBI}$ 端为 0 时，可以将数码管不应该显示的零熄灭。而在正常工作时，$\overline{BI}$ 及其他两个控制端 LT 和 RBI 接高电平。

改变图 8-19 中的电阻器 R 的大小，可以调节数码管的工作电流和显示亮度。

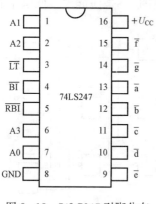

图 8-18　74LS247 引脚分布

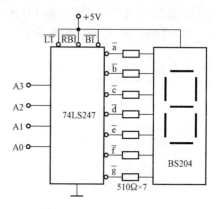

图 8-19　七段显示译码电路

习　　题

8.1　在图 8-4 中，硅二极管的导通压降为 0.7V，试求在下列各种情况下的输出电压 U_o。

（1）B 端接地，A 端接 3V。

（2）A 端接地，B 端接 3V。

（3）A 端、B 端均接地。

（4）A 端、B 端均接 3V。

8.2　用真值表证明等式

$$\overline{A}B+AC+BC=\overline{A}B+AC$$

8.3　已知图 8-20 所示逻辑门电路，试求出 Y 的表达式。

8.4　用基本定律和基本公式证明下列等式。

（1）$AB+\overline{A}C+BC=AB+\overline{A}C$

（2）$A+\overline{A}B=A+B$

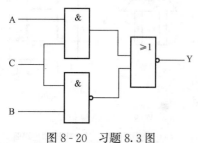

图 8-20　习题 8.3 图

8.5　根据下列各逻辑式画出逻辑图。

（1）$F=(A+B)C$

（2）$F=(A+\overline{B})(A+C)$

（3）$F=\overline{AB-\overline{B}C}$

（4）$F=A(B+C)+BC$

8.6　当输入端 A 和 B 同为 "1"，或同为 "0" 时，输出为 "1"。当 A 和 B 的状态不同时，输出为 "0"。这是"同或"门电路。试列出其状态表，写出其逻辑表达式，并画出其用"与非"门组成的逻辑图。

8.7　设有三台电动机 A、B、C，今要求：A 开机则 B 必须开机；B 开机则 C 也必须开机。如果不满足上述要求，即发出报警信号。试写出报警信号的逻辑表达式，并画出逻辑图。

8.8　按少数服从多数的原则，试设计一个三人表决电路，并用或非门实现。

8.9　试设计一个伪码检验电路，当输入信号 8421BCD 码数为伪码时，要求输出信号为 1，否则输出为 0，试用与非门实现。

8.10　交通灯的亮与灭的有效组合是任何一个时刻只允许一盏灯亮，如果交通灯的控制电路失灵，就可出现信号灯的亮与灭的无效组合，试设计一个交通控制灯失灵检测电路。检测电路能够检测出任何无效组合。要求用最少与非门实现。

8.11　某车间有 A、B、C、D 四台电动机，今要求：

（1）A 机必须开机；

（2）其他三台电动机中至少有两台开机。

如不满足上述要求，则指示灯熄灭。设指示灯亮为"1"，熄灭为"0"。电机的开机信号通过某种装置送到各自的输入端，使该输入端为"1"，否则为"0"。试用与非门组成指示灯亮的逻辑图。

第 9 章　触发器及时序逻辑电路

各种门电路及其组合逻辑电路都不具有记忆功能。但是一个复杂的数字系统，要连续进行各种复杂的运算和控制，就必须在运算和控制过程中暂时保存（记忆）一定的代码（指令、操作数或控制信号），因此，需要具有记忆功能的电路。这种电路在某一时刻的输出状态不仅和当时的输入状态有关，而且与电路原来的状态有关，称这种电路为时序逻辑电路。

组合逻辑电路和时序逻辑电路是数字电路的两大类。门电路是组合逻辑电路的基本单元；触发器是时序逻辑电路的基本单元。

9.1　双 稳 态 触 发 器

双稳态触发器是组成时序逻辑电路的基本单元电路，其输出端有两种可能的稳定状态：0 态或 1 态。按逻辑功能划分，触发器可分为 RS 触发器、JK 触发器、D 触发器和 T 触发器等。

9.1.1　基本 RS 触发器

将两个与非门的输出端、输入端相互交叉连接，就构成了基本 RS 触发器，如图 9-1（a）所示，图 9-1（b）所示为其逻辑符号。

正常工作时 Q 和 $\overline{Q}$ 的逻辑状态相反。通常用 Q 端的状态来表示触发器的状态，当 Q=0 时称触发器为 "0" 态或复位状态，Q=1 时称触发器为 "1" 态或置位状态。

下面分四种情况来讨论触发器的逻辑功能。

（1）$\overline{R_D}=1$，$\overline{S_D}=1$。设触发器原状态为 "0" 态，即 Q=0，$\overline{Q}=1$。

根据触发器的逻辑图，Q=0 送到门 G2 的输入端，从而保证了 $\overline{Q}=1$；而 $\overline{Q}=1$ 送到门 G1 的输入端，与 $\overline{S_D}=1$ 共同作用，又保证了 Q=0。因此触发器仍保持了原来的 "0" 态。

设触发器原状态为 "1" 态，即 Q=1，$\overline{Q}=0$。$\overline{Q}=0$ 送到门 G1 的输入端，从而保证了 Q=1；而 Q=1 送到门 G2 的输入端，与 $\overline{R_D}=1$ 共同作用，又保证了 $\overline{Q}=0$。因此触发器仍保持了原来的 "1" 态。

可见，无论原状态为 "0" 还是为 "1"，当 $\overline{R_D}$ 和 $\overline{S_D}$ 均为高电平时，触发器具有保持原状态的功能，也说明触发器具有记忆 "0" 或 "1" 的功能。正因为这样，触发器可以用来存放一位二进制数。

（2）$\overline{R_D}=0$，$\overline{S_D}=1$。当 $\overline{R_D}=0$ 时，无论原来 Q 的状态如何，都有 $\overline{Q}=1$；由于 $\overline{Q}=1$，$\overline{S_D}=1$，则有 Q=0，所以触发器置为 "0" 态。因而 $\overline{R_D}$ 端称为置 "0" 端或复位端。

触发器置 0 后，无论 $\overline{R_D}$ 变为 "1"

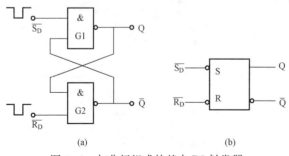

图 9-1　与非门组成的基本 RS 触发器

（a）逻辑图；（b）逻辑符号

或仍为"0"，只要 $\overline{S_D}$ 保持高电平，即 $\overline{S_D}=1$，触发器就保持"0"态。

（3） $\overline{R_D}=1$， $\overline{S_D}=0$。因 $\overline{S_D}=0$，无论 $\overline{Q}$ 的状态如何，都有 $Q=1$；所以，触发器被置为"1"态。一旦触发器被置为"1"态之后，只要保持 $\overline{R_D}=1$ 不变，即使 $\overline{S_D}$ 由"0"跳变为"1"，触发器仍保持"1"态。因此 $\overline{S_D}$ 端称为置"1"端或置位端。

（4） $\overline{R_D}=0$， $\overline{S_D}=0$。无论触发器原来状态如何，只要 $\overline{R_D}$、 $\overline{S_D}$ 同时为 0，就有 $\overline{Q}=Q=1$，不符合 Q 和 $\overline{Q}$ 为相反的逻辑状态的要求。一旦 $\overline{R_D}$ 和 $\overline{S_D}$ 由低电平同时跳变为高电平，由于门的传输延迟时间不同，使得触发器的状态不确定。据此得到基本 RS 触发器的逻辑状态如表 9-1 所示。

表 9-1　　　　　　　　　　　　　　基本 RS 触发器的逻辑状态

$\overline{R_D}$	$\overline{S_D}$	Q	说　明
1	1	保持原状态	记忆功能
1	0	1	置　位
0	1	0	复　位
0	0	不确定	应禁止

在图 9-1（b）所示的逻辑符号中，输入端靠近方框处画有小圆圈，其含义是负脉冲置位或复位，即低电平有效。也有采用正脉冲来置位或复位的基本 RS 触发器，其逻辑符号中输入端靠近方框处没有小圆圈。

基本 RS 触发器，虽然具有记忆和置"0"、置"1"功能，可以用来表示或存储一位二进制数码，但由于基本 RS 触发器的输出状态受输入状态的直接控制，使其应用范围受到限制。因为一个数字系统中往往有多个触发器，有时要求用统一的信号来指挥各触发器同时动作，这个指挥信号叫"时钟脉冲"。有时钟脉冲控制的触发器叫做可控触发器。

9.1.2　时钟控制的 RS 触发器

时钟控制的 RS 触发器及其逻辑符号如图 9-2 所示。图 9-2 中，与非门 G1、G2 构成基本 RS 触发器；与非门 G3、G4 组成控制电路，通常称为控制门，用于控制触发器翻转的时刻。图 9-2（b）中，C 为时钟脉冲 CP 输入端， $\overline{R_D}$ 为直接复位端或直接置"0"端， $\overline{S_D}$ 为直接置位端或置"1"端，它们不受时钟脉冲 CP 的控制，端线处的小圆圈表明低电平有效，因此不用时应该使其为"1"态。

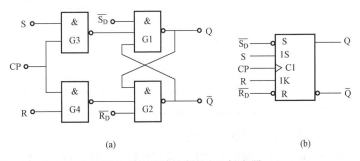

图 9-2　时钟控制的 RS 触发器
（a）逻辑图；（b）逻辑符号

由图 9-2（a）可见，当 CP 端处于低电平，即 CP＝0 时，将 G3、G4 封锁。这时不论 R

和 S 端输入何种信号，G3、G4 输出均为"1"，基本 RS 触发器的状态不变。当 CP 端处于高电平，即 CP=1 时，G3、G4 打开，输入信号通过 G3、G4 的输出去触发基本 RS 触发器。

下面分析 CP=1 期间触发器的工作情况：R=0，S=1，G3 输出低电平"0"，从而使 G1 输出高电平"1"，即 Q=1；R=1，S=0，这时将使触发器置"0"；当 R=S=0 时，G3、G4 的输出全都为"1"，触发器的状态不变。但当 R=S=1 时，G3、G4 的输出均为"0"，$Q=\overline{Q}=1$，违背了基本 RS 触发器输出互补的状态要求，应禁止。因此，对时钟控制的 RS 触发器来说，R 端和 S 端不允许同时为"1"。一般用 Q^n 表示时钟脉冲到来之前触发器的输出状态，称为初态；Q^{n+1} 表示时钟脉冲到来之后触发器的输出状态，称为次态。

根据上述分析可列出时钟控制的 RS 触发器的逻辑状态如表 9 - 2 所示。

表 9 - 2　　　　　　　　　　时钟控制的 RS 触发器的逻辑状态

R	S	Q^{n+1}	说　明
0	0	保持原状态	记忆功能
0	1	1	置　位
1	0	0	复　位
1	1	不　确　定	应　禁　止

时钟控制的 RS 触发器在 CP=0 期间，无论 R 和 S 如何变化，触发器输出端状态都不变。而在 CP=1 期间，若 R 或 S 发生多次变化，则会引起触发器状态的多次变化。这种触发特性属于电平触发。而边沿触发的触发器，它的状态变化只发生在时钟脉冲的上升沿或下降沿时刻。下面介绍的就是这种触发器。

9.1.3　JK 触发器

JK 触发器是一种功能比较完善，应用极为广泛的触发器。不同的内部电路结构具有不同的触发特性，可以用逻辑符号加以区分。图 9 - 3 所示为 CP 上升沿触发的 JK 触发器的逻辑符号。它有一个直接置位端 $\overline{S_D}$，一个直接复位端 $\overline{R_D}$；两个输入端 J 和 K；C 端为时钟脉冲输入端，靠边框的小三角代表上升沿触发，即 CP 由 0 跳变为 1 时，触发器输出状态依据 J 和 K 端的状态而定。若 C 端处再加小圆圈，则表明在 CP 的下降沿触发。表 9 - 3 所示为 JK 触发器的逻辑状态。

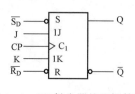

图 9 - 3　JK 触发器的逻辑符号

表 9 - 3　　　　　　　　JK 触发器的逻辑状态

J	K	Q^{n+1}	说　明
1	0	1	置　位
0	1	0	复　位
0	0	保持原状态	记忆功能
1	1	$\overline{Q^n}$	翻　转

由表 9 - 3 可知，JK 触发器的逻辑功能如下：

（1）当 J=0，K=0 时，时钟脉冲触发后，触发器的状态不变，即如果现态为"1"，时钟脉冲触发后，触发器状态仍为"1"态；若现态为"0"，时钟脉冲触发后，触发器状态仍保持"0"态。也即 J 和 K 都为"0"时，触发器具有保持原状态的功能。

（2）当 J=0，K=1 时，无论触发器原来是何种状态，时钟脉冲触发后，输出均为"0"

态；当 J＝1，K＝0 时，时钟脉冲触发后，输出均为 "1" 态。即 J、K 相异时，时钟脉冲触发后，输出端同 J 端状态。

（3）当 J＝1，K＝1 时，时钟脉冲触发后，触发器状态翻转，即若原来为 "1" 态，时钟脉冲触发后，触发器状态变为 "0"；若原来为 "0" 态，时钟脉冲触发后，触发器状态变为 "1" 态。也即 J 和 K 都为 1 时，来一个触发脉冲，触发器状态翻转一次，说明它具有计数功能。此时，触发器从逻辑功能上可称为 T′ 触发器，T′ 触发器在每来一个脉冲时，翻转一次。而 J＝K 时的触发器从逻辑功能上可称为 T 触发器。当 T＝0 时，每来一个脉冲时，触发器保持原来状态；T＝1 时，每来一个脉冲时，触发器翻转一次。

为了扩大 JK 触发器的使用范围，常常做成多输入结构，各同名输入端为与逻辑关系。

9.1.4　D 触发器

D 触发器也是一种应用广泛的触发器。图 9-4 所示为 D 触发器的逻辑符号。D 为输入端，$\overline{S_D}$ 为直接置位端，$\overline{R_D}$ 为直接复位端，在 CP 的下降沿触发（若 C 端无小圆圈，则表示上升沿触发）。表 9-4 所示为其逻辑状态。

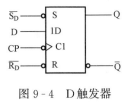

图 9-4　D 触发器

表 9-4　　　　　D 触发器的逻辑状态

D	Q^{n+1}	说　明
0	0	存储数据
1	1	

9.2　时序逻辑电路

若电路在某一时刻的稳定输出，不仅与当前的输入有关，还与电路过去的状态有关，则这种电路称为时序逻辑电路。在电路结构上，时序逻辑电路除包含组合逻辑电路部分外，还包含存储电路（锁存器或触发器）。

计数器就是一种典型的时序逻辑电路，它是用来累计输入脉冲数目的逻辑部件。在数字逻辑系统中，需要对输入脉冲的个数进行计数或对脉冲信号进行分频、定时，以实现数字测量、运算和控制。因此计数器是数字系统中一种基本的时序逻辑部件。

计数器的种类很多，按计数脉冲的作用方式可分为异步计数器和同步计数器；按计数的功能可分为加法计数器、减法计数器和可逆计数器；按进位制可分为二进制、十进制和任意进制计数器。

二进制计数器是指在输入脉冲的作用下，计数器按自然态序循环经历 2^n 个独立状态（n 为计数器中触发器的个数），因此又称为模 2^n 进制计数器，即模数 $M＝2^n$。

计数器可以由 JK 或 D 触发器构成，目前广泛应用的是各种类型的集成计数器。

9.2.1　计数器的计数原理及基本电路

图 9-5 是由 D 触发器组成的异步计数器。它的结构特点是：各级触发器的时钟来源不同，除第一级时钟脉冲输入端由外加时钟脉冲控制外，其余各级时钟脉冲输入端与其前一级的输出端相连。各触发器动作时刻不一致，所以叫做异步计数器。

由图可知，每来一个时钟脉冲，D 触发器（逻辑功能等同于 T′ 触发器）状态翻转一次。下面分析它的工作过程。

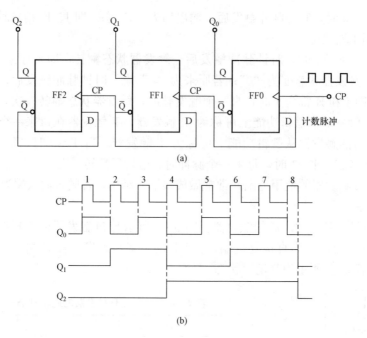

图 9-5 D 触发器组成的异步计数器

(a) 原理图；(b) 波形图

由于外加时钟脉冲接第一级的时钟脉冲输入端，因此每来一个时钟脉冲的上升沿，触发器 Q_0 的状态翻转一次。当 Q_0 由 "1" 变 "0" 时，Q_1 才翻转，其他情况下 Q_1 均不变。同理，只有当 Q_1 从 "1" 变为 "0" 时，Q_2 状态才翻转。假设计数器初始状态为 $Q_2 Q_1 Q_0 =$ 000，第一个时钟脉冲的上升沿到达后，计数器由 000 翻转为 001。当第二个 CP 上升沿到达后，计数器由 001 翻转为 010，依此类推，经过 8 个计数脉冲后，计数器状态又恢复为 000，即完成了一个计数循环，其状态表如表 9-5 所示。由表 9-5 可见，该电路是一个异步三位二进制加法计数器。

表 9-5　　　　　　　　　　　　三位二进制加法计数器的状态表

计数脉冲 CP	二 进 制 数			十进制数
	Q_2	Q_1	Q_0	
0	0	0	0	0
1	0	0	1	1
2	0	1	0	2
3	0	1	1	3
4	1	0	0	4
5	1	0	1	5
6	1	1	0	6
7	1	1	1	7
8	0	0	0	0

由以上分析可得出如下结论：

（1）三级触发器组成的计数器，经 8 个计数脉冲，计数器状态循环一次，所以又称为八进制计数器（或称模 8 计数器）。因而，n 个触发器串联，可组成模数为 2^n 的计数器。

（2）由图 9 - 5（b）波形可见，Q_0 波形的频率是 CP 波形频率的 $\frac{1}{2}$，Q_1 的频率是 Q_0 频率的 $\frac{1}{2}$，……即各级输出波形的频率均为前级的二分频。因此用模数为 2^n 的计数器可对 CP 进行 2^n 分频。

（3）每来一个 CP 脉冲，计数器的状态加 1，所以叫加法计数。若将三个触发器按图 9 - 6 连接，则构成了异步减法计数器。其工作过程请读者自行分析。

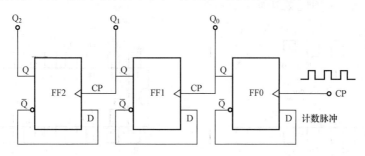

图 9 - 6　D 触发器构成的异步减法计数器

由上述分析可知，要构成异步二进制加法或减法计数器，只需用具有 T' 功能的触发器构成计数器的每一位，最低位时钟脉冲输入端接用来计数的时钟脉冲源 CP，其他位触发器的时钟输入端则接到与其相邻低位的 Q 端或 $\overline{Q}$ 端，是接 Q 端还是 $\overline{Q}$ 端，应视触发器的触发方式和计数功能而定。如果构成加法计数器，且触发器为下降沿触发，则相邻低位作由 "1" 到 "0" 变化时，其 Q 端正好作比它高一位触发器所需的由 "1" 到 "0" 跳变的计数脉冲输入，因此该位时钟脉冲输入端应接相邻的 Q 端；如果是构成减法计数器，触发器也为下降沿触发，则该位时钟脉冲输入端应接相邻低位的 $\overline{Q}$ 端；如果构成计数器的触发器为上升沿触发，则上述的加法计数器变为减法计数器，减法计数器变为加法计数器，具体工作过程请读者自行分析。

异步计数器的优点是结构简单；缺点是各触发器信号逐级传递，需要一定的传输延迟时间，因而计数速度受到限制，为此可采用同步二进制计数器。为了提高计数器的工作速度，可将计数脉冲同时加到计数器中各个触发器的时钟脉冲输入端，使各触发器的状态变换与计数脉冲同步，再将各输入端适当连接，即可构成同步加减计数器。

十进制计数器是在二进制计数器的基础上得出的，用四位二进制数来代表十进制数的每一位，所以也称为二—十进制计数器，使用最多的是 8421BCD 码十进制计数器。采用 8421BCD 码，要求计数器从 0000 开始计数，到第九个计数脉冲作用后变为 1001，输入第十个计数脉冲后，又返回到初始状态 0000，即计数器状态经过十个脉冲循环一次，实现 "逢 10 进 1"。

9.2.2　常用中规模集成计数器

中规模集成计数器种类较多，应用也十分广泛，它可分为同步计数器和异步计数器两大类，通常的 MSI 计数器为 BCD 码十进制计数器或四位二进制计数器，这些计数器的功能较完善，还可自扩展，如常用的集成同步四位二进制加法计数器有 74LS161，74LS163，74LS191，74LS193；同步十进制加法计数器有 74LS160，74LS190；异步四位二进制加法计数器有 74LS293；异步二—五—十进制计数器有 74LS290 等。

74LS290 的引线端子图如图 9-7 所示。74LS161 是同步的可预置数的四位二进制加法计数器，图 9-8 所示为其引线端子图。

1. 异步集成计数器 74LS290 的功能

74LS290 是异步二—五—十进制计数器，$R_{0(1)}$ 和 $R_{0(2)}$ 是清零输入端，高电平有效；$S_{9(1)}$ 和 $S_{9(2)}$ 是置"9"输入端，其高电平使电路输出状态为 1001。清零和置"9"信号只要有效就可实现相应功能，不必等待时钟脉冲，因而称为异步清零和置"9"。CP_0 和 CP_1 是它的两个时钟脉冲输入端。引脚 2 和引脚 6 是空脚。

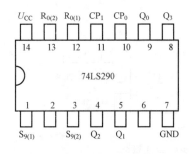
图 9-7　74LS290 的引线端子图

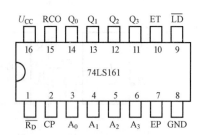
图 9-8　74LS161 的引线端子图

当计数脉冲从 CP_0 送入时，由 Q_0 输出，即为二进制计数器，计数状态为"0"和"1"；当计数脉冲从 CP_1 时，由 $Q_3 Q_2 Q_1$ 输出，计数状态从 000 开始加计数到 100，为五进制计数器；将 Q_0 端与 CP_1 连接，计数脉冲从 CP_0 送入时，计数状态从 0000 开始加计数到 1001，为十进制计数器。

2. 同步集成计数器 74LS161 的功能

Q_3、Q_2、Q_1、Q_0 为计数器输出端，RCO 为进位输出端 EP、ET 为控制（使能）输入端，$\overline{R_D}$ 为清零控制端，$\overline{LD}$ 为预置控制端，$A_0 \sim A_3$ 依次为数据输入端的低位至高位。

（1）"异步清零"：当 $\overline{R_D}=0$ 时，使各触发器清零，由于这种清零方式，不需与时钟脉冲 CP 同步就可直接完成，因此称为"异步清零"。

（2）"同步预置数"：当 $\overline{R_D}=1$，EP=ET=X，$\overline{LD}=0$ 时，且在 CP 上升沿时可将相应的数据置入各触发器，由于将预置 $A_0 \sim A_3$ 数据置入相应触发器 Q_3、Q_2、Q_1、Q_0 需有 CP 时钟脉冲相配合，因此称为"同步预置数"。

（3）保持：当 $\overline{R_D}=\overline{LD}=1$，且控制输入端 EP、ET 中有一个为"0"电平，此时无论有无计数脉冲输入，各触发器的输出状态均保持不变。

（4）计数：当 $\overline{LD}=\overline{R_D}=EP=ET=1$ 时，计数器进行四位二进制加法计数。当同步计数器累加到"1111"时，溢出进位输出端 RCO 送出高电平。

9.3　由 555 定时器构成的单稳态触发器和无稳态触发器

双稳态触发器有两个稳定状态，触发脉冲消失后，稳定状态能一直保持下去。单稳态触发器与此不同，在未加触发信号之前，触发器处于稳定状态，经信号触发后，触发器翻转，但新的状态只能暂时保持（暂稳态），经过一定时间后自动翻回原来的稳定状态，因只有一个稳定状态，此类触发器就叫做单稳态触发器。而无稳态触发器无须外加触发信号，就能自行输出一定频率的矩形脉冲。因矩形脉冲含有丰富的谐波，也叫做多谐振荡器。

555 定时器是一种数字电路与模拟电路相结合的中规模集成电路，通过其外部的不同连接，就可以构成单稳态触发器和多谐振荡器。

9.3.1 555 定时器

常用的 555 定时器有 TTL 定时器 CB555 和 CMOS 定时器 CC7555 等，这里以后者为例进行分析。图 9-9 所示为 CC7555 定时器的电路图。它含有 3 个 5kΩ 的电阻组成的分压器、两个电压比较器 C1 和 C2、一个基本 RS 触发器、放电 MOSBJT 和输出驱动电路等部分。

电阻分压器为两个比较器 C1 和 C2 提供基准电平。如 5 脚悬空，则比较器 C1 的基准电平为 $2U_{DD}/3$，比较器 C2 的基准电平为 $U_{DD}/3$。如果在引脚 5 外接电压，则可改变两个电压比较器 C1 和 C2 的基准电平。当引脚 5 不外接电压时，通常接 $0.01\mu F$ 的电容，以抑制干扰，起稳定电阻上的分压比的作用。

比较器 C1 和 C2 是两个结构完全相同的高精度电压比较器。对应 C1 引脚 6 称为高电平触发

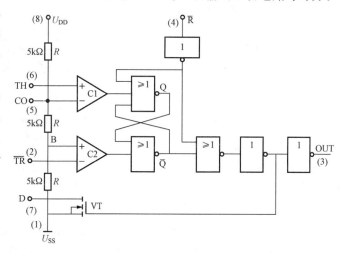

图 9-9 CC7555 定时器

输入端（也称阈值输入端）TH，对应 C2 引脚 2 称为低电平触发输入端（也称触发输入端）$\overline{\text{TR}}$。当 $U_6>2U_{DD}/3$ 时，C1 输出高电平，否则，C1 输出低电平；当 $U_2>U_{DD}/3$ 时，C2 输出低电平，否则，C2 输出高电平。比较器 C1 和 C2 的输出直接控制基本 RS 触发器的状态。

基本 RS 触发器由两个或非门组成。根据基本 RS 触发器的工作原理，可以确定触发器的输出端状态。

$\overline{\text{R}}$ 端（引脚 4）是复位端。当 $\overline{\text{R}}=0$ 时，$Q=0$。平时 $\overline{\text{R}}=1$，即 4 引脚可接 U_{DD} 端。

放电开关管是 N 沟道增强型 MOS 管，当 $Q=0$ 时，放电管 VT 导通；当 $Q=1$ 时，放电管 VT 截止。两级反相器构成输出缓冲级。采用反相器是为了提高电流驱动能力，同时隔离负载对定时器的影响。表 9-6 是 CC7555 定时器的功能表。

表 9-6   **CC7555 定时器功能表**

TH	$\overline{\text{TR}}$	$\overline{\text{R}}$	OUT	放电管 VT
X	X	0	0	导　通
$>2U_{DD}/3$	$>U_{DD}/3$	1	0	导　通
$<2U_{DD}/3$	$>U_{DD}/3$	1	原状态	原状态
$<2U_{DD}/3$	$<U_{DD}/3$	1	1	截　止

9.3.2　由555定时器构成的单稳态触发器

图9-10（a）所示为由CC7555定时器组成的单稳态触发器。R和C是外接元件，触发信号由2引脚输入。图9-10（b）所示为单稳态触发器的波形图。

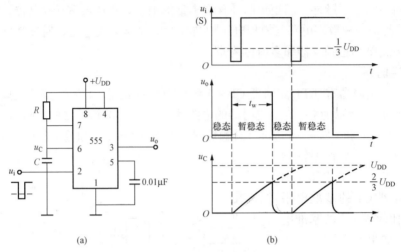

图9-10　单稳态触发器
(a) 电路图；(b) 波形图

结合图9-9 CC7555定时器的内部结构，在触发脉冲尚未输入，即触发信号u_i为高电平时，因电容未充电，故引脚6（TH端）为低电平。根据555定时器电路的工作原理可知，基本RS触发器处于保持状态。若触发器原状态$Q=0$，则晶体管饱和导通，$U_d=0$，故C1的输出为0，C2输出也为0，触发器状态保持0态不变。若触发器原状态$Q=1$，则晶体管截止，电源通过R对电容C充电，当电容电压u_C上升到$2U_{DD}/3$后，TH端为高电平，触发器置0，即$Q=0$，从而晶体管V导通，电容C通过放电管放电，电容电压u_C下降到0。此时，电容被旁路，无法再充电，所以，无触发信号时电路的稳定状态是$Q=0$，输出u_o为低电平。

在触发脉冲$u_i<U_{DD}/3$时，由于电容未充电，故基本RS触发器翻转为1态，输出为高电平，放电管截止，电路进入暂稳态。此时，电源对电容充电，充电时间常数$\tau=RC$，u_C按指数规律上升。

当u_C上升到$2U_{DD}/3$后，TH端为高电平，此时，触发脉冲已消失，则基本RS触发器又被置0，输出变为低电平，放电管VT导通，电容C充电结束，即暂稳态结束。

由于放电管VT导通，电容C经放电管放电，u_C下降到0。基本RS触发器状态不变，保持输出为低电平，电路恢复到稳态时的状态。暂稳态的持续时间$t_W=1.1RC$。

9.3.3　由555定时器构成的多谐振荡器

图9-11（a）所示为由CC7555定时器组成的多谐振荡器。R_1、R_2和C是外接元件。图9-11（b）所示为多谐振荡器的波形图。

结合图9-9 CC7555定时器的内部结构，未接通电源时，电容器C两端电压$u_C=0$，故RS触发器置1，输出u_o为高电平，放电管截止。当电源刚接通时，电源经R_1、R_2对电容C充电，使其电压u_C按指数规律上升，当u_C上升到$2U_{DD}/3$时，则触发器置0，输出u_o为低电平，放电管VT导通，我们把u_C从$U_{DD}/3$上升到$2U_{DD}/3$这段时间内电路的状态称为第

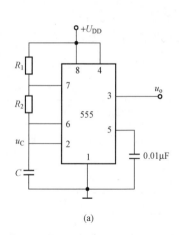
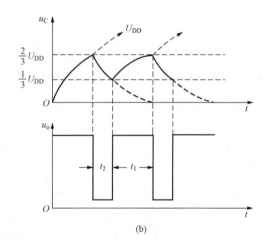

图 9-11　多谐振荡器

（a）电路图；（b）波形图

一暂稳态，其维持的时间为电容充电时间，$t_1 = 0.7(R_1 + R_2)C$。

由于放电管 VT 导通，电容 C 通过 R_2 和放电管 VT 放电，电路进入第二暂稳态。放电时间 $t_2 = 0.7R_2C$。随着 C 的放电，u_C 下降，当 u_C 下降到 $U_{DD}/3$ 时，RS 触发器置 1，输出 u_o 为高电平，放电管 V 截止，电容 C 放电结束，电源再次对电容 C 充电，电路又翻转到第一暂稳态。如此反复，输出矩形波形。矩形波的周期 $T = t_1 + t_2$，频率为周期的倒数。

习　　题

9.1　试写出 T' 触发器和 T 触发器的功能表。

9.2　试总结触发器的触发脉冲作用形式与图形符号的对应关系。

9.3　试画出图 9-12 所示电路在 CP 脉冲作用下各触发器输出端的波形，设各触发器初始状态为 0。

9.4　一个七位二进制加法计数器，如果输入脉冲频率 $f = 512\text{kHz}$，试求此计数器最高位触发器的输出脉冲频率。

9.5　回答以下问题：

（1）一个 8421BCD 码十进制计数器，设其初态 $Q_3Q_2Q_1Q_0 = 0000$，输入的时钟脉冲频率 $f = 1\text{kHz}$。试问在 10ms 时间内，共输入多少个脉冲？试求在 10.1ms 时计数器的状态 $Q_3Q_2Q_1Q_0$。

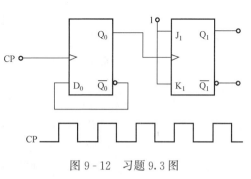

图 9-12　习题 9.3 图

（2）如果这个计数器是四位二进制计数器，同样设其初态 $Q_3Q_2Q_1Q_0 = 0000$，输入的时钟脉冲频率 $f = 1\text{kHz}$。试问在 11ms 时间内，共输入多少个脉冲？试求在 11.1ms 时计数器的状态 $Q_3Q_2Q_1Q_0$。

9.6　试用 74LS161 集成数字芯片构成八进制计数器。

附录 A　半导体分立器件型号命名方法
（国家标准 GB 249—1989）

第一部分		第二部分		第三部分		第四部分	第五部分
用阿拉伯数字表示器件的电极数目		用英文字母表示器件的材料和极性		用英文字母表示器件的类别		用阿拉伯数字表示序号	用英文字母表示规格号
符号	意义	符号	意　义	符号	意　义		
2	二极管	A	N 型，锗材料	P	小信号管		
		B	P 型，锗材料	V	混频检波器		
		C	N 型，硅材料	W	电压调整管和电压基准管		
		D	P 型，硅材料	C	变 容 管		
3	BJT	A	PNP 型，锗材料	Z	整 流 管		
		B	NPN 型，锗材料	L	整 流 堆		
		C	PNP 型，硅材料	S	隧 道 管		
		D	NPN 型，硅材料	K	开 关 管		
		E	化合材料	U	光 电 管		
				X	低频小功率晶体管（截止频率＜3MHz，耗散功率＜1W）		
				G	高频小功率晶体管（截止频率≥3MHz，耗散功率＜1W）		
				D	低频大功率晶体管（截止频率＜3MHz，耗散功率＜1W）		
				A	高频大功率晶体管（截止频率≥3MHz，耗散功率＞1W）		
				T	闸流管		

示例

3　A　G　1　B

├── 规格号
├── 序号
├── 高频小功率管
├── PNP 型，锗材料
└── 三极管

附录 B 常用半导体分立器件的参数

附表 B-1   **二 极 管 的 参 数**

参 数		最大整流电流	最大整流电流时的正向压降	反向工作峰值电压
符 号		I_{OM}	U_F	U_{RWM}
单 位		mA	V	V
型 号	2AP1	16		20
	2AP2	16		30
	2AP3	25		30
	2AP4	16	$\leqslant 1.2$	50
	2AP5	16		75
	2AP6	12		100
	2AP7	12		100
	2CZ52A			25
	2CZ52B			50
	2CZ52C			100
	2CZ52D			200
	2CZ52E	100	$\leqslant 1$	300
	2CZ52F			400
	2CZ52G			500
	2CZ52H			600
	2CZ55A			25
	2CZ55B			50
	2CZ55C			100
	2CZ55D			200
	2CZ55E	1000	$\leqslant 1$	300
	2CZ55F			400
	2CZ55G			500
	2CZ55H			600
	2CZ56A			25
	2CZ56B			50
	2CZ56C			100
	2CZ56D			200
	2CZ56E	3000	$\leqslant 0.8$	300
	2CZ56F			400
	2CZ56G			500
	2CZ56H			600

附表 B-2 　　　　　　　　　　　　稳 压 二 极 管 的 参 数

参　数	稳定电压	稳定电流	耗散功率	最大稳定电流	动态电阻
符　号	U_Z	I_Z	P_Z	I_{ZM}	r_Z
单　位	V	mA	mW	mA	Ω
测试条件	工作电流等于稳定电流	工作电压等于稳定电压	$-60\sim+50℃$	$-60\sim+50℃$	工作电流等于稳定电流

型号	2CW52	$3.2\sim4.5$	10	250	55	$\leqslant70$
	2CW53	$4\sim5.8$	10	250	41	$\leqslant50$
	2CW54	$5.5\sim6.5$	10	250	38	$\leqslant30$
	2CW55	$6.2\sim7.5$	10	250	33	$\leqslant15$
	2CW56	$7\sim8.8$	10	250	27	$\leqslant15$
	2CW57	$8.5\sim9.5$	5	250	26	$\leqslant20$
	2CW58	$9.2\sim10.5$	5	250	23	$\leqslant25$
	2CW59	$10\sim11.8$	5	250	20	$\leqslant30$
	2CW60	$11.5\sim12.5$	5	250	19	$\leqslant40$
	2CW61	$12.2\sim14$	3	250	16	$\leqslant50$
	2DW230	$5.8\sim6.6$	10	200	30	$\leqslant25$
	2DW231	$5.8\sim6.6$	10	200	30	$\leqslant15$
	2DW232	$6\sim6.5$	10	200	30	$\leqslant10$

附表 B-3 　　　　　　　　　　　　晶 体 管 的 参 数

参数符号		单位	测试条件	型号			
				3DG100A	3DG100B	3DG100C	3DG100D
直流参数	I_{CBO}	μA	$U_{CB}=10V$	$\leqslant0.1$	$\leqslant0.1$	$\leqslant0.1$	$\leqslant0.1$
	I_{EBO}	μA	$U_{EB}=1.5V$	$\leqslant0.1$	$\leqslant0.1$	$\leqslant0.1$	$\leqslant0.1$
	I_{CEO}	μA	$U_{CE}=10V$	$\leqslant0.1$	$\leqslant0.1$	$\leqslant0.1$	$\leqslant0.1$
	$U_{BE(sat)}$	V	$I_B=1mA$ $I_C=10mA$	$\leqslant1.1$	$\leqslant1.1$	$\leqslant1.1$	$\leqslant1.1$
	$h_{FE(\beta)}$		$U_{CB}=10V$ $I_C=3mA$	$\geqslant30$	$\geqslant30$	$\geqslant30$	$\geqslant30$
交流参数	f_T	MHz	$U_{CE}=10V$ $I_C=3mA$ $f=30MHz$	$\geqslant150$	$\geqslant150$	$\geqslant300$	$\geqslant300$
	G_P	dB	$U_{CB}=10V$ $I_C=3mA$ $f=100MHz$	$\geqslant7$	$\geqslant7$	$\geqslant7$	$\geqslant7$
	C_{ob}	pF	$U_{CB}=10V$ $I_C=3mA$ $f=5MHz$	$\leqslant4$	$\leqslant3$	$\leqslant3$	$\leqslant3$

续表

参数符号		单位	测试条件	型号			
				3DG100A	3DG100B	3DG100C	3DG100D
极限参数	$U_{(BR)CBO}$	V	$I_C=100\mu A$	$\geqslant 30$	$\geqslant 40$	$\geqslant 30$	$\geqslant 40$
	$U_{(BR)CEO}$	V	$I_C=200\mu A$	$\geqslant 20$	$\geqslant 30$	$\geqslant 20$	$\geqslant 30$
	$U_{(BR)EBO}$	V	$I_E=100\mu A$	$\geqslant 4$	$\geqslant 4$	$\geqslant 4$	$\geqslant 4$
	I_{CM}	mA		20	20	20	20
	P_{CM}	mW		100	100	100	100
	T_{jM}	℃		150	150	150	150

附表 B-4   **绝缘栅场效晶体管的参数**

参 数	符号	单位	型号			
			3D04	3D02（高频管）	3D06（开关管）	3C01（开关管）
饱和漏极电流	I_{DSS}	μA	$0.5\times10^3\sim15\times10^3$		$\leqslant 1$	$\leqslant 1$
栅源夹断电压	$U_{GS(off)}$	V	$\leqslant \mid -9\mid$			
开 启 电 压	$U_{GS(th)}$	V			$\leqslant 5$	$-2\sim-8$
栅源绝缘电阻	R_{GS}	Ω	$\geqslant 10^9$	$\geqslant 10^9$	$\geqslant 10^9$	$\geqslant 10^9$
共源小信号低频跨导	g_m	$\mu A/V$	$\geqslant 2000$	$\geqslant 4000$	$\geqslant 2000$	$\geqslant 500$
最高振荡频率	f_M	MHz	$\geqslant 300$	$\geqslant 1000$		
最高漏源电压	$U_{DS(BR)}$	V	20	12	20	
最高栅源电压	$U_{GS(BR)}$	V	$\geqslant 20$	$\geqslant 20$	$\geqslant 20$	$\geqslant 20$
最大耗散功率	P_{DM}	mW	100	100	100	100

注 3C01 为 P 沟道增强型，其他为 N 沟道管［增强型 $U_{GS(th)}$ 为正值；耗尽型 $U_{GS(off)}$ 为负值］。

附录C　半导体集成电路型号命名方法
（国家标准 GB 3430—1989）

第0部分		第1部分		第2部分	第3部分		第4部分	
用字母表示器件符合国家标准		用字母表示器件类型		用数字表示器件的系列和品种代号	用字母表示器件的工作温度		用字母表示器件的封装	
符号	意义	符号	意义		符号	意义	符号	意义
C	符合国家标准	T	TTL		C	0～70℃	F	多层陶瓷扁平
		H	HTL		G	−25～+70℃		
		E	ECL		L	−25～+85℃	B	塑料扁平
		C	CMOS		E	−40～+85℃	H	黑瓷扁平
		M	存储器		R	−55～+85℃	D	多层陶瓷双列直插
		μ	微型机电路		M	−55～+125℃		
		F	线性放大器					
		W	稳压器				J	黑扁双列直插
		B	非线性电路				P	塑料双列直插
		J	接口电路				S	塑料单列直插
		AD	A/D转换器				K	金属菱形
		DA	D/A转换器				T	金属圆形
		D	音响电视电路				C	陶瓷片状载体
		SC	通信专用电路				E	塑料片状载体
		SS	敏感电路				G	网格阵列
		SW	钟表电路					

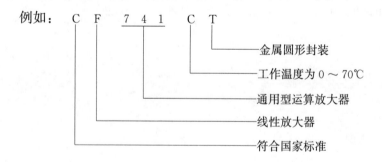

例如：　C F 7 4 1 C T
- 金属圆形封装
- 工作温度为 0 ～ 70℃
- 通用型运算放大器
- 线性放大器
- 符合国家标准

附录 D 常用半导体集成电路的参数和型号

附表 D-1 运算放大器的参数和型号

参数名称	符号	单位	型号					
			F007	F101	8FC2	CF118	CF725	CF747M
最大电源电压	U_S	V	±22	±22	±22	±22	±22	±22
差模开环电压放大倍数	A_{uO}		$\geqslant80$dB	$\geqslant88$dB	3×10^4	2×10^5	3×10^6	2×10^5
输入失调电压	U_{IO}	mV	$2\sim10$	$3\sim5$	$\leqslant3$	2	0.5	1
输入失调电流	I_{IO}	nA	$100\sim300$	$20\sim200$	$\leqslant100$			
输入偏置电流	I_{IB}	nA	500	$150\sim500$		120	42	80
共模输入电压范围	U_{ICR}	V	±15			±11.5	±14	±13
共模抑制比	U_{CMR}	dB	$\geqslant70$	$\geqslant80$	$\geqslant80$	$\geqslant80$	120	90
最大输出电压	U_{OPP}	V	±13	±14	±12		±13.5	
静 态 功 耗	P_D	mW	$\leqslant120$	$\leqslant60$	150		80	

附表 D-2 W7800 系列和 W7900 系列集成稳压器的参数和型号

参数名称	符号	单位	7805	7815	7820	7905	7915	7920
输 出 电 压	U_o	V	$5\%\pm5\%$	$15\%\pm5\%$	$20\%\pm5\%$	$-5\%\pm5\%$	$-15\%\pm5\%$	$-20\%\pm5\%$
输 入 电 压	U_i	V	10	23	28	-10	-23	-28
电压最大调整率	S_u	mV	50	150	200	50	150	200
静态工作电流	I_0	mA	6	6	6	6	6	6
输出电压温漂	S_T	mV/℃	0.6	1.8	2.5	-0.4	-0.9	-1
最小输出电压	U_{omin}	V	7.5	17.5	22.5	-7	-17	-22
最大输入电压	U_{imax}	V	35	35	35	-35	-35	-35
最大输出电流	I_{omax}	A	1.5	1.5	1.5	1.5	1.5	1.5

附录 E　数字集成电路各系列型号分类表

系列	子系列	名　称	国标型号	国际型号	速度/ns−功耗/mW
TTL	TTL	标准 TTL 系列	CT1000		10 - 10
	HTTL	高速 TTL 系列	CT2000		6 - 22
	STTL	肖特基 TTL 系列	CT3000	54/74×××	3 - 19
	LSTTL	低功耗肖特基 TTL 系列	CT4000		9.5 - 2
	ALSTTL	先进低功耗肖特基 TTL 系列			4−1
MOS	PMOS	P 沟道场效应晶体管系列			
	NMOS	N 沟道场效应晶体管系列			
	CMOS	互补场效应晶体管系列	CC4000		125ns - 1.25μW
	HCMOS	高速 CMOS 系列			8 - 2.5
	HCMOST	与 TTL 兼容的 HC 系列			8 - 2.5

附录 F　TTL 门电路、触发器和计数器的部分品种型号

类　型	型　号	名　称
门 电 路	CT4000（74LS00）	四 2 输入与非门
	CT4004（74LS04）	六反相器
	CT4008（74LS08）	四 2 输入与门
	CT4011（74LS11）	三 3 输入与门
	CT4020（74LS20）	双 4 输入与非门
	CT4027（74LS27）	三 3 输入或非门
	CT4032（74LS32）	四 2 输入或门
	CT4086（74LS86）	四 2 输入异或门
触 发 器	CT4074（74LS74）	双上升沿 D 触发器
	CT4112（74LS112）	双下降沿 JK 触发器
	CT4175（74LS175）	四上升沿 D 触发器
计 数 器	CT4160（74LS160）	十进制同步计数器
	CT4161（74LS161）	二进制同步计数器
	CT4162（74LS162）	十进制同步计数器
	CT4192（74LS192）	十进制同步可逆计数器
	CT4290（74LS290）	2 - 5 - 10 进制计数器
	CT4293（74LS293）	2 - 8 - 16 进制计数器

参 考 文 献

［1］康华光. 电子技术基础. 第 5 版. 北京：高等教育出版社，2006.

［2］秦曾煌. 电工学. 第 6 版. 北京：高等教育出版社，2003.

［3］闫石. 数字电子技术基础. 第 5 版. 北京：高等教育出版社，2006.

［4］邱关源著. 罗先觉修订. 电路. 第 5 版. 北京：高等教育出版社，2006.

［5］唐介. 电工学（少学时）. 第 2 版. 北京：高等教育出版社，2005.

［6］张楠，高言. 电工学（少学时）. 第 2 版. 北京：高等教育出版社，2002.

［7］陈新龙，胡国庆，张玲. 电工电子技术（下）. 北京：电子工业出版社，2004.

［8］周雪. 模拟电子技术. 西安：西安电子科技大学出版社，2002.

［9］孙津平. 数字电子技术. 西安：西安电子科技大学出版社，2002.

［10］李守成. 电工电子技术. 成都：西南交通大学出版社，2005.

［11］李守成. 电子技术. 北京：高等教育出版社，2000.

［12］庞学民. 数字电子技术. 北京：清华大学出版社，北京交通大学出版社，2005.

［13］曾建唐. 电工电子基础实践教程（上册）实验课程设计. 第 2 版. 北京：机械工业出版社，2007.

［14］曾建唐. 电工电子基础实践教程（下册）工程实践指导. 第 2 版. 北京：机械工业出版社，2008.